建筑工程与环境保护

姚先成　编著

中国建筑工业出版社

图书在版编目(CIP)数据

建筑工程与环境保护/姚先成编著. —北京：中国建筑工业出版社，2005
ISBN 978-7-112-07476-1

Ⅰ. 建… Ⅱ. 姚… Ⅲ. 建筑工程—关系—环境保护 Ⅳ. TU-023

中国版本图书馆 CIP 数据核字(2005)第 062717 号

建筑工程与环境保护

姚先成 编著

*

中国建筑工业出版社出版、发行（北京西郊百万庄）
各地新华书店、建筑书店经销
廊坊市海涛印刷有限公司印刷

*

开本：787×960 毫米 1/16 印张：18¾ 字数：380 千字
2005 年 7 月第一版 2016 年 7 月第三次印刷
定价：**33.00**元
ISBN 978-7-112-07476-1
（13430）

环境为人类提供了生存和发展所需的条件和物质。环境是人类生存的基础和赖以发展的惟一空间。为了子孙后代的生存和幸福，爱护环境、保护环境必须从每一个企业自身作起，必须从每一个人自身做起。本书根据作者的经验和体会，以建筑业发达成熟的香港地区建筑行业和工程项目环境管理为基础，在全书共九章及附有的大量案例中，就建筑工程在实施中产生的各种环境问题及改善、控制和处理方法与措施进行较为详尽的阐述，系统描述环境保护对建筑业的要求、行政主管部门所有相关规定等等，以此介绍和推荐给中国建筑业的同行，提醒建筑行业的所有从业人员，节约资源，爱护环境，保护环境，用我们每一步实际行动打造一个“绿色建筑”行业。

本书可供有关政府部门的管理干部，建筑行业的工程管理人员和技术人员，以及相关专业的高等院校的师生参阅。

责任编辑：张礼庆
责任设计：刘向阳
责任校对：李志瑛　张　虹

前 言

人类只有一个地球。

地球为人类提供了赖以生存的自然环境和物质基础，让人类世世代代在这块土地上繁衍生息。

但随着社会的发展与科技的进步，自然资源正被大量无节制的开发利用，这不仅造成了资源的浪费和滥用，同时也引起了全球性的环境污染问题。人类对物欲的无止境追求，使得向大自然的索取达到了无计划、无约束的疯狂程度，大大加速了自然资源的消耗与衰竭，使地球的环境加速恶化、生态失去平衡，使我们子孙后代的生存和发展也受到威胁。

当代物质文明的发展以自然资源的耗用为代价，发展越高速，对自然环境造成的影响越严重。因此，随着文明的高度发展，节约资源、环境保护、实施可持续发展战略等环境问题成为当今全世界共同关心和重视的焦点与现实。“绿色经济”、“循环经济”、“科学发展观”等理论和概念纷纷提出。

尽管问题已被发现，意识已经觉醒，方法已经提出，但人类在节约资源和保护环境方面取得的效果却远非预期。一方面，到目前为止，世界经济的增长仍以自然资源的消耗为基本模式，尤其是发展中国家，基本都以消耗自然资源为主要手段去支撑和维持经济的高速发展。中国经济在世界经济中一直保持高速增长，对自然资源的消耗也同样高居榜首，对自然资源的无序消耗和过度消耗问题尤为突出，环境污染严重，令人担忧。另一方面，某些地区、某些群体，限于局部利益或者个人私欲，超前消耗能源的步伐和速度不断加快。例如，为了改善地球环境，一个以降低温室效应为主要内容的“京都议定书”虽然在2005年2月16日正式生效和执行，但是作为最大的温室气体排放国之一的世界头号强国美国却拒绝在该议订书上签字确认，更妄谈执行。可见，节约资源、保护环境工作步履艰难、任重道远，全世界环境污染的严重性，远远未能缓解和改善。

造成这种现象和局面的根源是“利益”作祟。由于当今人类的“世界观”、“价值观”的变异和道德观念的沉沦，一切以眼前利益为重，以自我利益为中心，不顾长远的发展和子孙后代的可持续发展能力，使爱护环境、保护环境的工作变得复杂而艰难。

人类真正认识到要保护环境、节约资源才仅仅几十年的时间，这与环境污染和破坏的程度以及自然资源快速消耗的后果相比，这一步已经迈迟了。要真正取得明显的成效，各个国家和地区还必须建立起一套完整的节约资源、保护环境的制度、政策、法律、宣传教育的系统工程，从法律、行政、科学教育、宣传等方面着手，全方位地推行这项关系到人类生存和发展的世纪工程，教育和鼓励各行业和每个人约束自己的行为，肩负起保护环境、节约资源的历史使命，共同为维护子孙后代的可持续发展能力而作出努力。

建筑行业是一个大量消耗自然资源，对环境造成负面影响比较明显和突出的行业，是世界各国重点关注和管制的行业之一。中国建筑行业在环境方面存在的矛盾和问题更为突出，据有关资料统计，中国单位建筑面积能源消耗量是世界发达国家的2~3倍，能源负担沉重和环境污染严重，建筑环境保护问题已成为制约中国可持续发展的突出问题。

为了子孙后代的生存和幸福，爱护环境、保护环境必须从每一个企业自身作起，必须从每一个人自身作起，作者终生从业于建筑行业，从事建筑施工和工程项目管理近40年，对建筑工程项目在实施过程中的环境问题和改善处理措施有较深的认识和理解。本书根据作者的经验和体会，以建筑业发达成熟的香港地区建筑行业和工程项目环境管理为实例，就建筑工程在实施中产生的各种环境问题及改善、控制和处理方法与措施进行较为详尽的阐述，以此介绍和推荐给中国建筑业的同行，提醒建筑行业的所有从业人员，节约资源，爱护环境，保护环境，用我们每一步实际行动打造一个“绿色建筑”行业。

我们这一代人，必须作出正确的抉择，共同努力，在保护环境、节约资源方面作出表率，不仅要把一个健康、环保、绿色的环境交给下一代，更重要的是通过我们在保护环境、节约资源方面的良好行为，把一个为了人类自己，为了子孙后代，必须保护环境，节约资源的信息和理念传给下一代，并牢牢地烙在他们的脑海，印在他们的心中，世代相传，永不忘记。

人类只有一个地球，为了生存与发展，我们必须努力保护她！

本书可供有关政府部门的管理干部，建筑行业的工程技术人员和管理人员，以及相关专业的高等学校的师生参阅。

在本书的编写过程中，得到了张继威、周永聪、陈凯量、甘忠校、李朝阳等人的支持，作者仅此深表谢意！

姚先成

2005年6月

目　　录

第一章 人 与 环 境

环境为人类提供了生存和发展所需的条件和物质。环境是人类生存的基础和赖以发展的惟一空间。

随着社会的发展和科学技术的进步，人类对环境的索求越来越多，逐步超越了环境的承受能力，使环境的自然形态过快过多地改变，自身的净化能力和再生能力越来越慢、越来越弱，进而威胁到人类的生存和社会的进一步发展。本章就环境的定义，环境的分类，环境污染的类别及威胁，建筑工程对环境的影响以及环境保护的意义、作用和管理等概念性问题，作比较详尽的描述。

第一节 环境与环境保护

一、环境的定义

环境是指地球以及周围自然存在的一切物质和形态。它是以人类社会为主体的外部世界，即以人类为中心的事物。其他生物和非生命物质被视为环境要素，构成人类的生存环境。世界各国的环境保护法律法规中，往往把环境要素或应保护的对象称为环境。香港的环境保护法例中明确指出，环境是指地球的组成部分，包括土地、水、空气及各层大气层的所有有机物、无机物及有生命的有机体等等。简言之，在地球上，人类生存的外部形态的总和，称之为“环境”。

二、环境的分类

环境是一个非常复杂的系统，可按不同的方式进行分类。其中一个方法是按环境的要素分类，即按照不同的环境要素，把环境分为自然环境和人为环境两大类。

（一）自然环境

自然环境，是指环绕在人类周围及空间中的一切自然物质和自然形态，对人类的生存和发展产生直接影响的一切自然形成的物质、能量及自然现象的总体，即阳光、温度、气候、地磁、空气、水、岩石、土壤、动植物、微生物及地壳的稳定性等自然因素的总和。这些环境要素构成了相互联系、相互制约的自然环境系统，是人类生存的物质基础。如果没有这种环境，或丧失这种环境，地球会因此变成死寂世界。

人类是自然的产物，而人类的活动又影响着自然环境。地球已经历极其漫长的历史岁月，自然环境是人类和一切生物赖以生存和发展的物质基础，生物与自然环境之间有着相互作用和相互影响的紧密关系。在自然环境的基础上，人类通过从远古到现在的长期有意识的社会劳动，创造和积累了新的物质生产体系，新的社会文明和物质文明，将过去的自然环境变为现今的自然环境。这就是自然环境的动态演变过程。随着这种演变过程的频密和积累，自然环境的概念亦在发生变化。宇宙中除地球以外的各个星球，似乎没有生物，至少在太阳系中没有像人类这种高等动物。只因为那些星球上没有适宜生物生存的自然环境，没有或有很少水分和空气，太热或太冷，是些荒凉、窒息的世界。自然环境可以细分为地理环境、大气环境、星际环境。

1. 地理环境

是由人类生存、生活所必须的水、土壤、生物等环境因子组成，与人类生活密切相关。这里有稳定的物理条件，适当的化学条件和繁茂的生物条件，为人类的生活和生产提供了大量的再生资源。

2. 大气环境

是供应生物呼吸，并防止外层空间的宇宙线对地球生物的伤害。从地球表面到1000公里左右高空，覆盖着大气层。它的主要成分是氮气、氧气、氢气、二氧化碳、水蒸气和其他的微量气体。其中氮气、氧气、二氧化碳和水蒸气都是生物生命不可缺少的基本物质。

3. 星际环境

是由广宽的空间、各种天体及弥漫物质组成的。人类所居住的地球大小适宜，距太阳不远不近，正处于“可居住区”，是至今为止我们所知道惟一有人类这样的高等生物居住的星球。地球上的现象与变化是受其他星球的作用而影响的，如地球上的潮汐受月球的影响，气候受太阳黑子活动的影响，能量亦受太阳的辐射能的影响。

（二）人为环境

人为环境也称为社会环境，是指由于人类的活动而形成的各种事物，它包括人为形成的物质、能量及人类活动中所形成的人与人之间的关系。人为环境范围可以继续分类，按环境范围的小到大、远到近，把环境分为楼宇环境、屋村/街道环境、城市环境等。它们规模不同、性质不同，互相交叉、互相转化，从而形成了一个庞大的系统。

1. 楼宇环境

作为基本环境单位，是由建筑物组成的。屋宇是人类在发展过程中，为适应自己工作和生活的需要而制造出来的。然而，不同地方或国家均有其不同的楼宇环境，在香港，市民大多居于大厦，而其他地方则有其不同的楼宇或居住环境，例如蒙古以蒙古包作为居所。

2. 屋村环境

是人口聚居的地方。屋村环境的多样性取决于人口及楼宇密集程度、绿化环境、现代化程度等。

3. 城市环境

是人类利用和改造环境而创造出来的高度人工化的环境。城市化的发展在为居民提供了丰富的物质和文化生活的同时，也带来了严重的环境污染。城市化改变了大气的热量状况，向大气、水体排放了大量的污染物，制造了建筑及工业噪音等。城市规模越大，对环境的影响越严重。

人为环境，是人类通过自己的行为改变原有环境而形成一个体现人类的主观意识和目的的新环境。这种改变可以是局部的，也可以是大范围的；可以是短暂的，也可以是永久性的；可以是轻微的，也可以是深层次的和严重的。如，一个可居住5~10万人的新城镇的形成，它对环境的改变就是永久性的和大范围的；大型土木工程、水利工程，它对环境的改变就是永久性的和深层次的；生态公园、森林和动植物公园等，它对环境的改变就是大范围的但是轻微的。不同程度和形式的环境改变，对环境的影响，以及各环境要素之间的联系形态、制约方式、影响的性质也是不相同的。环境学家们，各学科的科学家们正在积极探讨它们之间的奥秘，并研究这些改变对环境的影响和对人类生存的影响。

（三）自然环境与人为环境的关系

良好的自然环境为人类提供了生存和繁衍的条件，如以岩洞为掩体，以水、野果、野兽为食物，以树干、石头、野兽骨为武器防御外来侵袭和野兽伤害，但也由于自然环境的诱因，激发人类追求更好的欲望，于是通过人类自己的行为改变自然环境而成为适应人类生活、生存和发展的新环境——人为环境。

自然环境和人为环境之间是相互作用的。自然环境是基础，是条件，而人为环境是自然环境在人为力量作用的结果。自然环境影响人为环境的质量，人为环境对自然环境造成损害，经过损害的自然环境再影响人为环境的质量……这样周而复始，循环不息。而环境保护就是研究和改善自然环境受损害的程度和速度，寻找出改善和控制的办法，从而改善人类生存的条件和基础。

三、人类所需之基本元素的循环变化

地球上除了太阳能以外，可以说是个封闭的循环系统。在这个系统中存在着许多生命一刻也不可缺少的物质，如氧（oxygen）、氢（hydrogen）、氮（nitrogen）、碳（carbon）等，这四种物质它们在繁复关系中相互作用，组成生物、生命形成的“四大元素”。所以这四大元素在环境中循环的过程和状态，对地球的生态环境有极大的影响。作为地球上生物体的人类本身，人类的各种行为和活动（包括生产、生活、基本建设等），地球上存在的一切有形的和无形的物质以及一切自然现象均参与到这个地球的大循环体系中。这种循环是地球的一种自然行为和功能，作用在于通过循环的过程，地球通过自身的净化和再造能力保持自然生态平衡。什么是“平衡”？“平衡”的具体内容是什么？我们可以概念性地理解，就是要使“四大元素”的含量维持在一个适合地球上各种生物生存的数字水平，使这四大元素之间的关系和变化（包括化学的、物理的），保持（或基本保持）在地球的初始状态。

“平衡”，也是相对的，如图 1-1-1 所示，状态 1 至状态 4 是不相同的，可以简单地理解为“四大元素”的含量与它们之间的关系和变化（包括化学的、物理的），也是不相同的，这就须通过自然环境的净化能力和再生功能予以调节，在新的状态下，构成和保持新的“平衡”。与此同时，地球上的生物体也须通过漫长的演变，比如基因变异等，去适应新的状态下的“平衡”。

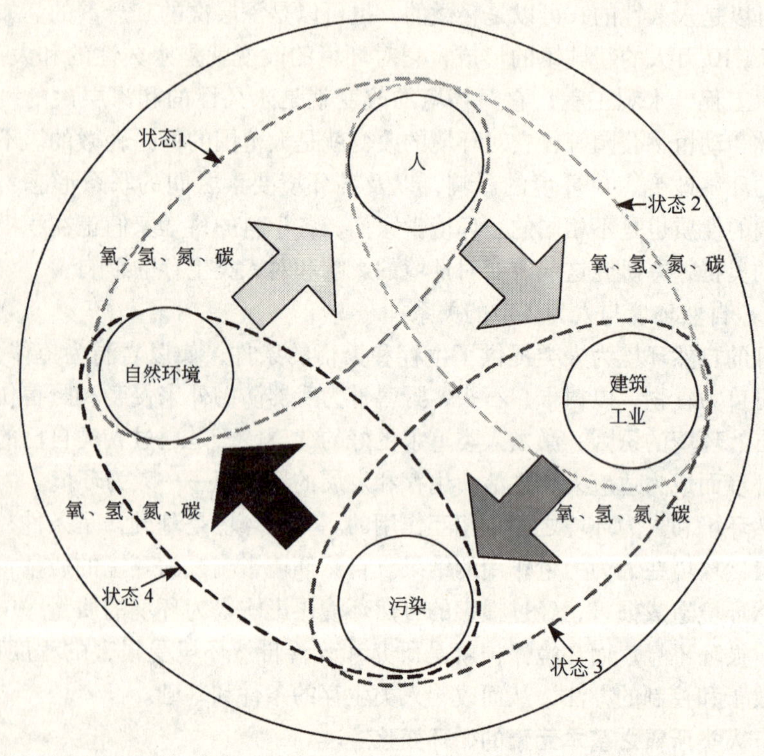

图 1-1-1　氧、氢、氮、碳“四大元素”在环境中的循环

只有当自然循环保持平衡时，“地球”这个封闭的系统才能运作正常。但是，人类挟其高度科技与文明，为满足人类的私欲和贪念，造成自然环境的破坏越来越严重。

影响环境的自然循环的原因有很多种，且又往往互相牵连，兹列举若干最重要的环境危机因素于下：

- 世界人口，尤其是发展中国家的人口急剧增加；
- 都市快速发展，使许多都市的市郊毫无规划地发展，陷于杂乱无章的情境；
- 快速发展的社会、经济，不断地增加了各种原材料和能源的消耗量，同时，各类垃圾制造与堆积的速度使人惊讶；因为这些垃圾自然界无法自然净化与分解，无法参与自然循环，相反成为自然平衡循环的障碍，最后使自然环境受到污染；
- 人类的行为与自然的原始运作状态之间在速度上差距越来越大。

某些生态循环原是世代交替、生生不息的，却因为人类鲁莽地只求取用，而在正常的循环中产生不协调，直线消失而非循环不息。例如森林及其木材的生产与消费，二氧化碳的生产与消费等，目前皆已出现不能循环不息的危机（见图 1-1-2）。

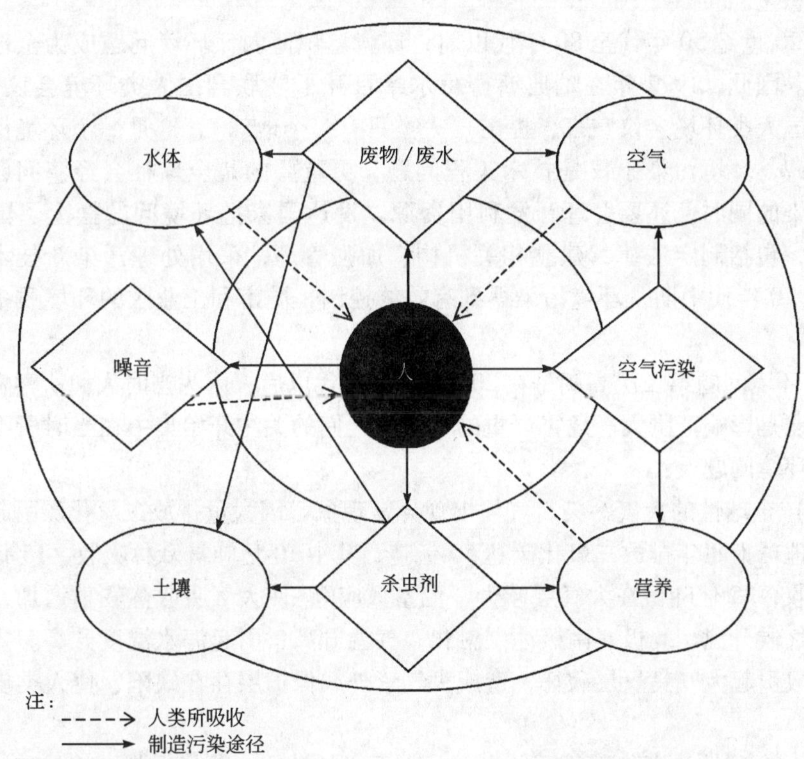

图 1-1-2　人类、自然环境及人类造成的环境破坏三者间的互相关系

当自然环境的净化能力和再生能力越来越弱（甚至消失）、速度越来越慢（甚至停止）时，自然生态循环也就不平衡甚至消失，人类面临的将是一场大

灾难。

四、全球环境污染的发展历程

全球环境污染的发展历程大体上经历了四个阶段，不同的阶段所见到的环境问题亦有分别。

1. 从人类远古到工业革命以前（1760年以前），那时总的人口不多，工农业落后。人类的主要生产活动是利用环境而不是破坏环境，例如采摘野果及捕猎食物，改造环境规模不大。随着农业、畜牧业发展，人类改造环境越来越多，开始出现环境问题，如：砍伐森林，破坏草原，引起水土流失、水旱灾，不过所引起的环境污染并不明显。

2. 工业革命至20世纪50年代前，大幅提高了劳动生产率，增强了人类利用和改造环境的能力，也开始改变环境中的物质循环系统，带来了新的环境问题，如大量工业废水、废气、废物排放，工业污染造成农田荒废、人类中毒，环境问题逐步恶化。

3. 20世纪50年代至80年代以前，环境意识薄弱，环境问题成为全球人类的焦点。因此，1972年在瑞典斯德哥尔摩召开了“联合国人类环境会议”，通过联合国人类环境会议宣言，提出“人类只有一个地球”，这是一个环境保护发展里程碑。环境污染不仅是技术工程问题，更重要的是全球社会经济问题，要控制污染的同时，还要合理开发利用资源。发达国家把环境问题摆上了国家议事日程，包括制定法律，建立相关机构，加强管理，采用处理污染新技术。到20世纪70年代中期，环境污染得到有效的控制，城市和工业区的环境质量有明显改善。

4. 环境问题第二次高潮是在20世纪80年代以后，因为当时人们所察觉到的环境问题是影响范围大、危害严重的，所以人们的关注开始集中在当时所眼见到的3个环境问题上：

（1）全球性的大气污染，气候出现异常现象，因大量排放二氧化碳引起温室效应。地球上每年排放二氧化碳达50亿吨，其中10亿吨被森林吸收，15亿吨被海洋吸收，25亿吨留在大气层产生“温室效应”，使大气吸收热辐射增加，引起全球性气候升温，北极、南极冰层融化，气温升高，引起海水温度升高。氯氟化合物排放引起大气臭氧层破坏，造成大气紫外线保护层存在缺陷，使人类皮肤癌增加。

（2）全球性沙漠化现象开始出现。由于森林被毁、草场退化、植被破坏、土壤侵蚀令土地暴晒干涸、泥土松散，土壤渐渐变成砂粒，大地出现沙漠化现象令生态改变及农作物失收，同时沙漠化更会引起沙尘暴。

（3）突发严重污染事件迭起。例如发生于1984年12月的印度农药泄漏事件，引致死亡人数多达1万人，又例如发生于1986年4月的前苏联切尔诺贝利核电站泄漏事件等，受害人达几十万。

因此，1992 年在巴西里约热内卢召开了“联合国环境与发展大会”，通过了“里约环境与发展宣言”、“21 世纪议程”和关于“森林问题的原则声明”三个文件。这是人类认识环境问题的一个新里程碑。环境问题的本质就是人类的经济活动和社会行为与环境不协调，表现在人口增长、资源消耗、经济发展规模超过环境承受能力，导致了严重的污染与破坏，造成了人类生存与发展的危机。

五、造成环境危机的主要原因

（一）地球上之人口成长

旧石器时代晚期整个地球上大约只有一百万人口。于公元 0 年，地球亦只有两亿五千万人口，在第一次世界人口的加倍约需 1600 年，第二次的加倍则需 200 年的时间，第三次人口加倍只需 130 年，而第四次不到 50 年就够了。

两亿五仟万 $\xrightarrow[\text{1600 年}]{}$ 五亿 $\xrightarrow[\text{200 年}]{}$ 十亿 $\xrightarrow[\text{130 年}]{}$ 二十亿 $\xrightarrow[\text{45 年}]{}$ 四十亿

1975 年全球人口增加率为 1.64%，达到 45 亿人口。西欧各国人口最显著的增加是在 1850 年以后，最主要的原因是医药的发达以及卫生设备的改良。几种传染病，如鼠疫、天花、霍乱以及伤寒等都已大量减少。死亡率降低，尤其是婴儿的死亡率，在几十年当中，婴儿出生率却没有降低，仍然一如往昔农业家庭多子多孙的高出生率，这使人口的增加率大幅度地提高。

这几十亿人口需要粮食和衣着，虽然科技方面的努力能解决若干问题，但是没有基本的自然界，就没有供应，科技应用的功效就无从发挥。对土地与水资源的有效利用，需视乎土地是否肥沃、水量是否充沛、水质是否优良，以及自然的生态是否维护得宜等等而定。除了小规模（以全球尺度来看）的填海以外，可使用的土地是无法增加的。粮食的制造与需求之间差距越来越大。目前发展中国家，每天有一万两千人死于饥饿与营养不良。由于人口过多，造成社会、经济、生态等各方面的影响，在许多国家中却越来越明显。在这个有限资源的地球上，土地有限，粮食与其他物质的生产都是有限，只能允许有限的人口存在，在这基础之上，人口的数目显然不能超过一定的极限。在人类生存条件极速恶化的情况下，再过几代，地球人口将有可能达到饱和，因此，限制人口数目的增加迫在眉睫。

（二）都市化

工业化的一项重要影响乃是造成越来越多的都市，这可由就业人口从事的职业的分布情形中反映出来，就以欧洲某国为例，1805 年从事农林业的人口达 80%，而到了 1975 年时，从事工业及商业人口共占 46.6%，服务业为 47%，也就是说几乎所有的就业人口都集中在都市之中（见图 1-1-3）。

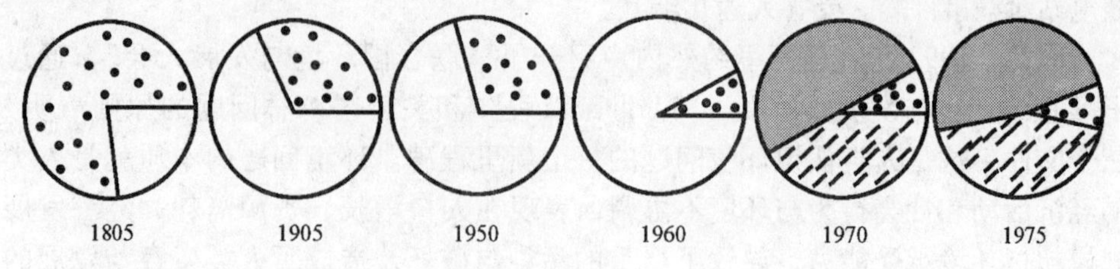

图1-1-3 170年内人口的就业分布情况

不仅在工业发达国家当中，即使许多发展中国家，都市化也在急速进行着。在大规模经营下：实施人工灌溉，大量人造肥料、农药、耕种以及收割的机械化，使农产品大幅增加，在这些国家内造成生产急速集中的现象，迫使越来越多的农民离开土地，涌向城市。在高度科技文明的时代里，都市成了人类工作与居住最主要的地区。

预计最迟再过三代，地球上便有90%的人口集中在都市之中。然而，此生活空间——都市——中亦将无可避免地产生出很多问题。

大量居民、建筑工程、制造工厂及服务业公司集中在一个狭小的地方，造成交通、水源、电源、垃圾等各方面的负荷，亦即整个公共设施的问题，将造成内在不满情绪而意图发泄，终将导致犯罪率的提高。

在大都市的市郊珍贵的风景区一直被持续改建为住宅，使得都市居民的自然环境每况越下。都市中的工作不需要太多的体力，但却造成了生活压力，令神经系统与血液循环器官过度的负担，人体也因此而出现了许多所谓的“文明病”。因此环境危机中最先要解决的便是人类居住的都市发展及建设。

（三）自然资源的枯竭

地壳表面以下所蕴藏的各种物质（矿产）一般是在地壳变动以后，经过上亿年甚至几亿年以上的漫长时间才形成的，一般情况下，这些矿产资源是不可再生和再造的。随着社会和科学技术的发展，人类物质生活的不断提高，对自然资源的索求也越来越多，越来越大，自然资源的不断减少，甚至枯竭，将威胁人类的生存和发展。

就目前人类对资源储藏量的认识，与今日的需求量估计，有许多对人类具有经济意义的原料已近枯竭的地步。例如铅将在25年内用尽，金为10年，锌为30年，银为16年，铜为25年，石油为70年。即使我们能将废物再加利用，很多原料最多也只能用到公元2140年左右。新的科技与生产过程当然能让我们致力于某些原料取代的研究，例如有人设法利用植物或其他材料提炼石油或已有人利用合成纤维来取代天然纤维，但是其他许多人类生存所需的自然资源却仍不断递减，这一切将造成最严重的经济危机。

而发展中国家也越来越积极地要求保护他们国境中所拥有的有限资源（如地下矿产等），使不致仅由工业国家使用而已。另一方面，许多发展中国家自己却滥加开发硕果仅存的天然资源，也使得资源短绌越为严重。因此全球人类目前极需要一个以科学为依据、国际间合作为基础的计划，一方面限制资源滥开滥用，另一方面则力求资源公平合理的分配。

六、环境保护的目的及特点

（一）环境污染的定义

所谓“环境污染”是指环境质量变坏，即指环境要素（水、空气、土壤、温度、压力等环境条件）或生态平衡的破坏，或是人类生态系统的破坏。因主要是人类活动造成的，因此所谓“环境污染”实际是指人类在生产生活过程中，向环境排出大量废弃物改变了环境原有性质或状态。而由于人类过渡消耗地球上的自然资源而又使这自然资源无法再生再造，致使环境形成不利于人类生存的缺陷，这则称之为“环境损坏”。

（二）环境污染特征

1. 影响范围大

如温室效应、酸雨、臭氧层破坏，是全球性的，涉及地域面积很大。污染一旦产生，不但影响到人类生存和健康，也会影响到动物、植物、微生物等生物物种的生存和发展。

2. 作用时间长

一旦污染产生，作用时间很长，产生长远的影响，甚至有部分的损害将永远无法弥补，例如地球的臭氧层的破坏。

3. 作用复杂

污染物的作用是复杂的，其中包括物理作用、化学作用和生物作用。而且有大部分的作用仍是有待科学家研究。但据有关的报告指出，污染物一旦进入生物体内，产生各种生理变化，不但经食物链对上级的捕猎食者产生影响，甚至遗传基因也会产生变化。

4. 治理难度大

污染物有其扩散特征，环境一旦被污染，需要清理的时间及范围很大，很难恢复到原有的状态。例如一堆有毒性的泥土在水体里扩散，污染海洋，其复收期可能需要的时间是一星期，但散播污染只需 1 分钟。

（三）环境保护的目的和内容

环境保护的概念是在人们认识环境问题之后，知道后果严重而提出的，这个术语广泛采用于人类环境会议（1972）之后。该会议指出环境问题不仅是工程技术问题，更重要的是社会经济问题，而且不是局部问题，而是全球性的问题。人们逐渐认识发展与环境之间的关系，认为环境保护不仅是控制污染，更重要的是合理开发及利用资源。环境其实是一种资源，保护环境就是保护资源。所以，人们须深入认识并掌握污染和破坏环境的根源与危害，有计划地保护环境，预防环境恶化，控制环境污染破坏，促进经济与环境协调发展，造福人民，贻惠子孙后代。

环境保护的目的，世界各国都是一样，一般来说包括两方面：

1. 保护和改善环境质量，从而保护人们的身心健康，防止人体在环境污染影响下产生遗传突变和退化；

2. 合理开发及利用自然资源，减少或消除有害物质进入环境，以及保护自然资源，加强生物多样性的保护，维护生物资源的生产能力，使之得以恢复。

七、建筑工程实施过程中环境保护的重要意义

基本建设和建筑工程是人类社会发展过程中一项规模浩大、旷日持久的频密生产、生活活动。在这个过程中，不仅改变了自然环境，还将不可避免地对环境造成污染和损害。我们研究建筑工程实施过程中，产生污染的原因和对环境造成的损害，就是要竭尽全力控制它的污染程度，并采用组织的、经济的、技术的和法律的手段将不可避免的污染予以治理，从而使环境得以改善，把对人类的危害减到最低。

建筑业在自然环境所产生的破坏可分为损耗环境资源及污染环境两种，两种问题均威胁全球的环境状况。建筑业的环保工作是先了解有关“建筑工程与环境”之间的矛盾，从而使两者对立的关系加以调节、控制、利用与改造。意义是要通过调整人类的社会行为，保护、发展和建设环境，使环境永远为人类社会持续、稳定、协调的发展提供良好的支持，使人类及其生存环境和自然环境共同作用下一起发展起来。人类的生存环境既不是单纯的自然环境，也不是单纯由建筑工程所建立的人为环境，而是在自然背景的基础上，经过人为改造和加工形成的自然人为环境，建筑业的环境保护工作正体现人类平衡两方面的利益的工作。

建筑业环保工作的基本任务，是处理建筑业的实施与环境保护之间的矛盾和问题，掌握有关发展规律，调控建筑工程与环境之间的物质和能量交换过程，寻求解决矛盾的途径和方法，以改善环境质量，造福人类，防止人类与环境关系的失调，促进协调发展，促进人类社会更加繁荣昌盛地向前发展。

第二节　环境污染的类别与危害

世界各国不遗余力地保护环境，避免环境污染给人类造成危害。为此，人们须了解有关环境污染的类别、来源和危害，从而有针对性地解决问题。有关环境污染类别可归纳为四个范畴：水体污染、空气污染、噪音污染及废物污染。

一、水体污染

水是人类和一切生物赖以生存的物质基础。水是可以更新的天然资源，能通过自己的循环过程不断地复原。地球上海洋、河流、冰川融化水、湖泊、大气含水、土壤水和生物水，在地球周围形成了一个紧密联系、相互作用，又相互不断交换的水体系统。

水体可按类型和区域划分，按类型可分为：

1. 海洋水体——港口、海湾等

2. 陆地水体 ⟨ 地表水体——河流、溪涧等；地下水体

水污染源和污染物

1. 污水的水质指标

为了反映水体被污染的程度，污染水体的程度往往以水质指标来表示。污水水质指标主要有下列四项：

(1) 悬浮固体，或称悬浮物，是污水中呈固体状的不溶解物质，它是水体污染基本指标之一，例如砂石、泥块等。

(2) 废水中有机物浓度是一个重要的水质指标。由于有机物的组成比较复杂，要想分别测定各种有机物的含量比较困难，一般采用下面几个指标来表示有机物的浓度：

生物化学需氧量，简称生化需氧量（BOD，即 Biological Oxygen Demand 的缩写）；

化学需氧量（COD，即 Chemical Oxygen Demand 的缩写）；

总有机碳（TOC，即 Total Organic Carbon 的缩写）。

(3) pH 值。污水的 pH 值对水中生物的生长繁殖，及对排水管道的结构等都有很大影响，所以被列为检验污水水质的重要指标之一。

(4) 污水的细菌污染指标。在云云的细菌中，最普及应用作为细菌污染的指标是大肠杆菌（E. coli）。大肠杆菌本身对人体没有伤害或伤害性有限，但一般而言，如水中发现大肠杆菌，则显示有其他有害的细菌存在于水中，所以水中含有大肠杆菌，即说明水体已被污染。

2. 水体污染源

水体污染来源有两种：

(1) 点源污染：即在某地方的一点例如建筑工地排放污染物。这是一种规律性的排放，一般而言，它量大、面广、含污染物多，成分复杂，在水中不易净化，处理也比较困难。它具有下列特性：

- 悬浮物质含量高，最高可达30000毫克/升（而生活污水一般在200~500毫克/升）
- 含有机物的需氧量高，对微生物起毒害作用
- COD为400~10000毫克/升
- BOD为200~5000毫克/升（生活污水BOD 210~600毫克/升）
- pH值变化幅度大，pH=2~13
- 温度较高，排入水体可引起热污染

（2）面源：即指在某面积较广的地方，在该地方以污染物从表面流出附近的水体。

农村灌溉水或工地的暴雨径流是水体污染在这方面的主要来源。由于农田施用化肥和农药，灌溉后排出的水或径流中，常含有悬浮固体，农药和化肥，对水体影响很大。而某部分大面积的建筑工地在雨季时常因暴雨将工地的沙泥冲刷造成水体污染。

3. 水体中的主要污染物及其影响

对水体污染有较大影响的共有六种：

（1）需氧有机物

需氧有机物在水体中造成水中的溶解氧量迅速下降，引致鱼类等水生动物因缺氧而死亡。

（2）植物营养物

所谓植物营养物主要是指氮、磷、钾、硫及其化合物。过多的营养物质进入天然水体，恶化水体质量，藻类繁殖引起死鱼，影响渔业的发展和危害人体健康。天然水中过量的植物营养物质包括氮化合物、磷化合物。主要来自生活污水的粪便（氮的主要来源）和含磷洗涤剂、化肥。

（3）重金属

在环境污染方面所说的重金属主要指汞、镉、铅、铬以及砷等生物毒性显著的重元素，也包括具有毒性的重金属锌、铜、钴、锡等。从毒性和对生物体、人体的危害方面看，重金属的污染有三个特点：

- 在天然水体中只要有微量浓度即可产生毒性效应，一般重金属产生毒性的范围大致在1~10毫克/升，对水中生物构成威胁。
- 通过食物链的生物放大作用，重金属可以在较高级生物体内成千、成万倍地凝聚，然后通过食物进入人体，在人体某些器官中积累造成慢性中毒。
- 水体中的某些重金属可在微生物的作用下转化为毒性更强的金属化合物，如汞的甲基化。

（4）农药和杀虫剂

一般所谓农药（Pesticides）包括有许多种类：除了最常见的杀虫剂（Insecticides）外，还有除草剂（herbicides）、灭真菌剂（Fungicides）、熏剂（Fumigants）和灭鼠剂（Rodenticider）等。造成环境污染对人体有害的农药主要是因为农药内含有机氯农药和含铅、砷、汞等重金属制剂，对牧畜和人体有剧毒，破坏中枢神经，使用不慎会引起急性中毒。

（5）石油

石油污染最大的污染是沿岸工程、港口油库及输油管等。石油污染往往波及大面积的海洋水体，而令鱼类及海洋生物因缺氧而死亡。

（6）酸碱（pH）污染

水体的酸碱污染主要来自酸雨及化学品，例如建筑工地的化学酸碱废物。酸性废水在建筑工地主要来自污水处理机的化学酸。碱性废水在建筑工地而言，一般来自地盘的水泥混入排水中，而导致水中的酸碱值提升。

酸、碱废水破坏水体的自然作用，消灭或抑制细菌及微生物的生长，妨碍水体的自净功能，腐蚀管道和船舶。酸碱污染不仅能改变水体的pH值，而且可大大增加水中的一般无机盐类和水的硬度，影响水的功用。

二、空气污染

（一）空气污染的污染源

空气污染指自然界中局部的变化和人类的活动排放有毒害物质，改变空气中原有的成分，以致使大气质量恶化，从而影响原来的生态平衡体系及人体健康，以及对建筑物和设备财产等构成损坏。空气污染源的类型有三种：

1. 建筑及工业污染：工地上的泥尘扬起的污染物、工地上的机械产生的废气、燃烧排放的污染物，施工过程中所产生的有刺激性、腐蚀性、恶臭的、有机和无机气体、氧化氢、氨、二硫化碳、甲醇、丙酮等等。

2. 家庭排气：这是一种排放量大和分布广的空气污染，危害性不容忽视。

3. 汽车排气：在一些发达国家，汽车排气已构成大气污染的主要污染源。目前全世界的汽车已超过两亿辆，一年内排出一氧化碳近2亿吨，铅40万吨，情况令人堪忧。

（二）空气污染的影响

由于人的活动而排入空气中的、或使大气产生的有毒物质有多种。简单介绍主要的几种大气污染物的性质、来源及其威胁性。

1. 一氧化碳（CO）

一氧化碳是城市大气中的数量最多的污染物（约占大气中污染物总量的三分之一），是碳氢化合物燃烧不完全的产物，常见于机械运作时产生。氧气不足，火焰温度不够高，二氧化碳与碳氢化合物的混合气体在高温下停留的时间长，使碳氢化合物燃烧不完全而产生一氧化碳。

一氧化碳对人体毒害程度的大小，由许多因素决定，包括它在空气中的浓度、接触的时间、呼吸的速度以及有无吸烟习惯等。

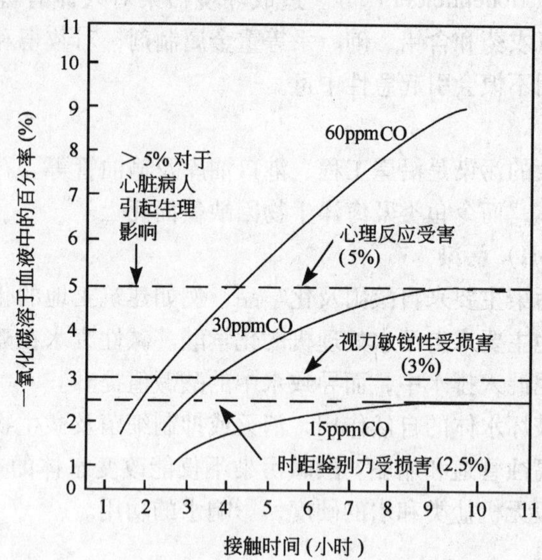

图 1-2-1　血液中一氧化碳含量随有关一氧化碳浓度和接触时间而增加

根据图 1-2-1 所显示，如果人类在一个 30ppm 的一氧化碳的环境中超过 4 小时，则视力敏锐性将会受损害。其他的生理反应包括时距鉴别力受损害、心脏病患者呼吸急促等反应。如果一氧化碳的浓度再提高，症状有头痛、晕眩、心脏过度疲劳、心血管工作困难、终至死亡。

2. 氮氧化物（NO_X）

造成空气污染的氮氧化物主要是一氧化氮（NO）和二氧化氮（NO_2），它们大部分来源于机械燃烧。在高温下，因燃烧空气中的氧和氮，而产生一氧化氮，一氧化氮与空气的氧再有反应，转变成二氧化氮。

一般空气中的一氧化氮对人体无害，但转化成二氧化氮后，其将带有腐蚀性及对人类有生理刺激作用。而且，二氧化氮会形成烟雾，减低空气的透视度。二氧化氮的具体危害如下：

（1）一般城市空气中的二氧化氮浓度已经能引起急性呼吸道敏感甚至病变。当二氧化氮每天浓度在 0.063 ~ 0.083ppm 的情况下，会引发儿童的支气管炎。

（2）二氧化氮因其酸性可以损害植物，能使植物落叶和发病。

（3）毁坏棉花、尼龙等织物，破坏染料，使其褪色，并腐蚀器皿。

3. 碳氢化合物（CH）

人为的碳氢化合物来源有两种，一种是不完全的燃烧，另一种是有机化合物的蒸发，其中汽车及机械排出量约为排放量的 48%。

虽然城市空气中的碳氢化合物对健康无害，但能导致有害的光化学烟雾(Photosmog)。如果空气中含有浓度达到或超过0.3ppm的碳氢化合物，光化学氧化剂便渐渐产生，其浓度可保持一段很长的时间，形成光化学烟雾，从而引起人体的损害，包括眼睛刺激、呼吸系统受损等。

4. 硫氧化物（SOx）

一般燃料中都含有相当数量的硫，在燃烧这种燃料时，硫随即被释放，释放物大部分是二氧化硫（SO_2），小部分是三氧化硫（SO_3）。其影响如表1-2-1。

二氧化硫浓度对人体健康及其他影响 **表1-2-1**

二氧化硫浓度（ppm）	对人体健康及其他影响
0.03	植物慢性损伤，叶落过多
0.04	支气管炎及肺癌死亡率增多
0.046	学龄儿童呼吸系统疾病增多
0.11～0.19	老年人呼吸系统疾病增多，并可能增加死亡率
0.21	慢性肺癌加重
0.25	死亡率增加及发病率急增

此外，二氧化硫能损害植物的叶片，影响其生长，并降低其产量。它能刺激人的呼吸系统，尤以有肺病和心脏病的老年人最易受害。二氧化硫还有促癌作用，当空气中有微粒与硫氧化物共存时，其危害可增大3～4倍。所以空气质量标准大多是采用二氧化硫浓度（ppm）与微粒浓度（微克/米^3）乘积，即两个参数相乘（SP）的数字作为标准（图1-2-2）。

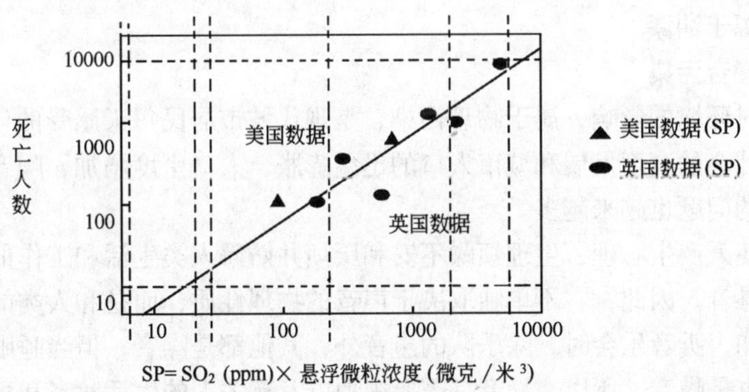

图1-2-2 空气污染的死亡人数与二氧化硫和悬浮微粒浓度乘积（SP）的关系

5. 微粒

微粒是指空气中分散的液态或固态物质，直径约0.0002～500微米之间，具体包括尘、雾和炭烟等，是建筑业中主要的一个空气污染，在砂地或泥地上所扬起的尘埃、机械产生的烟尘等都是微粒的来源。

尘埃是颗粒大于10微米的物质，这几乎都可被鼻腔和咽喉所过滤，不进入肺泡。但10微米以下的浮游状颗粒（即飘尘）对人体危害最大。飘尘经过呼吸道沉于肺泡，而有关的沉积率关乎于飘尘颗粒大小。在肺泡中沉积率最大的粉尘粒径为2~4微米，颗粒体积越小，危害性越大。

空气中微粒的危害作用，可简略归纳如下：

（1）燃烧时所产生的二氧化硫，再加上微粒的作用，对呼吸系统的危害特别大。在造成死亡的事故中，微粒的危害作用比二氧化硫为大。例如伦敦烟雾事件中，1952年那一次的烟雾四天内死亡4000人；而在1962年事件中，同样的气象条件下，二氧化硫浓度虽然比1952年稍高，但飘尘却低一倍，死亡者仅750人。

（2）使可见度降低，交通不便，航空与汽车事故增加。

（3）可见度差，照明耗电增加，燃料消耗随之增多，因此空气污染也更严重，形成恶性循环。

（4）遮挡阳光，使气温降低。

6. 其他有害的空气污染物

这里将简单介绍石棉和汞两种有害的空气污染物。

（1）石棉能引起多种疾病，还能引起职业性肺癌（Mesothelioma），空气中石棉微粒的来源很多，如石棉的开采和加工，建筑材料的应用或拆卸，以及用石棉沥青铺设路面等等。

（2）汞是最近引起重视的空气污染物，因为无机汞能自然转变为剧毒的有机汞（甲基汞），而渐渐浓集于生物中。对中枢神经系统的毒性极大，汞的空气污染主要来源于油漆。

三、噪音污染

噪音对环境的影响，属于物理污染，是现代城市居民每天感受的环境影响之一。随着社会的高度发展和城市人口的迅猛膨胀，人口密度增加，噪音也越来越强，造成的问题也越来越多。

一般使人产生心理、生理烦躁不安和厌烦并妨碍人类生活和工作的声音均可以被称为噪音。因此，它不单独取决于声音的物理性质，而是和人类的生活状态有关。例如，听音乐会时，除乐队的声音外，其他都是噪音；但当睡眠时，再悦耳的音乐也是噪音。所以，噪音是需要视地方及有关人的生活状态和背景情况而论。归纳起来，噪音大致可分为四类：

第一类：过响声。如机械发出的轰隆声。如建筑工地的打桩机，空气压缩机工作时发出的声音。

第二类：妨碍声。此种声音虽不太响，但它妨碍人的交谈、思考、学习、睡眠和休息。

第三类：不愉快声。如摩擦声、刹车声均属此类。

第四类：无影响声。日常生活中，人们习以为常的声音，如户外风吹树叶的沙沙声等。

由于声音会妨碍人类的休息和健康、降低工作效率，所以了解噪音的特性、来源和危害，并加以控制，是改善城市环境和保护人类健康的当前急务。

（一）噪音的来源

根据物体振动的物理特性，噪音可分为两大类：机械振动噪音和气体动力噪音。前者如机床齿轮、电机运转的噪音，这是由于机械运转中的机件摩擦、撞击以及运转中因动力、磁力不平衡等原因产生的机械振动而辐射出来的噪音。后者如超声速喷气机的轰隆声、储气罐排气、鼓风机气流、内燃机燃烧等噪音。

就城市环境噪音而言，则其来源大致可分为建筑/工业噪音、交通噪音和生活噪音。

1. 建筑/工业噪音

建筑/工业噪音来自施工或生产过程中机械振动、摩擦、撞击以及气流扰动等而产生的声音。建筑噪音是造成职业性耳聋，甚至年轻人脱发秃顶的主要原因。它不仅给工人带来危害，而且施工区附近居民也深受其害，特别是接近市区内的建筑工地，与居民只有一街甚至一墙之隔，振动与噪音使居民不能忍受。

2. 交通噪音

城市环境噪音的60%来自交通噪音。交通噪音主要来自交通运输工具的行驶、振动和喇叭声，如载重汽车、公共汽车、拖拉机等重型车辆的行进噪音。

一般大型喷气客机起飞时，其产生的噪音可令两个站在跑道的人听不到对方说话，令4公里内的居民不能睡眠和休息。超音速飞机在15公里的高空飞行，其声波可达30～50公里范围的地面，受到影响的人相当多。

3. 生活噪音

即指街道和建筑物内部各种生活设施、人群活动等产生的声音。如楼上移动东西、敲打物体、儿童哭闹、收音机和电视机的大声播放、户外小学生的喧哗声等，均属此类。生活噪音一般在80分贝以下，对人没有直接生理危害，但能干扰人们谈话、工作、学习和休息，使人心烦意乱。

（二）噪音的特性

由于噪音属于对人感觉造成滋扰及损害，所以它与其他由有害物质引起的影响不同。首先，它没有污染物，即噪音在空中传播时并未给周围环境留下什么毒害性的物质；其次，噪音对环境的影响不累积、不持久，传播的距离也有限；一旦声源停止发声，噪音也就消失。

噪音实质上是声音，对环境的影响和它的强弱有直接关系，噪音越强，影响越大。为表示噪音的强弱，可将噪音分为不同的声功率级。声功率级可用噪音计测量，它能把声音转变为电压，经过处理后用电表指示出分贝数。噪音计中设有A B C三种特性网络。其中A网络可将声音的低频大部滤掉，能较好地模拟人耳的听觉特性。由A网络测出的声功率级称为A声级，其单位是分贝（A）。A声级越高，人们越觉吵闹。因此在香港及国际城市，现在大都采用A声功率级来表示噪音的强弱。表1-2-2列出一些声源的噪音级（A）值和对人的影响。

声源的声功率级（A）值和对人的影响　　表1-2-2

对人的影响				干扰语言通讯			
	安全			长期影响尚无定论	长期听觉受损、耳聋		听觉较快受损、耳聋
	很静	安静	一般	吵闹	很吵闹	难忍受	痛苦
噪声级值(分贝(A))	0	20	40	60	80	100	120　140
声源	刚好听到	郊外静夜；安静住宅、图书馆	轻声耳语；一般建筑物、宿舍	一般办公室；一米远讲话、电视机、洗衣机	城市道路旁；交通大路旁；公共汽车内、空压机站、泵房；钢琴	高声谈话、拖拉机；空气压缩机、吊机、电锯、钻机	石钻、锅炉车间、钢铁厂；喷气机起飞；气压打钢板桥

（三）噪音的危害

40分贝是正常的环境声音，一般被认为是噪音的卫生标准。在此以上便是有害的噪音，它影响睡眠和休息、干扰工作、妨碍谈话、使听力受损害甚至引起神经系统、消化系统等方面的疾病。归纳起来，噪音的危害主要表现为以下几方面：

1. 干扰睡眠

睡眠是人消除疲劳、恢复体力和维持健康的一个重要条件。但是噪音会影响人的睡眠质量和数量，老年人和病人对噪音干扰更敏感。当睡眠受干扰而辗转不能入睡时，就会出现呼吸频繁、脉搏跳动加剧、神经兴奋等现象，第二天会觉得疲倦、易累，从而影响工作效率。久而久之，会引起失眠、耳鸣、疲劳无力、记忆力衰退，在医学上称为神经衰弱症。在高噪音环境下，上述各种病的发病率可达50%～60%以上。

2. 损伤听力

噪音可以使人造成暂时性或持久性的听力损伤，即耳聋。一般说来，85分贝（A）以下的噪音不至于危害听觉，而超过85分贝（A）则可能产生危险。表1-2-3列出在不同声功率级下长期工作时，耳聋发病率的统计情况。

工作40年后耳聋发病率（%） **表1-2-3**

噪音级（分贝）（A）值	工人耳聋发病率（%）
80	0
85	10
90	21
95	29
100	41

由此可见，90分贝（A）的噪音，耳聋发病率明显增加。但是，研究指出，即使高至90分贝（A）的刹那间噪音，也只产生暂时性的病患，休息后即可恢复，噪音的危害，关键在于是否长期影响。

3. 对人体的生理影响

实验表明，噪音会引起人体紧张的反应，刺激肾上素的分泌，因而引起心率改变和血压升高。20世纪生活中的噪音，是心脏病恶化和发病率增加的一个重要原因之一。

噪音会使人的唾液、胃液分泌减少，胃酸降低，从而容易患胃溃疡和十二指肠溃疡。一些研究指出，某些吵闹的办公室里，溃疡症的发病率比安静环境的高5倍。

噪音对人的内分泌机能也会产生影响。在高噪音环境下，会使一些女性的性机能紊乱，月经失调，孕妇流产率增高。近年还有人指出，噪音是刺激癌症的病因之一。有些生理学家和肿瘤学家指出，人的细胞是产生热量的器官，当人受到噪音或各种神经刺激时，血液中的肾上腺素显著增加，促使细胞产生的热能增加，癌细胞由于热能增加而大量增新，形成癌病。

4. 对儿童和胎儿的影响

在噪音环境下，儿童的智力发育缓慢。有人做过调查，吵闹环境下儿童发育比安静环境下的低20%。

噪音对胎儿也会产生有害影响。研究证明，噪音使母体产生紧张反应，会引起子宫血管收缩，以致影响供给胎儿发育所必须的养料和氧气减少。有人对机场附近居民的一个初步的研究发现，噪音与胎儿畸形有关。此外，噪音还影响胎儿的体重，有人研究发现，吵闹区婴儿体重轻的比例较高。

5. 对动物的影响

有关对动物影响的研究证实，强噪音会使鸟类羽毛脱落，生不了蛋，甚至内出血，最终死亡。如20世纪60年代初期，西方曾作喷气机飞行试验，飞行高度为10公里，每天飞越8次，共飞行6个月。结果，在飞机轰隆声的作用下，位于航道下的一个农场内10000只鸡中被轰声杀死6000只。

6. 对建筑物的损害

20世纪50年代曾有报道指出，一架以每小时1100公里的速度飞行的飞机，作60米的低空飞行时，噪音使地面楼房遭到破坏包括裂墙及碎瓦。曾有统计结果发现3000件被高速飞机损害的建筑物当中，墙灰开裂的占43%，墙砖开裂的占15%，瓦片损坏的占6%。

四、废物污染

固体废物的处理和处置是当今世界各国刻不容缓的一个环境问题，能否对其作妥善处理，是现代化国家进一步发展的一个重要条件，同时还关系到资源、能源的充分利用。

（一）固体废物和化学废物的来源与分类

1. 固体废物

固体废物（Solid waste）亦称一般废物，指人类在工程、生产、消费以及生活等过程中或之后，抛弃的固态或半固态（例如泥浆）物质。

固体废物有多种分类方法，可以根据其性质、状态和来源进行分类。现行多数按来源将其分为建筑拆建废物（construction & demolition waste）、矿业固体废物（mineral solid waste）、城市固体废物（municipal solid waste）、农业固体废物（agricultural solid waste）和放射性固体废物（radioactive solid waste）等五类。

建筑拆建废物来自挖掘、拆卸及多余建材等建筑过程；城市垃圾主要来自城市居民的消费、市政建设及商业活动；农业固体废物来自农业生产和禽畜饲养；放射性固体废物主要源于医疗及有关的科学研究等。表1-2-4列出了固体废物的主要来源及形成。

固体废物的因素、来源和主要组成物 **表1-2-4**

分类	来源	主要组成物
建筑废物	建筑及拆建废物	金属、水泥、石棉、砂、木板石、纸、纤维
城市垃圾	居民生活	食物垃圾、纸屑、布料、木料、庭院植物修剪物、金属、玻璃、塑料、陶瓷、燃料灰渣、碎砖瓦、废器具、粪便、杂品
	商业、机关	管道、碎砌体、沥青及其他建筑材料、废汽车、废电器，含有易爆、易燃、腐蚀性、放射性的废物，以及类似居民生活栏内的各种废物

续表

分类	来　　源	主要组成物
农业废物	农林	稻草、秸杆、蔬菜、水果、果树枝条、糠秕、落叶、废塑料、人畜粪便、禽粪、农药
放射性废物	放射性医疗单位、科研单位	金属、含放射性废渣、粉尘、器具、劳保用品、建筑材料

2. 化学废物

化学废物是一类对环境影响恶劣的废物。一般对化学废物的定义是其废物含有化学成分，其成分存在对环境生态有一定的毒害，而能引起损害健康甚至引致死亡，对人体健康及环境带来威胁的废物。

（二）固体废物对环境的危害

1. 固体废物的特点

跟废水和废气相比，固体废物有几个显著的特点：

固体废物是各种污染物的最终形态，特别是从污染控制设施排出的固体废物，例如污水机排出的淤泥，具有黏滞性和不可稀释性，是固体废物的重要特点之一。

其次，在自然条件影响下，固体废物中的一些有害成分会转入大气、水体和土壤中，参与生态系统的物质循环，因而具有长期潜在的危害性。

最后，固体废物的上述两个特点，决定了从其产生到运输、贮存、处置及处理的每个环节必须妥善控制，使其不危害生态环境，所以，处理固体废物的整个过程必须被监管。

2. 固体废物对环境的危害

固体废物对环境的危害很大，其污染往往是多方面的。其主要污染途径有下列四方面：

（1）侵占土地。固体废物不加利用时必然占地堆放，堆积量越大，占地也越多。据计算，每堆积一万吨废物，占地平均需一亩。

（2）污染土壤和地下水。废物堆置或没有适当防渗措施的垃圾填埋，其中的有害成分渗透到土壤而污染土壤及地下水。一方面，因土壤及水源受污染而引致污染食物，人类的健康受到威胁；另一方面，固体废物会破坏土壤的生态平衡。

（3）污染水体。除对地下水的污染外，由于不少国家把固体废物直接倾入河流、湖泊和海洋，使表面水质受到严重影响，不仅减少水体面积，而且影响水生生物的生存和水资源的利用。

（4）污染大气。固体废物进入大气环境一般通过如下途径：污泥和垃圾中的尘粒随风飞扬，固体废物本身或在处理（如焚烧）时散发毒气和臭味等，散发出例如二氧化硫（SO_2）、二氧化碳（CO_2）、氨气（NH_3）等气体，造成严重的大气污染。

（三）化学废物的危害

化学废物是一类特殊的废物。由于其性质多种多样，种类纷繁复杂和鉴别困难，它构成相当大的空气、水源和土壤污染。

1. 化学废物危害环境的途径

化学废物影响环境的途径很多，以其产生、运输、贮存、处理到处置的各个过程，都可能对环境造成重大危害。化学废物在处理前的存放中，即可经过挥发污染空气，经过渗漏污染水体与土壤，也可能通过渗漏而进入地下水或土壤中。一种化学废物经处理和处置后，仍然可能通过空气、水或土壤威胁人类健康与环境。

2. 化学废物对人体健康的危害

化学废物的特殊性质（如易燃性、腐蚀性、毒性等）表现在它们的短期和长期危险性上。就短期而言，是通过摄入（进食）、吸入、皮肤吸收、眼接触而引起毒害，同时，化学废物其特质如易燃性可引致火灾、爆炸等危险性较大的事件，长期危害包括重复接触导致的长期中毒、致癌、胚胎畸形、基因突变等。

部分化学品中包括某些重金属（砷、镉）与某些有机化合物（甲苯、四氯化碳），被证实是致癌物质，亦可引致脑子与脊髓、肾脏、神经等受到损伤，甚至使身体变弱或损害外形。

第三节　建筑工程对环境的影响

建筑工程需要面对的挑战不单局限于工期短促及有限的建筑费用，而且更严峻的任务是在施工时怎样减少因工程而产生的环境污染。建筑工程在施工期间产生污染影响环境是毋庸置疑的，曾有众多的文献洋洋洒洒列出建筑工程对环境的影响。本节系统化地将有关的环境影响划分为广义和狭义两个层面。

一、建筑工程对环境的影响——广义

以范围大小而论，广义环境影响是指因工程而引起地球上的整体气候、生态及资源平衡问题，当中包括以下五个范畴：

（一）全球变暖

由于工程施工时需涉及多方面的燃烧，大量排放温室气体，虽然大部分的温室气体是由工业及车辆引致，但建筑地盘内的机械及车辆数目的排放亦相当可观，不容忽视。在过去的100年中，全球气温上升了0.6℃，全球变暖是一种大规模的环境灾难，它会导致海洋水体膨胀和两极冰雪融化，使海平线上升，危及

沿海地区的经济发展和人民生活，影响农业和自然生态系统，此外，气候变暖会影响人类健康，加大疾病危险和死亡率。

（二）土地沙漠化

土地沙漠化是目前世界上最严重的环境与社会经济问题。正如第一点提及，因气温上升，天气反常，全球每年有600公顷的土地变为沙漠。亚太地区是沙漠化比较显著的地区，中国、阿富汗、蒙古、巴基斯坦和印度是受沙漠化影响较重的国家。

（三）臭氧层破坏

1985年，科学家观测到南极上空出现臭氧空洞，并证实有关发现与氯氟化碳（CFC）分解产生的氯原子有直接关系。氯氟化碳常见于一些制冷剂，例如工地使用旧式含二氯二氟甲烷（CF_2Cl_2）的制冷剂氯氟原子将臭氧层中的臭氧分子分解，造成臭氧层耗损，这意味着大量紫外线将辐射直接传到地面，导致人类皮肤癌、白内障发病率增高，并抑制人体免疫系统功能，农作物受损而减产。

（四）酸雨蔓延

酸雨目前已成为一种范围广泛、跨境的大气污染现象。建筑工程的机械及车辆，由燃烧原料而释放二氧化硫，与空气中的水分结合成硫酸，在空气中凝聚，变成酸雨。酸雨破坏土壤，使湖泊酸化，危害动植物生长；刺激人的皮肤，诱发皮肤病，而且吸入后使人体引起肺水肿、肺硬化。

（五）生物多样性减少

因工程开垦地方而砍伐森林，破坏植被，加上土壤、水、空气的污染，引起森林减少及动物原来栖息的地方变得不适合居住，因而大量物种灭绝。生物多样性的减少，瓦解人类生存的基础。

目前地球上生物多样性损失的速度比历史上任何时候都快，鸟类和哺乳动物现在的灭绝速度是它们在未受干扰的自然界中的100~1000倍。

二、建筑工程对环境影响——狭义

狭义环境影响包括建筑工程在实施过程中所产生的所有污染物实时构成附近或当地的环境影响，其中包括空气污染、噪音问题、水污染、废物问题等。建筑工程对环境污染及其治理过程见图1-3-1。

自然环境（图中示为“此环境”）是适合人类和生物体生存的最佳环境；人为环境（图中示为“彼环境”）是经改变了的环境，是适合人类生活的舒适环境。自然环境经过人类一系列的生产、生活活动后，出现重大改变后成为人为环境。所以此环境并非彼环境。

不同类型的建筑工程均有其不同的施工方法，因此，不同的建筑工程所构成的环境影响亦各有不同。建筑工程所引起的环境问题将在第四~七章中系统阐述和讨论，以下阐述一般建筑工地的狭义环境污染问题。

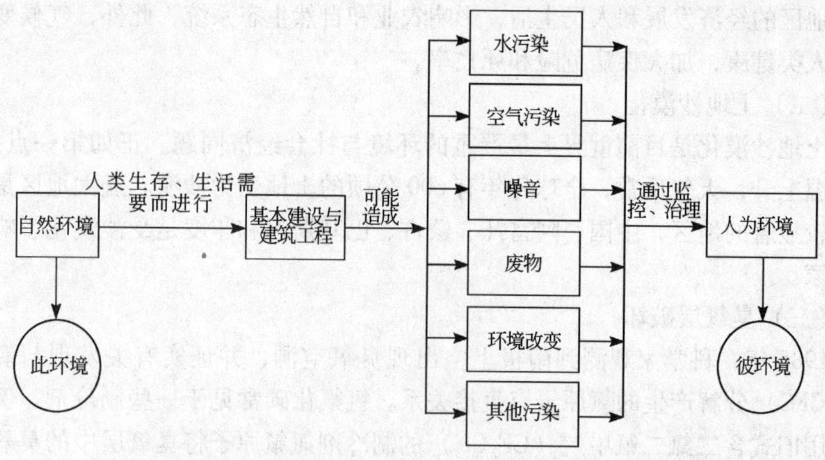

图 1-3-1　建筑工程污染、治理过程图标（此环境并非彼环境）

1. 空气污染

工地最常见及最滋扰的空气污染物是尘埃问题，尘埃的成分并非全部一样，当中有大微粒，亦有较细小的微粒，有关微粒的损害性，在第二节已陈述过，在此不再重复。在建筑工地内产生的尘埃微粒的来源有以下多方面：

- 工地车辆进出入时所扬起的沙尘；
- 工地使用的压缩空气清洁工具，在喷射时扬起的沙尘；
- 工地范围内有车辆行驶在沙地或泥地上，特别在天气干燥或大风时，沙尘会更严重；
- 工地的出入口附近存放易生尘埃物料（例如泥堆或垃圾）所扬起的微粒；
- 使用袋装水泥或干粉材料等生产混凝土过程中所产生的微粒等；
- 离开工地的车辆，其车身所沾上的泥土、尘埃、垃圾或污秽物将带出工地；
- 离开工地时，车辆载有易生尘埃物料如泥土、垃圾、砂、石等由车上四处飘扬；
- 车辆在工地内行驶，行车迅速，扬起泥尘；
- 易生尘埃物料在装卸途中，扬起尘埃；
- 使用动力机械进行钻孔、切割、磨光及破碎，烟尘满天；
- 挖掘及翻土工作时，泥土随风而飘；
- 爆破令砂石、泥灰四散，影响范围广大；
- 尘埃由临时垃圾槽的接驳位泄漏；
- 尘埃由临时垃圾站的顶部泄漏；
- 物料架所运送的物料在运送途中散落四处；
- 在拔除树木或杆柱等的工作时，被抓紧的泥泞将跟随飞散；

● 拆卸工程在拆卸时及拆卸后产生泥尘，同时部分拆下的废料亦会产生泥尘；

● 棚架上、围网上或帆布上的垃圾、干粉物料、混凝土或水泥废块等物，在刮风或摇动时所弄起的尘埃；

● 在道路开掘或重铺工程时，挖掘出来的易生尘埃物料在刮风时引致泥尘。

以上是工地产生沙尘的主要来源，而工地产生的其他空气污染的来源有以下几方面：

● 工地车辆所排放的废气例如氮氧化物（NO_X）及硫氧化物（SO_X），在空气中飘浮，特别在工地车辆欠缺妥善保养时，产生过量浓烟；

● 工地烧煮沥青时，大量的污染物在燃烧过程中由沥青中及燃料中释放；

● 露天焚烧建筑废料、塑料车胎、金属废料或任何杂物，污染物包括炭氢化合物、硫氧化物（SO_X）会释到大气中；

● 部分工地涉及处理含石棉物料的工程时，因其石棉物料的纤维细小，对人体呼吸系统构成严重伤害；

● 工地的油渣锤操作时所产生的黑烟，例如硫氧化物（SO_X）及氮氧化物（NOx）及异味；

● 工地所使用的制冷剂包括氯氟化碳（CFC）所释放的污染物。

2. 噪音

建筑噪音问题在一些地方广大的国家，大多不是首项需要处理的环境问题，因工地与民居有相当的相隔距离，所以居民对有关的问题相对较容忍，但在一些人口密集的地方如东京、香港等，噪音问题往往是环境污染问题之中最受关注的。在香港，有关的建筑工程所造成噪音的来源可划分为撞击式打桩工程及非撞击式打桩工程两个范畴。

（1）撞击式打桩工程的过程中，撞击所构成噪音滋扰的程度及范围是相当庞大的，而且因其规律性的重型撞击声，对居民的影响深远而长久。有关一般用于撞击式打桩工程的工序所发出的声浪见表1-3-1。

撞击式打桩工程的声功率级① **表1-3-1**

打桩方法及桩柱类别	声功率级（分贝）（A）值
柴油锤打预应力混凝土桩	128
柴油锤打钢桩	132
柴油锤打钢板桩	132
吊锤打混凝土桩	116

①《管制撞击式打桩工程噪音技术备忘录》香港特区政府环境保护署。

续表

打桩方法及桩柱类别	声功率级（分贝）(A) 值
吊锤打钢桩	126
吊锤打钢板桩	129
油压锤（双动）打预应力混凝土桩	126
油压锤打钢桩	129
油压锤（双动）打钢板桩	129
油压锤（单动）打预应力混凝土桩	122
油压锤（单动）打钢桩	126
油压锤（单动）打钢板桩	126
内部吊锤	113
气压或蒸汽锤（双动）打钢板桩	135
气压或蒸汽锤（单动）打钢格	130

由上表可见，有关打桩工程所产生的声浪由 113 分贝（A）至 135 分贝（A），正如第三节提及过，100 分贝（A）至 140 分贝（A）的声浪对人影响是痛苦及难忍受，长期听觉亦会受损。

（2）非撞击式打桩施工机械在运作期间所产生的噪音程度相当高，对居民构成一定的滋扰。表 1-3-2 是部分常用的非撞击式打桩机械所发出的声功率级。

机动设备的声功率级① **表 1-3-2**

种　　类	声功率级（分贝）(A) 值
空气压缩机，气流量≤10 米^3/分钟	100
空气压缩机，气流量>10 米^3/分钟及≤30 米^3/分钟	102
空气压缩机，气流量> 30 米^3/分钟	104
沥青摊铺机	109
钢筋弯曲机及切割机（电机）	90
混凝土配料机	108
破碎机，手提型，重量≤10 千克	108
破碎机，手提型，重量>10 千克及< 20 千克	108
破碎机，手提型，重量≥20 千克及≤35 千克	111

①《管制建筑工程噪音（撞击式打桩除外）技术备忘录》香港特区政府环境保护署。

续表

种　　类	声功率级（分贝）（A）值
破碎机，手提型，重量 > 35 千克	114
破碎机，装在挖土机上（气动）	122
破碎机，装在挖土机上（油压）	122
推土机	115
输送带	90
混凝土钻取机	117
錾机，手提型（气动）	112
混凝土搅拌车	109
混凝土搅拌机（电动）	96
混凝土搅拌机（汽油）	96
混凝土泵，固定/装在货车上	109
起重机，塔型（电动）	95
压实机，振动式	105
趸船吊机	104
挖泥机，链斗式	118
挖泥机，抓斗式	112
钻，手提撞击式（电动）	103
钻/磨机，手提型（电动）	98
卸土机	106
挖土机/搬土机，轮动式/履带式	112
发电机，标准型	108
发电机，低噪音制在 7 米距离时 75 分贝（A）	100
发电机，超低噪音型在 7 米距离时 70 分贝（A）	95
平土机	113
吊机，乘客/物料（气动）	108
吊机，乘客/物料（电动）	95
吊机，乘客/物料（汽油）	104
货车	112
划线车	90
膜墙桩，浆土隔滤机	105

续表

种　　类	声功率级（分贝）（A）值
膜墙桩，油压拔取机	90
大直径钻孔桩，抓斗及凿	115
大直径钻孔桩，摆动机	115
大直径钻孔桩，循环式钻机	100
螺旋挖钻桩，挖钻机	114
混凝土振动机，手提	113
手提木刨床（电动）	117
石钻，履带型（气动）	128
石钻，履带型（油压）	123
石钻，手提型（气动）	116
刨路机或碾路机	111
道路滚压机	108
滚压机震荡型	108
圆形木锯	108
链锯，手提型	114
混凝土锯/开槽机（汽油）	115
刮土机	119
拖船	110
拖拉机	118
抽气扇	108
绞车（气动）	110
水泵（汽油）	103
潜水泵（电动）	85

由表1-3-2的声功率级显示，一般的机械所产生的声级由90～128分贝（A），在欠缺妥善维修与保养的机械，及不正确操作而造成碰撞的声音，其声级将更大。第三节提及过有关噪音对人体的损害，90～128分贝（A）所构成的影响是长期听觉受损、耳聋。

在香港，建筑工程的噪音向来是市民投诉的重点。香港经常有新建楼宇动工、旧楼拆卸和装修工程在实施中，噪音的产生乃在所难免。市民向环保署投诉的所有个案当中，噪音的投诉占41%，当中涉及建筑噪音为20%（见表1-3-3），可见建筑噪音的问题在香港地区是一项相当受到关注的环境问题。

香港有关噪音污染的投诉情况① 表1-3-3

噪音污染	投诉宗数
建筑业	
一般	1616
撞击式打桩	232
邻近环境及公众地方	3391
交通	
道路交通	460
海上交通	3
工商业	
食堂	1167
地下铁路	65
九广铁路	71
轻便铁路	17
渡轮设施	1
工业楼宇及同一幢楼宇内	8
其他（工业、商业等）	2279
产品噪音（噪音管制条例）	8
防盗警钟误鸣	384
其他	6
小计	9708

如果工地的工作与活动接近噪音敏感地方，如住宅楼宇、宾馆、酒店、临时房屋、医院、诊所、教育机构、教堂、图书馆、法庭及艺术中心等，其滋扰性会较大。

3. 水污染

建筑活动所产生的废水量需视工地的面积及工种而定，一般来说，工程内需要疏浚（dredging）、磨桩或钻探所造成的水污染相对较大。在香港，大多数工地的污水须经处理后排放到雨水渠，最后到达大海（例如维多利亚港）。在过去环保意识薄弱的年代，肆无忌惮地倾倒废水，这类缺德行为使香港的海洋、海滩、甚至海床受到污染，情况岌岌可危，其中建筑业的排放亦是悬凶之一。

以下是一般工地产生污水的情况：

（1）填海工程所涉及的疏浚工程，因抓挖海底泥而将海床的污染物包括重金

① 香港特区政府环境保护署年报（2004）。

属、微生物等，扩散至附近水域，毒害海洋生态。此外，在抓挖出来的海底泥亦会放置于另外一个地区的海底，此时该区的水域亦会因放置这些污泥而受污染。

(2) 钻探过程中往往生产大量的钻探水，其钻探水包括多种的污染物，而大部分污染物包括沙泥、矿物质、重金属等。

(3) 工地使用的洗石水、镪水是一种化学品，其酸碱值对水质污染有相当影响，对鱼类、海中生物，甚至海水使用人士包括沙滩泳客有相当的刺激。

(4) 部分工地设有饭堂，其饭堂所产生的污水包括洗食物水、清洁剂、油脂等污染物，排放其污水将会减少水中的溶解氧量，从而对生态有损伤性的影响。

(5) 厕所是工地不可或缺的设施，无论是流动厕所或是永久厕所，其排放量是不容忽视的，当中的污染物包括氮及细菌，对水域的水质构成污染，甚至造成赤潮。

(6) 工地常有使用饮用水或消毒水，以作试漏及消毒贮水设施和管道之用，其消毒水多数是一般的漂白水，有关污染及其毒性对水质及水产造成损害。

(7) 在进行拆卸工程时，大量的沙泥、混凝土往往冲入污水渠，不但引起水体污染，而且亦会构成水渠淤塞。

4. 废物污染

一般工地产生庞大的废物包括泥土、木料、铁料及塑料等建筑废物等，对整个社会的废物处置方面构成压力。在香港，惰性建筑废物例如泥、石、砂，一般用作填海之用，收集该等建筑废物被称为公众卸泥区，但对于建筑废物的吸纳量视情况而定，例如某时候的填海工程接近落成，其吸纳量必然减少，故此惰性建筑废物对公众卸泥区构成周期性的压力。另外，不宜倾卸于公众卸泥区的有机建筑废料，一般只可以循环使用，如不能再使用，则弃置于策略性堆填区，但堆填区有一定的容量及寿命，长远来说亦不是解决废物的长久方法。

香港的废物危机迫在眉睫，堆填区的饱和速度远较预期快，如何妥善管理确是重大的考验。我们每年制造大量的建筑废物，目前这些废物循环再用的出路愈来愈少。堆积如山的建筑及拆卸工程废物，是现今香港急需解决的环境问题。2002~2005 年，由于多宗填海工程暂停或更改工期，填海工地对惰性废物的需求大幅下降。

有关工地的化学废物，工地往往产生多种及多数量的剩余溶剂，其中包括白胶浆、润滑油、酸碱化学品、有机溶剂、石棉、油漆甚至电油桶和模板油桶，部分的化学废物有高危险性，故此，这些化学废物对环境造成一定的威胁或伤害。而且化学废物的不妥善弃置将会造成土地污染，修复期可能相当长。

三、建筑工程对环境造成的污染和危害

(一) 建筑工程对环境造成污染类型分析

建筑工程在实施过程中造成的污染源基本上也属于上述四大类，即：水体污

染、空气污染、噪音污染、废物污染。它对环境和人类生存亦造成威胁。如果以单个和有限数量的多个建筑工程项目去观察和分析，所造成的威胁和损害不是太大太严重，但由于地球上人的数目不断增加，目前全球人口已达65亿多，而且一些发展中国家的人口出生率还在快速增长。人类为了生存、生活，势必大兴土木，建筑工程的总体规模十分庞大，这样日复一日，年复一年，它对环境造成的污染和损害的总量是一个十分惊人的数字。所以，建筑工程实施过程中的环境监控、环境管理、环境保护将是一个十分浩大的系统工程，也是一项关系到人类生存和发展的重大而迫切的艰巨任务。

地质学、生物学及其他自然科学的知识领域指出，自古以来，地球的环境一直发生着变化。激发现代环境问题的原因正是由于人类活动在加速环境变化，使环境在加速变坏，其中以人口增长、工业及建筑业引发的问题最为突出。

图1-3-2示意相关活动如何影响环境。本书以建筑为题，故以下将集中着墨于建筑业对环境的危害。人口不断增长，人类对居住场所的需求大增，为有关的发展消耗天然资源，包括树木、水和矿产等，同时工程项目在施工期间，所产生的污染物在没有相应的处理下排放引致污染。建筑工程排入环境的废物或污染物随着时间和空间的变化而发生进一步的迁移和化学或生物的转化。例如机械燃烧排放出的气态二氧化硫在大气中通过化学过程而转化成细小的硫酸盐粒子。这种含硫气体和颗粒物的联合作用导致了酸雨的产生，而且对几百公里以外的湖泊和森林产生危害。由建筑活动产生的污染物被排入江河和溪流中，通过消耗水中溶解氧的生物和氧化反应而被转化。氧气的损耗直接影响所有水生物种的存活。表1-3-4列出了建筑活动导致有关天然资源消耗及排放污染物对环境中物理、化学和生物变化的例子。

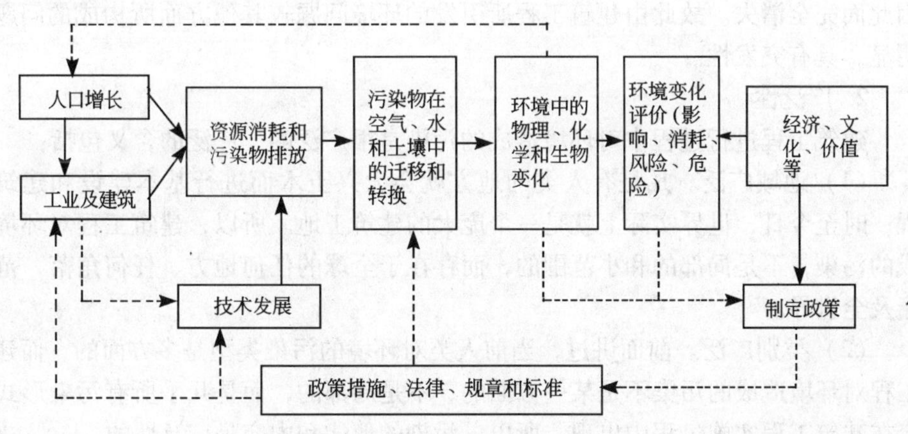

图1-3-2 建筑活动如何影响环境

实线表示主要的影响途径；虚线表示对这些影响的反馈。

建筑活动引起环境危害的一些例子　　表 1-3-4

建筑活动	物理变化	化学变化	生物变化
排放污染物	建筑污染物的沉降和化学侵蚀而造成的建筑物（如房屋、桥梁和纪念碑等）的改变	空气、水和土壤中建筑污染物浓度的增加；二次反应带来的其他化学变化（如城区臭氧层的形成）	暴露在建筑工地所排放的化学物质和其衍生物或积累这些物质给人类、植物和动物带来损伤或疾病
天然资源消耗	采伐森林和其他改变土地的方式（如地面坡度、植被和道路的改变）；改变水路（如灌溉、修建场坝、改变河道和涸化塘地）	因开垦地方而使土壤和泥砂的化学组成的改变（如水的酸度和浓度的增加，土壤中营养元素的流失）	栖息地的改变而导致的植物、鱼类、动物和微生物多样性的改变，可能带来物种的演变、灭绝、迁移或者疾病

（二）建筑工程对环境造成污染的特性分析

建筑工程对环境所造成危害的严重性往往跟其所产生污染物的特性有关，建筑业所构成的污染具有明显的突发性、广泛性和持久性的危害。

1. 突发性

任何建筑工地均有年限，附近环境的情况所维持的水平在施工期内因受到工程施展期间而有所改变，环境问题骤然出现，相当于急性病发，有关影响在一个短时间内突显出来。于是自然环境在承受这突如其来的压力及冲击时候，必须有相当的适应力，否则，部分适应力较低的环境受体，例如附近的河床生物，在霎时高浓度的工地污水排放后，溪涧的水质变差，该区的河床生态系统承受不了，因此而完全消失。故此由建筑工程所引发的环境问题较其他方面所构成的问题较明显，具有突发性。

2. 广泛性

建筑工程进行过程中对环境造成的污染是很广泛的，广泛的含义包括：

（1）地域广泛。凡是有人类的地方就会大兴土木而进行基本建设和建筑工程，时至今日，世界实际上就是一个庞大的建筑工地。所以，建筑工程对环境造成的污染，不是局部的和小范围的，而存在于全球的任何地方、任何角落，范围遍及全世界。

（2）类别广泛。前面讲过，当前人类对环境的污染类型是多方面的，而建筑工程对环境造成的污染不是某一方面的，不是局部的，而是几乎所有污染形式都会在建筑工程实施过程中出现，所以，污染的形式和内容是广泛性的。

3. 持久性

一个工程项目的施工工期短则数月，长则十多年，有关的危害亦是漫长而持久的，尤其建筑垃圾。建筑垃圾主要为渣土、碎石块、废砂浆、混凝土块、沥青块、废塑料、废金属料、废竹木等的混合物，如不做任何处理直接运往建筑垃圾堆场堆放，堆放场的建筑垃圾一般需要经过数十年才可趋于稳定。在此期间，废砂浆和混凝土块中含有的大量水合硅酸钙和氢氧化钙使渗滤水呈强碱性，废石膏中含有量硫酸根离子在厌氧条件下会转化为硫化氢，废纸板和废木材在厌氧条件下可溶出木质素和单宁酸，并分解生成挥发性有机酸，废金属料可使渗滤水中含有大量的重金属离子，从而污染周边的地下水、地表水、土壤和空气，受污染的地域还可扩大至存放地之外的其他地方。而且，即使建筑垃圾已达到稳定化程度，堆放场不再有有害气体释放，渗滤水不再污染环境，大量的无机物仍然会停留在堆放处，占用大量土地，并继续导致持久的环境问题。

（三）建筑工程对自然环境造成污染的原因分析

前面有关章节讨论过，许多由建筑工程所引起的环境问题与向大气层和地球上排放污染物而引起的大气污染、水污染、化学污染、噪音和自然资源的消耗等有关。究其产生的根本原因可分为两类：施工过程及材料选用。

1. 不当的材料选择

所有建筑物，不管它是楼宇、道路、天桥等，都必须由某些东西制造而来，因此对“这些东西”的选择就将直接影响环境。支取环境的资源，这些资源包括泥、砂、水、煤等等。

不仅材料的选择，而且对它们需求量的多少的选择也是影响环境的重要因素。剩余过多的建筑材料不但浪费天然资源，而且增加废物的数量。

2. 不当的施工过程

施工过程中的每一步均产生大气污染物、噪音、水污染物和固体废弃物。从历史上看，环境工程领域中的许多工作都围绕着发展新技术和新方法以解决从施工技术中产生的有关环境问题，反映有关问题的严重性。所以，施工过程设计须具有科学性、连续性、系统性，并注入环保意识是十分重要的。

（四）建筑工程环境管理及控制的重要性

建筑工程所构成的环境污染问题是全球的整体环境问题的一个重要部分。

施工活动导致的环境问题可以被分为两大类：1. 天然资源的损耗；2. 由施工过程的排放和残余物引起的问题。建筑工程的环境管理及控制正是对这两类危害作出适当处理，尤其是后者。环境管理在工地上令整个施工过程的设计和运行得以调节，并改变大气污染物、水污染物和固体废弃物产生而释放到环境中。

其他环境问题，如由于热带森林的砍伐而导致的物种灭绝，湿地开发所导致的生态危害等的情况又如何呢？环境管理是不是也在这类问题中起到重要的作用呢？

是的，这些是和土地利用相关的环境变化的例子。这里，环境管理同样起了重要作用，但通常比较间接一些。土地利用的政策和决策所导致的环境危害是一种更广泛的社会问题，它不仅包括环境保护议题，而且还包括大量其他专业的或政治经济发展的规划和协调问题。有关施工前对建筑工程的策划，包括施工方法、工程的选址、工程的施工周期等，务求达到有关环保影响减至最少。从另一个角度讲，环境管理的概念完全反映在土地利用与决策上。有关详情可见第八章。

第四节　建筑工程的环境管理体系

一、什么是环境管理体系

体系是指一个系统，英语即“system”，定义是：“由若干有关事物互相联系而构成的一个整体”或“同类事物按一定的关系组成的整体”。管理体系就是由若干相关的活动或管理要素，为求实现既定的目标而组成的整体。环境管理体系就是为实现既定的“环境目标”，由相关管理要素组成的整体。

国际标准化组织（英文为 International Organization for Standardization 简写成 ISO）为方便企业组织实施环境管理，而提供了 ISO 14001 环境管理体系相关的标准，这个标准为组织展示了环境管理体系的规范和指南，用以指导组织改进环境管理及向社会展示其环境绩效而进行的第三方认证。

二、建筑工程环境管理体系的内涵

建筑工程的环境管理体系的内涵可归纳以下几方面：

（一）企业最高管理者的承诺

建筑工程的环境管理体系是一个完整的体系，不仅可改变以往不适用建筑工地环境管理的管理模式、改变旧日的管理制度之外，而且还需要有人力、物力、财力及技术的投入。那么，在筹备环境管理体系的第一部署，就需要最高管理者的参与而作出决策，因为建立建筑环境管理体系本身就是在环境管理思想上的一个重大转变。一个企业的发展是任何一个管理者所追求的目标，但在发展当中，往往需要面对抉择，是最高管理者不能回避的问题：是牺牲环境，损害生存环境为代价，以求迅速及鲁莽施工；还是保护环境和改善生活，坚持工程与环境协调发展，走可持续发展的道路。这个问题需要建筑企业最高管理者认真思考、作出决策。

企业最高管理者承诺的内容一般包括以下四方面：

承诺一：遵守环保法例及合约要求的承诺。

遵守环保法例是对建筑公司经营活动及施工的基本要求。环境管理方法中，法律、经济、行政等要求是环境管理体系实施的基础，也是评价环境管理体系有效性的重要依据。

承诺二：为企业防止污染作出承诺。

环境管理体系的核心内容就是防止污染。防止污染的承诺，就是要求企业的最高管理者关心企业的环保事宜，针对企业环境状况和经营状况，而制定防止污染及环境保护工作方向，加强全体员工（工地及写字楼）环境意识及环境技能的培训和提高；对环境目标、指标及施工过程的环境控制切实施行有效的控制；健全有关监督和检测的机制等管理活动。

承诺三：提供相应的资源。

资源，包括人力、财力以及相关的技术资源。人力资源中首要的任务就是在最高管理层中任命一名环境管理代表（例如环保经理），环境管理代表是专门负责按标准条款要求，而建立、实施和保持企业环境管理体系的关键职位和人士；向最高管理者汇报环境管理体系的环境绩效，协助最高管理者评审有关环保绩效，并为持续改进环境管理体系提供依据，以期满足环境管理体系的适宜性、充分性和有效性。财力资源要确保有效实施在有关环境目标和政策之上，而防止污染所需要的资源，须确保用于实施有关的体系上，到位到人。技术资源则帮助组织应用科技获得成果，采用先进的设备、先进的施工方案，逐步达到零污染，推动绿色工程的目标。

承诺四：环境管理体系必须确保有持续的改进。

持续改进的承诺，就是要求企业的最高管理者依据施工方法的变化、环境法律、法规的修改及企业内部环境管理体系审核中的观察点，来不断调整环境方针、目标和政策及其他管理活动，以提高和完善环境管理体系的适宜性、充分性和有效性，使企业的环境绩效持续改进。

（二）明确相关环保法例、法规、环境标准及其他要求

环保法例、法规、环境标准及其他要求是企业建立环境管理体系的重要依据，是监督、测量企业为其排污行为厘定是否合乎标准的最低要求，亦借此评价企业的环境绩效。

（三）确定工程的环境因素

为建立环境管理体系的初期，首要的任务就是企业委派拥有专业知识的人员为工地的各施工工序进行初步的环境因素评估，识别出组织在建筑活动中对环境将会造成的环境影响，这被称为环境因素；并依据环保法例、环境标准、合约要求的符合程度、影响范围和严重程度，确定建筑过程所形成的主要环境因素，以便进一步研究控制措施。

建筑活动所形成的环境因素可以划分为主要及不主要，主要的环境因素将对环境产生有重大影响，是企业在环境管理工作上重点研究及控制的一个范围，也是制定企业监督及监测的针对性管理（见图1-4-1）。

（四）明确职责范围

方针确定了，怎样运行就变成是成功的关键，所以企业必须确定有关人事所需要负责的范围，有效地将有关工作落到需要负责的人身上。图1-4-2是一个有关运行环境管理体系的环保职责分配例子。

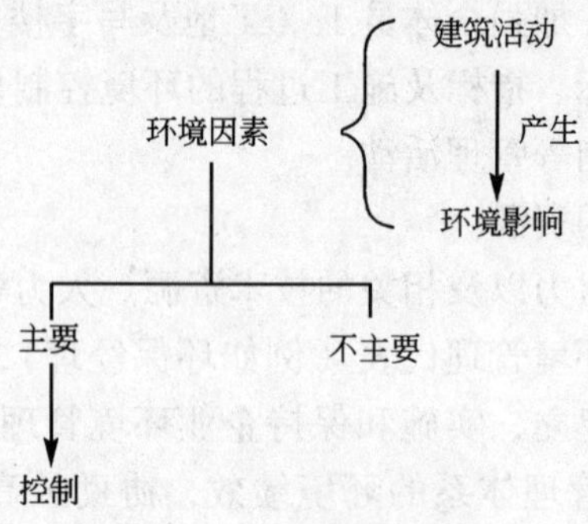

图 1-4-1　确定工程环境因素

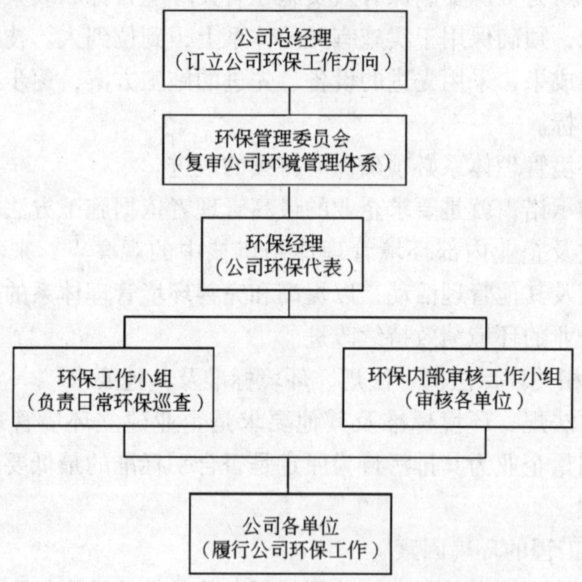

图 1-4-2　企业的环境保护管理架构图

（五）提高员工环境意识、环境技能和能力，全面培训

环境管理体系是以防止污染为核心，除了要有最高管理者的承诺之外，全体员工的积极参与亦相当重要。为增强员工的自觉性，共同实现企业制定的环境方针、目标和指标，应不断地加强教育，分层次的进行培训。其培训内容主要包括以下几方面：

1. 环境意识的培训

为使全体员工深刻了解到当前建筑工程对环境所产生的问题，环境意识培训十分重要。环境意识的培训目的是使员工意识到，在施工时保护环境是所有员工的责任，鼓励全体员工积极参与环境保护工作，共同努力实现企业的环境方针和环境保护目标。

2. 环境管理体系的培训

为使全体员工了解环境管理体系的内容，意识到实施环境管理体系的重要性，企业应清楚解释建立和实施环境管理体系所产生的环境绩效，令员工知道自己在环境管理体系中的职责，若不按程序规定操作，将造成的后果和潜在问题。

3. 环境技能的培训

企业应按不同的施工方案，加强环境技术、环境技能的培训，熟悉技术标准和操作要领，其目的是加强防止污染，以利于环境状况的改善。

（六）实施中工程项目的运行控制措施

经过计划，确定环境因素，指出需要控制的工序，确定人员负责，提供相关培训后，建筑工程的过程控制就是整个系统的精髓，过程控制措施即指对企业在工程施工过程中，所识别出的主要环境因素加以控制。以下是一个过程控制措施的简单例子，以控制工地有关堆存、装卸及运送易生尘埃物所产生的尘埃。

在工地内，易生尘埃物料的存料堆必须

(1) 以隔尘布完全覆盖；

(2) 或放在顶部及三面有遮蔽的地方；

(3) 或洒水维持整个表面湿润。

易生尘埃物料（水泥及干粉材料除外）须在紧接装卸或运送之前，洒水维持该等物料湿润。

有关详细的控制措施将在第三章讨论。

（七）监督和测检成效机制

监督与测检成效机制是环境管理体系模式中的检验阶段，是重要一环，并分有两个层次：

第一个层次，是实施各体系在工作时应包含有关检验的内容，以确保该工作实施的符合性和有效性。例如要求工地机械禁止排放黑烟时，则必须有统一的检验次数及排放标准作为检验内容，这是测检施工时是否符合标准的第一个层次。

第二个层次，是审核实施环境管理体系的情况，定期依据规定的审核准则，审核工地实施环境管理体系符合性和有效性，为达到环境管理体系的持续改进而提供依据；这是测检有关系统方面的第二个层次。

（八）定期进行管理复审

管理复审是环境管理体系运行中最后的一步，是整个环境管理体系模式的改进阶段，是依据环境管理体系运行的结果以及客观情况的变化，环保法例、法规及其他合约要求的变化、企业的工程活动，而对原有的系统作出改善。管理复审一般会参考环境管理体系运行中发现到的教训以及其他之前忽略了的因素，评价企业的环境管理体系的持续适用性及实施的有效性，以便调节和改善环境管理体系，最终达到企业的环境管理和环境绩效持续改进。管理复审实际上就是自我约束、自我完善、改善组织环境行为的过程，其评审结果又是下一轮环境管理运行模式的开始。

三、环境管理体系的运行模式

总的来说，环境管理体系运行模式是将企业的活动分为四个阶段：

1. 规划（策划）阶段（PLAN）——企业根据本身的特点确定方针，建立企业整体目标，并制定实现目标的具体措施。

2. 实施阶段（DO）——为实现组织总体目标，明确职责，根据活动的特点，制定相关的文件化管理程序及技术标准，用来对活动的整个过程施行有效的控制。

3. 检验阶段（CHECK）——即在企业活动实施过程中，应有计划及针对性的对相关过程进行监督、监测和审核，加强预防，用以纠正所出现的偏离企业总体目标的现象。

4. 改进阶段（ACT）——企业的最高管理者定期的对企业所建立管理体系进行评定，确保体系的持续适用性、充分性和有效性以达到持续改进的目的。

规划、实施、检验和改进运行模式可简称 PDCA 模式（取每阶段的英文前缀），如图 1-4-3 所示。

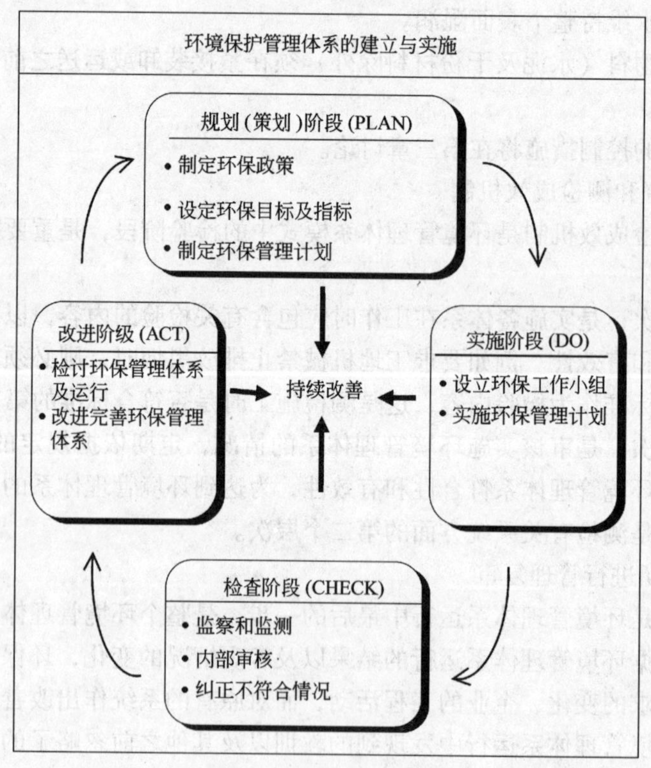

图 1-4-3　PDCA 模式

第二章 环境保护法例

环境污染问题日趋严重，人类已惊醒到有关危害迫在眉睫。环境问题不是靠一个人，一个地区，一个国家的力量可以解决的，必须依赖全人类，通力合作，克服困难，共同努力，才可以逐渐控制和改善。环境问题不单是区域性的，而是全球性的，其影响的范围涉及全世界、全人类、全社会，故此，保护环境的行为不分国界、不分种族，是人类共同的责任和义务。

为压制全球环境问题恶化，国际社会一致行动，积极研究解决方案，在联合国有关机构的支持下，国与国之间广泛合作，采取行动，以谋求共同的长远的利益。环境问题本身与经济、政治、社会发展密切相关，不可分割；环境问题日益恶化，势必危及经济、政治、社会的持续发展，危害人类的生存。故此，在过去短短的十年间，国际社会举行了多次大大小小的国际环保会议，研究各方面的利益及平衡，达成共识，并订立了一系列有关环保的公约、协议及法律原则，构筑成现时的环保法例框架。

在环境保护工作中，环境保护的法律、法规和标准发挥着十分重要的作用。在理论和实践领域，一般把环境保护的法律、法规和标准统称为环保法例。环保法例的实施是为加强环境管理及改善环境情况所采取的法律行为，是一项对改善环境具有权威性的手段。

充分学习和掌握环境保护法例，可以提高全社会、全人类的环保意识，认识到人类约束自己、管好自己是环境保护工作的前提条件。就目前的科学知识揭示的污染类别和污染来源显示，建筑行业几乎全部列入其中，建筑行业的从业人员学习和掌握环境保护法例，是作好基本建设和建筑工程实施过程中环境保护工作必不可少的重要环节。

第一节 国际环境保护法例

国际环境保护（以下简称环保）法例是指因防止自然破坏和控制环境污染的各种国际法律体制和法律规范的总和。

国际环保法例是 20 世纪 60 年代由于环境问题所发展起来的成果，与现行环保法例（地方）和国际法例有莫大渊源。因此，国际环保法例兼有国际的和区域的两种环保法例的特点，除了具有环保法例的一般特点，如综合性、技术性、社会性、共同性之外，与一般国际法例相比，还拥有一些独特的概念和原则，如可持续发展、共同但有差别的责任等等。国际环保法例的基础是建立在国际上共同确认并签署与环境问题有关的条约上的。

一、国际环保公约和协议

（一）国际环保公约的定义

公约的英文是“convention”，意指“an official agreement between groups of people”，即一群人中公认的协议。国际环保公约是指在联合国的国家公认（official）对某个环境保护的事宜上取得共识（consensus），而作出协议，履行协议的国家即是缔约国。

公约是国际环保法例的主要立法基础之一，其中包括有关环境问题的双边的或多边的、区域性的或全球性的国际公约。公约为缔约方确立针对某些环境问题而作出规限的权利和义务。这种公约形式的好处有以下几点：

1. 有利于各缔约国就重大原则问题达成一致，不会因在一些具体问题上的分歧，而影响在原则问题上的一致性；

2. 有利于条约的修订，不会因对议定书和附件规定的非重大原则条款进行修订，而影响整个条约的效力。

（二）环保协议的定义

协议的英文是 Agreement，意指“arrangement promise made amongst with parties”，即是一群人对某事项作出共同的安排和承诺。

（三）环保公约和协议的由来

由于环保问题造成的危害程度加剧，给人类的生存带来了巨大威胁，于是人类开始惊觉问题的严重性。联合国于 1972 年在斯德哥尔摩召开了第一次的“人类环境大会”，讨论整个地球的发展前景，以社会、经济和政治等不同的角度，评述经济发展和环境污染对不同国家的影响。在此基础上，会议制定了包括 26 条原则的《人类环境宣言》（可参阅附录 2），为日后的订立环保公约及协议厘定方向。

（四）国际环保公约和协议内容

在联合国内所签订的国际环保公约和协议的内容很多，碍于篇幅所限，本章节将集中着重于适用香港特区和中国大陆的国际公约及协议，其中包括有十多项。根据基本法规定，香港在回归中国后，即使中国并非在缔约国的名单之内，香港履行有关公约和协议的内容继续不变。有关适用于香港的国际环保公约和协议如下：

1.《保护臭氧层维也纳公约》（以下简称《公约》）

地球大气中的臭氧层能吸收阳光中的紫外线，并可将其中的辐射线转换成热能，减少辐射到达地表面。然而，氟氯碳化物的使用包括冷气、冰箱、汽车、喷雾剂等，破坏臭氧层，使该保护层变薄，使达至地球表面的辐射线密度、强度增加，使人类较易产生皮肤病变，增加患白内障的机会，海洋中的浮游生物受严重威胁，农作物减产并增强温室效应，气候变暖等。为此，《保护臭氧层维也纳公约》于1985年3月22日签订，并于1988年9月22日生效，为臭氧层的保护工作揭开了序幕。

(1)《公约》宗旨

有关《公约》旨在采取规定性的预防措施，抑制全球排放损害臭氧层物质，从而保障人类健康和环境，借此减少使用和制造损害臭氧层的物质。

(2)《公约》的主要内容

《公约》意识到臭氧层的变化对人类健康和环境造成的影响，故此，保护臭氧层的措施需要国际间的携手合作和联合行动，要求各缔约国应依照该公约的各项规定采取适应措施，以保护人类健康和环境，制止破坏臭氧层的人类活动持续。为了有效地保护臭氧层，《公约》提出的措施，内容包括采取立法和行政措施，以便在发现其管辖或控制范围内的某些人类活动改变臭氧层而造成不利影响时，对危害臭氧层的活动加以控制、限制、削减或禁止，缔约国应就公约的执行情况，定期召开会议并就公约的有关措施根据实施情况及时提出建议。

虽然《公约》是国际社会为保护臭氧层而采取的巨大行动，但《公约》的措施不具体，没有涉及任何针对破坏臭氧层问题的实质方法，没有采取根本性的措施来抑制臭氧层的进一步损耗，氯氟烃类物质仅附在后面被作为被监控的化学品出现。因此，进一步保护臭氧层的有关的议定书随后在国际会议上正式出台。

2. 蒙特利尔议定书

《保护臭氧层维也纳公约》仅是一个框架性文件，为具体落实有关保护臭氧层的精神，及加强其针对性，联合国于1987年9月16日在蒙特利尔召开了会议，并签订了《关于消耗臭氧层物质的蒙特利尔议定书》（以下简称《议定书》)，确定压制含氟氯烃类物质，限制各国生产、排放、交易与使用。

(1)《议定书》的宗旨

作为《公约》的缔约国，有义务采取适当措施保护人类健康和环境，使人类免受改变臭氧层的人类活动所造成的不利影响，决心采取控制消耗臭氧层物质的预防措施，以保护臭氧层，最终根据科学知识的发展，配合技术和经济考虑，彻底消除各种损害臭氧层的物质和气体在空气中排放。

(2)《议定书》的主要内容

《议定书》于1989年1月1日生效，并划定了受控物质的范围，其中包括8种物质，第一类物质氟氯烃有5种，第二类物质哈龙有3种（见表2-1-1)。

《蒙特利尔议定书》指定的 8 种受控制物质　　表 2-1-1

类别		物质	消耗臭氧层潜能值*
第一类	CFC_3	CFC-11	1.0
		CFC-12	1.0
		CFC-113	0.8
		CFC-114	1.0
		CFC-115	0.6
第二类	哈龙	哈龙-1211	3.0
		哈龙-1301	10.0
		哈龙-2402	待确定

*消耗臭氧层潜能值指有关破坏臭氧层的能力，潜能值越高，破坏力越大。

《议定书》规定了每个缔约国控制上述物质生产和消费的数量，从 1989 年 7 月 1 日起，每年第一类受控物质的生产量与消费量不得超过 1986 年的水平，而且每年递减若干百分率。

3.《拉姆萨尔公约》

以生态学的观点，湿地是自然界的瑰宝，为野生动物提供食物、水源、栖息地、繁殖地，为候鸟补给、避寒及提供驿站。湿地以毒理学上来说是一个天然解毒设施，湿地的植物和泥里的微生物能吸收和分解水中有毒的污染物，改善人类的污染问题，更重要的是湿地有其实用价值，包括暂时储存多余的水分，舒缓洪水泛滥的情况，为人类提供了丰富的粮食，如鱼、虾和稻米等，以及可产生植物作建筑材料、燃料和药物等用途。

然而，地球的每个角落被都市化现象蚕食，天然湿地被破坏及开垦，作兴建楼宇之用。早于 20 世纪 60 年代，科学家已发现湿地以惊人速度在地球上消失。为此，联合国于 1971 年 2 月在伊朗的拉姆萨尔召开湿地及水禽保护国际会议，会上通过了《国际重要湿地特别是小禽栖息地公约》，简称《拉姆萨尔公约》。

(1)《拉姆萨尔公约》宗旨

《拉姆萨尔公约》旨在阻止湿地在目前或日后遭侵占而持续减少，顾及湿地的根本生态功用和经济、文化、科研和康乐价值。

(2)《拉姆萨尔公约》主要内容

在 1995 年 9 月 4 日，香港政府根据《拉姆萨尔公约》将米埔及后海湾 1 500 公顷纳入为保护湿地名单。该湿地是本港最大的一片，包含多种不同生境，如浅海湾、潮间带泥滩、红树林、虾塘和鱼塘，在冬季有超过 5 万只候鸟在该处度冬（包括极度濒危的黑脸琵鹭）。另外，该湿地经常有 13 种全球濒危物种，亦发现有 17 种无脊椎动物，包括一种香港独有的蟹，生态资源丰富，理应受到重视和保护。

4.《保护世界文化及自然遗产公约》

世界文化及自然遗产是指人类共同继承的文化及自然遗产。它是亿万年的地球史上及数千年人类的发展过程中遗留下来的不可再生的遗产，例如中国的万里长城和埃及的金字塔等，是具有突出的艺术、科学价值的人造工程或人与自然的联合工程。然而，联合国注意到，文化遗产和自然遗产越来越受到破坏的威胁，一方面因年久腐坏所致，同时地球都市化使情况日趋严重，各国大兴土木，开垦土地，造成难以对付的损害或被迫拆卸破坏现象，考虑到有必要通过采用公约形式的新规定，以便为集体保护具有突出的普遍价值的文化和自然遗产，建立一个永久性的有效制度，为此，联合国于1972年10月17日至11月21日在巴黎举行的第十七届会议，决定应就此问题制定一项国际公约，于1972年11月16日通过，称之为《保护世界文化及自然遗产公约》。

(1)《保护世界文化及自然遗产公约》宗旨

《保护世界文化及自然遗产公约》旨在制定长远有效的制度，利用现代科学方法，合力保护对世人极具价值的文化和自然遗产。

(2)《保护世界文化及自然遗产公约》主要内容

《保护世界文化及自然遗产公约》要求缔约国保证领土内的文化和自然遗产可以保存、展出和遗传后代，避免因种种原因，破坏或拆卸有关遗产。为保证保护、保存和展出领土内的文化和自然遗产，公约各缔约国应尽力做到以下几点：

- 通过一项旨在使文化和自然遗产在社会生活中起一定作用并把遗产保护工作纳入各国家和地区全面规划的总政策，在社会发展的规划层面上，不可因兴建建筑物和其他原因破坏或拆卸有关遗产；
- 发展科学和技术研究，并制定出能够抵抗威胁有关文化或自然遗产危险的实际方法，如迁移有关遗产避免破坏。

5.《生物多样性公约》

生物多样性的定义为物种多样性、基因多样性与生态系多样性。这个范围涵盖了所有的动物、植物、微生物和它们所拥有的基因，以及由这些生物和环境所构成的生态系，范围非常广大。生物多样性是地球的自然生物资本，为人类生活提供必须的物品和服务，例如森林生态系能提供食物、药物、燃料、建筑材料和动物的栖息环境。但是人类的许多活动，造成栖息地的破坏、过度的开发与采集、污染土壤，直接或间接影响到生物的多样性，使物种减少或灭绝，族群减少或基因多样性减少。

联合国意识到生物多样性的内在价值，确认生物多样性的保护是全人类的共同关切事项的重要性，它满足世界日益增加的人口所必须的粮食、健康和其他需求，而为此目的取得和分享遗传资源和遗传技术是必不可少的。于是决心保护和持久使用生物多样性，并于1992年6月5日订定有关《生物多样性公约》并于1993年12月29日正式生效。

(1)《生物多样性公约》宗旨

公平合理分享由利用遗传资源而产生的惠益，而使地球上的生物多样性保持一定的程度。

(2)《生物多样性公约》主要内容

《生物多样性公约》要求缔约国应尽可能：

- 在国家决策过程中考虑到生物资源的保护和持久使用；
- 采取关于使用生物资源的措施，以避免或尽量减少对生物多样性的不利影响；
- 在生物多样性已减少或退化的地区支持帮助地方居民规划和实施补救行动；
- 鼓励其政府当局和私营部门合作制定生物资源持久使用的方法。

6.《伦敦公约》

20世纪70年代初，大量有毒物质向海上倾倒，致使沿海一些国家对海洋倾倒出现的污染危害事件表示不满，从而激发了国际社会对海洋倾倒进行严格控制的强烈要求。为此，联合国人类环境会议筹委会于1971年2月设立了一个政府间海洋污染工作组，着手研究建立海洋倾倒公约的有关问题，经过多次协商，终于在1972年12月，在伦敦召开的第三次政府间海上倾倒会议上通过了《防止因倾倒废弃物及其他物质而引起海洋污染的公约》，即《伦敦公约》。这是第一个以控制海洋倾倒为目的的全球性公约。由此，各沿海国家以此为依据也相应制定了一系列有关法律和制度，使海洋倾倒正式纳入法制管理范畴之内。

(1)《伦敦公约》宗旨

《伦敦公约》旨在控制因倾倒作业而造成的海洋污染，促使地区性协议与现有公约相配合。

(2)《伦敦公约》主要内容

《伦敦公约》，这是第一个以控制海洋倾倒为目的全球性公约，实质上就是禁止向海洋倾倒有毒有害的废弃物；一些海区可以接受的低毒无害的废弃物，倾倒时要选择在一些所谓的倾废区范围内进行。公约的问世是海洋环境保护国际合作的又一个里程碑。

《伦敦公约》把废弃物分为三类：

第一类：即列入“黑名单”的废弃物，主要包括含汞、铜和有机氯化合物的废弃物，强放射性废弃物，原油和石油产品，塑料废弃物等，这一类废弃物是严格禁止向海洋倾倒的物质。

第二类：即列入“灰名单”的废弃物，主要包括含砷、铅、铜、锌、氰化物、氟化物、铍、铬、镍等废弃物，含弱放射性物质的废弃物，各种废金属和金属容器以及某些杀虫剂等，这类废弃物要采取特别有效的防范措施后才能倾倒。

第三类：即列入“白名单”的物质，也就是除上述一、二类以外的其他无毒无害或毒性害处很轻的废弃物，倾倒也要在指定的区域内进行。

二、学习国际环保法例的重要意义

国际环保法例体现人类保护环境，控制和减少环境污染的决心和意志，详尽理解、掌握各项法例的具体内容，不仅可以提高全社会、全人类的环保意识，还给各国家、各地区针对自身的具体情况尽快立法提供了原则性、指导性的思路和规范性的模式，对全世界的环境保护工作起着强而有力的推动作用。

由于对环境造成污染的情况，可以在任何行业、任何地点、任何时间发生，建筑行业的从业人员充分学习和掌握国际环保法例，对作好本行业的环境保护工作有着很好的防范作用和启示作用。

第二节　中国环境保护法例

中国古代环境保护的法律规范最早可追溯到殷商时期，殷商时期有禁止在街道上倾倒生活垃圾的规定，而且视其为犯罪。中国可能是世界历史上最早出现环境保护法律的国家。但是中国现代的环境保护立法比西方工业发达国家至少要迟一个世纪。建国以后，中国环境保护立法工作经历了大小不同的发展过程，环境保护法律建设日益受到国家的重视。

一、中国环保法律立法

环境立法，是环境法律规范制定的简称。我们所说的环境立法是指国家机关依照法定职权和程序，制定各种具有不同法律效力的环境法律性文件的活动；它既包括国家权力机关依照法定权限和程序制定环境法律的活动，也包括国家行政机关依法制定环境管理规范性文件的活动。

环境立法，是指制定、修改和废止环境法律和其他规范性法律文件的行为，将相关意志上升为国家意志的活动。因此环境立法是一项十分严肃的活动，一方面这种行为和活动必须遵循一定的基本原则，如实事求是，从实际出发；总结经验与科学预见相结合；借鉴国外经验与国内的经济、政治和社会的具体现状相结合；原则性与灵活性相结合等以保持法例的可行性。环境立法机关还必须遵循立法程序，依法和正确行使立法权限等。

为了较好地解决环境问题，保护资源，保护人民健康，保障经济、社会的持续发展，规范全体人民行为，我国相继制定和颁布的各种环境法律、法规已有上百种。这充分说明近年来环境保护立法发展很快，到目前为止，中国的环境保护法律体系已基本建立。

二、环境立法的目的和任务

人类与环境是相依共存的，人类社会的发展和环境问题的现状要求对环境进行保护，因此必须立法。环境立法的目的决定环境法的指导思想和环境法律调整的方向和范围。环境立法的目的与国际环境法的目的是一致的，就是制定环境法所需要达到的目标或预期要实现的结果。

环境立法的目的是协调人与环境的关系，保护和改善环境，保护当代人和后代人生存与发展的基本条件；保护人体（或人群）健康；保障经济、社会持续发展。

环境立法的任务与环境法的任务基本上是一致的，环境立法的主要任务是：1. 保护、改善生活环境和生态环境；2. 防治污染和其他公害；3. 保障人体健康；4. 促进经济社会的持续发展。

三、中国环保法的内容

中国已颁布的环境法律、法规已有百种，碍于篇幅所限，以下将罗列有关中国环保法的总则、环境监督管理、保护和改善环境、防治环境污染和其他公害、法律责任等条文，概括有关主要内容。

第一章　总　　则

第一条　为保护和改善生活环境与生态环境，防治污染和其他公害，保障人体健康，促进社会主义现代业化建设的发展，制定本法。

第二条　本法所称环境，是指影响人类社会生存和发展的各种天然的和经过人工改造的自然因素总体，包括大气、水、海洋、土地、矿藏、森林、草原、野生动物、自然古迹、人文遗迹、自然保护区、风景名胜区、城市和乡村等。

第三条　本法适用于中华人民共和国领域和中华人民共和国管辖的其他海域。

第四条　国家制定的环境保护规划必须纳入国民经济和社会发展计划，国家采取有利于环境保护的经济、技术政策和措施。环境保护工作同经济建设和社会发展相协调。

第五条　国家鼓励环境保护科学教育事业的发展，加强环境保护科学技术的研究和开发，提高保护科学技术水平，普及环境保护的科学知识。

第六条　一切单位和个人都有保护环境的义务，并有权对污染和破坏环境单位和个人进行检举和控告。

县级以上地方人民政府环境保护行政主管部门，对本辖区的环境保护工作实施统一管理。

第七条　国家海洋行政主管部门港务监督、渔政渔港监督、军队环境保护部门和各级公安、交通、铁道、民航管理部门，依照有关法律的规定对环境污染防治实施监督管理。

县级以上人民政府的土地、矿产、林业、水利行政主管部门，依照有关法律的规定对资源的保护实施监督管理。

第八条　对保护和改善环境有显著成绩的单位和个人，由人民政府给予奖励。

第二章　环境监督管理

第九条　国务院环境保护行政主管部门制定国家环境质量标准。省、自治区、直辖市人民政府对国家环境质量标准中未作规定的项目，可以制定地方环境标准，并报国务院环境保护行政主管部门备案。

第十条　国务院环境保护行政主管部门根据国家环境质量标准和国家经济、技术条件，制定国家污染物排放标准。

省、自治区、直辖市人民政府对国家污染物排放标准中未作规定的项目，可以制定地方污染物排放标准；对国家污染物排放标准中已作规定的项目，可以制定严于国家污染物排放标准。地方污染物排放标准须报国务院环境保护行政主管部门备案。

凡是向已有地方污染物排放标准的区域排放污染物的，应当执行地方污染物排放标准。

第十一条　国务院环境保护行政主管部门建立监测制度，制定监测规范，会同有关部门组织监测网络，加强对环境监测的管理。

国务院和省、自治区、直辖市人民政府的环境保护行政主管部门，应当定期发布环境公报。

第十二条　县级以上人民政府的环境保护行政主管部门，应当会同有关部门对管辖范围内的环境状况进行调查和评价，拟订环境保护计划，经计划部门综合平衡后，报同级人民政府批准实施。

第十三条　建设污染环境项目，必须遵守国家有关建设项目环境保护管理的规定。

建设项目的环境影响报告书，必须对建设项目产生的污染和对环境的影响作出评价，规定防治措施，经项目主管部门预审并依照规定的程序报环境保护行政主管部门批准。环境影响报告书经批准后，计划部门方可批准建设项目设计书。

第十四条　县级以上人民政府环境保护行政主管部门或者其他依照法律规定行使环境监督管理权的部门，有权对管辖范围内的排污单位进行现场检查。被检查的单位应当如实反映情况，提供必要的数据。检察机关应为被检机关保守技术秘密和业务秘密。

第十五条　跨行政区的环境污染和环境破坏的防治工作，由有关地方人民政府协商解决，或者由上级人民政府协调解决，作出决定。

第三章　保护和改善环境

第十六条　地方各级人民政府，应当对本辖区的环境质量负责，采取措施改善环境质量。

第十七条　各级人民政府对具有代表性的各种类型的自然生态系统区域，珍稀、濒危的野生动物自然分布区域，重要的水源涵养区域，具有重大科学文化价值的地质构造、著名的溶洞和化石分布区、冰川、火山、温泉等自然遗迹，以及人文遗迹、古树名木，应当采取措施加以保护，严禁破坏。

第十八条　在国务院、国务院有关部门和省、自治区、直辖市人民政府规定的风景名胜区、自然保护区和其他需要特别保护的区域内，不得建设污染环境的工业生产设施；建设其他设施，其污染物排放不得超过规定的排放标准。已经建成的设施，其污染物排放超过规定排放标准的，限期治理。

第十九条　开发利用自然资源，必须采取措施保护生态环境。

第二十条　各级人民政府应当加强对农业环境的保护，防治土壤污染、土地沙化、盐渍化、贫瘠化、沼泽化、地面沉降和防治植被破坏、水土流失、水源枯竭、种源灭绝以及其他生态失调现象的发生和发展，推广植物病虫害的综合防治，合理利用化肥、农药及植物生长激素。

第二十一条　国务院和沿海地方人民政府应当加强对海洋环境的保护。向海洋排放污染物、倾倒废弃物，进行海岸工程建设和海洋石油勘探开发，必须依照法律的规定，防止对海洋环境的污染损害。

第二十二条　制定城市规划，应当确定保护和改善环境的目标和任务。

第二十三条　城乡建设应当结合当地自然环境的特点，保护植被、水域和自然景观，加强城市园林、绿地和风景名胜区的建设。

第四章　防治环境污染和其他公害

第二十四条　产生环境污染和其他公害的单位，必须把环境保护工作纳入计划，建立环境保护责任制度；采取有效措施，防治在生产建设或者其他活动中产生的废气、废水、废渣、粉尘、恶臭气体、放射性物质以及噪声振动、电磁波辐射等对环境的污染和危害。

第二十五条　新建工业企业和现有工业企业的技术改造，应当采用资源利用率高、污染物排放量少的设备和工艺，采用经济合理的废弃物综合利用技术和污染物处理技术。

第二十六条　建设项目中防治污染的措施，必须与主体工程同时设计、同时施工、同时投产使用。防治污染的设施必须经原审批环境影响报告书的环境保护行政主管部门验收合格后，该建设项目方可投入生产或者使用。

防治污染的设施不得擅自拆除或者闲置，确有必要拆除或者闲置的，必须征得所在地的环境保护行政主管部门的同意。

第二十七条　排放污染物的企业事业单位，必须依照国务院环境保护行政主管部门的规定申报登记。

第二十八条　排放污染物超过国家或者地方规定的污染物排放标准的企业事业单位，依照国家规定缴纳超标准排污费，并负责治理。水污染防治法另有规定的，依照水污染防治法的规定执行。征收的超标准排污费必须用于污染的防治，不得挪作他用，具体使用办法由国务院规定。

第二十九条　对造成环境严重污染的企业事业单位，限期治理。

中央或省、自治区、直辖市人民政府直接管辖的企业事业单位的限期治理，由省、自治区、直辖市人民政府决定。市、县或者市、县以下人民政府管辖的企业事业单位的限期治理，由市、县人民政府决定。被限期治理的企业事业单位必须如期完成治理任务。

第三十条　禁止引进不符合我国环境保护规定要求的技术和设备。

第三十一条　因发生事故或者其他突然性事件，造成或者可能造成污染事故的单位，必须立即采取措施处理，及时通报可能受到污染危害的单位和居民，并向当地环境保护行政主管部门和有关部门报告，接受调查处理。可能发生重大污染事故的企业事业单位，应当采取措施，加强防范。

第三十二条　县级以上人民政府环境保护行政主管部门，在环境受到严重污染威胁居民生命财产安全时，必须立即向当地人民政府报告，由人民政府采取有效措施，解除或者减轻危害。

第三十三条　生产、储存、运输、销售、使用有毒化学物品和含有放射性物质的物品，必须遵守国家有关规定，防止污染环境。

第三十四条　任何单位不得将产生严重污染的生产设备转移给没有污染防治能力的单位使用。

第五章　法　律　责　任

第三十五条　违反本法规定，有下列行为之一的，环境保护行政主管部门或者其他依照法律规定行使环境监督管理权的部门可以根据不同情节，给予警告或者处以罚款。

（一）拒绝环境保护行政主管部门或者其他依照法律规定行使环境监督管理权的部门现场检查或者在被检查时弄虚作假的。

（二）拒报或者谎报国务院环境保护行政主管部门规定的有关污染物排放申报事项的。

（三）不按国家规定缴纳超标准排污费的。

（四）引进不符合我国环境保护规定要求的技术和设备的。

（五）将产生严重污染的生产设备转移给没有污染防治能力的单位使用的。

第三十六条　建设项目的防止污染设施没有建成或者没有达到国家规定的要求，投入生产或者使用的，由批准该建设项目的环境影响报告书的环境保护行政主管部门责令停止生产或者使用，并处罚款。

第三十七条　未经环境保护行政主管部门同意，擅自拆除或者闲置防治污染的设施，污染物排放超过规定的排放标准的，由环境保护行政主管部门责令重新安装使用，并处罚款。

第三十八条　对违反本法规定，造成环境污染事故的企业事业单位，由环境保护行政主管部门或者其他依照法律规定行使环境监督管理权的部门根据所造成的危害后果处以罚款；情节严重的，对有关责任人员由其所在单位或者政府主管机关给予行政处分。

第三十九条　对经限期治理逾期未完成治理任务的企业事业单位，除依照国家规定加收超标准排污费外，可以根据所造成的危害后果处以罚款，或者责令停业、关闭。

前款规定的罚款由环境保护行政主管部门决定。责令停业、关闭，由作出限期治理决定的人民政府决定；责令中央直接管辖的企业事业单位停业、关闭，须报国务院批准。

第四十条　当事人对行政处罚不服的，可以在接到处罚通知之日起15日内，向作出处罚决定的机关的上一级机关申请复议；对复议决定不服的，可以在接到复议通知之日起15日内，向人民法院起诉。当事人也可以在接到处罚通知之日起15日内，直接向人民法院起诉。当事人逾期不申请复议、也不向人民法院起诉、又不履行处罚决定的，由作出处罚决定的机关申请人民法院强制执行。

第四十一条　造成环境污染危害的，有责任排除危害，并对直接受到损害的单位或者个人赔偿损失。赔偿责任和赔偿金额的纠纷，可以根据当事人的请求，由环境保护行政主管部门或者其他依照法律规定行使环境监督管理权的部门处理，当事人对处理决定不服的，可以向人民法院起诉。当事人也可以直接向人民法院起诉。完全由于不可抗拒的自然灾害，并经及时采取合理措施，仍然不能避免造成环境污染损害的，免于承担责任。

第四十二条　因环境污染损害赔偿提起诉讼的时效期限为3年，从当事人知道或者应当知道受到污染损害起时计算。

第四十三条　违反本法规定，造成重大环境污染事故，导致公私财产重大损失或者人身伤亡的严重后果的，对直接责任人员依法追究刑事责任。

第四十四条　违反本法规定，造成土地、森林、草原、水、矿产、渔业、野生动物等资源破坏的，依照有关法律的规定承担法律责任。

第四十五条　环境保护监督管理人员滥用职权、玩忽职守、徇私舞弊的，由其所在单位或者上级主管机关给予行政处分；构成犯罪的，依法追究刑事责任。

第六章　附　　则

第四十六条　中华人民共和国缔结或者参加的与环境保护有关的国际公约，同中华人民共和国的法律有不同规定的，适用国际公约的规定，但中华人民共和国声明保留的条款除外。

第四十七条　本法自发布之日起施行。《中华人民共和国环境保护法（试行）》同时废止。

四、中国环保执法情况剖析

环境执法是国家环境保护行政主管部门依照法定的职权与程序对环境行政相对人所实施的具有法律约束力的具体行政行为，是国家行政执法的重要组成部分。近年来，随着中国环境法制建设的不断深入，环境执法遇到了各方面的障碍，成为困扰中国环境保护问题的一个难点。当前，在依法治国成为中国基本战略方针的形势下，探讨中国环境执法的主要障碍，寻求根除这些障碍的相应对策，无疑具有重要的理论意义和实践意义。

障碍分析

从总体上来看，当前中国环境执法过程中主要存在以下障碍：

1. 法障碍

（1）环境立法权威上的瑕疵

法律的权威性是环境执法顺利进行的基本保障。从法理上来说，维护法律权威的一个重要标志是所立法应保持相对的稳定性，即不对立法做过于频繁的变更。然而，就目前来看，我国环境立法体系中的许多立法显然无法满足这一方面的要求。以我国的《大气污染防治法》为例，1987年9月5日，我国制定并颁布了建国以来的第一部《大气污染防治法》，此后到2000年仅14年的时间里便对其进行了两次修改，其中，最后两次修改的时间相差只有5年。这种频繁的变更极大影响了我国环境立法的权威性，使我国环境立法存在不同程度的权威瑕疵，并进而影响到了这些立法本身的地位及其民众信任度，增加了环境执法的难度。

（2）环境立法其内容的相关性和全面性不协调

中国现行的《环境保护法》在立法上注重了对防治污染和其他公害的规定，对自然资源保护的规定则着墨不多，这一点直接导致了《环境保护法》和自然资源保护法之间关系的不协调性。此外，近几年来我国相继出台或修改了一大批环境法律法规，但与之相配套的实施细则却并未出台或作相应修改。这些情况无疑为环境执法设置了立法的适用障碍，妨碍了环境执法的顺利进行。

(3) 环境立法的具体内容上存在缺陷

现行立法中的某些规定过于笼统，缺乏配套法规和相应部门来加以细化，缺乏具体的细化措施，使环境保护行政主管部门在执法过程中缺乏充分法律依据，难以具体操作。此外，现行法律条文中的某些弊端也较为严重，如对排污收费办法中收费问题的规定：同一排污口含有两种以上有害物质时，按收费最高的一种计算。这种规定不仅明显有失公允，不利于环境的污染治理，而且排污口的排量和两种以上的有害物质的含量等没有进行详细的"量化"，使得环境保护行政主管部门在执法过程中"有法难依"，也在一定程度上影响了环境立法的实施。

2. 行政障碍

(1) 各职能部门执法权的不恰当配置

当前，我国环境行政管理体制实行统一监管和分工负责相结合的原则，即由各级环境保护行政主管部门在各自的辖区范围内依法对环境保护工作实施统一监管，而各级人民政府的其他职能部门如工业部门、综合部门等则负责本系统内部的环境与资源保护工作。这样一来，在环境法的执法过程中，各种利益的冲突，造成不同执法主体的各职能部门的行政权力必然会发生不同程度的碰撞，从而使环境执法难于进行，即使执行，也出现执法不严、效率不高、相互卸责等不良现象。如，法律已要求基本建设项目立项时，须经环保部门审批同意后，其他有关职能部门才可给予办理相应的有关审批手续。但在实践中，有些职能部门违反这一规定的情况却屡有所闻，而这些漠视行为的背后，往往有上级领导的支持，而作为同级部门的环保部门却很难给以必要的制约。这就导致了环境执法的混乱，直接影响了环境执法部门有效依法执政。

(2) 执法人员素质的缺欠

近年来，环保执法机构尤其是某些基层环保执法机构在聘请人才时把关不严，使许多不懂业务，文化程度和政治素质不高的人进入了环境执法队伍。这些人员由于不熟悉环境法律规定且缺乏必要的行政执法素养和能力，在环境执法过程中，对某些问题，或随心所欲，或依个人利益关系去处理，使执法不当或行政不规范的现象时有发生，从而严重损害了环境执法队伍的整体形象，大大降低了地方环境执法的效率。

(3) 地方个别领导的不当干预

当前，由于我国在地方干部考核上侧重于经济指标，经济的快速发展成为一些地方领导干部竞相追逐的首要目标。部分领导干部由于法制观念较差，特别是环保意识淡薄，在工作中往往只凭个人意愿办事，为了增加本地财政收入，树立自己的"政绩"，片面强调经济发展，忽视环境保护，甚至在环境保护项目可能涉及到地方经济利益时，利用职权不适当的干预环境执法。这种状况为环境立法在地方上的实施设置了不小的障碍，也成为当前中国妨碍环境执法正常进行的主要因素之一。

3. 其他障碍

（1）环境执法缺乏群众参与

群众参与是强化环境执法的重要途径之一。我国《环境保护法》规定，"一切单位和个人都有保护环境的义务，并有权对污染和破坏环境的单位和个人进行检举和控告。"这一规定是我国公民参与环境执法的直接法律依据。但当前，在我国，由于缺乏参与机会与参与保障的有效机制，导致对环境执法抱有极大热情的群众不能很大程度的参与环境执法，从而也在一定程度上影响了我国环境执法的质量。

（2）全社会的环保法律宣传不足，全民的环保法律意识教育不够

由于长期以来在公民心理上形成的"义务本位"的影响，目前，我国公民的总体环境法律意识还比较淡薄，许多公民对环境问题的危害性、环境执法的目的和意义等都还认识不足，甚至在自己的环境权益受到侵害时，还不会用法律手段来保护自己；尤其是遇到环保部门敷衍失责时，还不懂得通过行政诉讼来保护自己的环境权。而许多企业为了减少来自环保行政部门的发展阻力，也在客观上纵容了某些环境不当执法行为。这使得我国环境执法的民主性大受损益，降低了我国环境执法的效率。

第三节　香港特区环境保护法例

香港环保法例是特区政府完善的法律体系的重要组成部分，在立法时间上比其他法例要迟得多，但立法数量又远远多于一般法例，构成了一个庞大且完整的法律体系。

一、香港特区政府环保法例法规执行部门架构

单凭完善的环保法律框架作控制环境污染是不足够的，司法、执法的机构认真贯彻落实法例要求才是真正控制问题的关键。现时香港特别行政区所负责及履行有关环保法例法规的部门有八个，在为防止及治理环境污染的问题上提供一个健全的管理架构。这八个部门是：

1. 环境保护署 Environmental Protection Department，简称"EPD"

2. 渔农自然护理署 Agriculture Fisheries and Conservation Department，简称"AFCD"

3. 食物环境卫生署 Food and Environmental Hygiene Department，简称"FEHD"

4. 香港警务处 Hong Kong Police Force，简称"HKP"

5. 海事处 Marine Department，简称“MD”

6. 渠务署 Drainage Services Department，简称“DSD”

7. 水务署 Water Supplies Department，简称“WSD”

8. 运输署 Transport Department，简称“TD”

香港特区政府架构应根据社会的转变而不时作出相应的改革，以迎合当时市民的需要，提供服务。有关最新（2004 年 10 月）的香港特区政府环保法例法规执行部门架构如图 2-3-1。

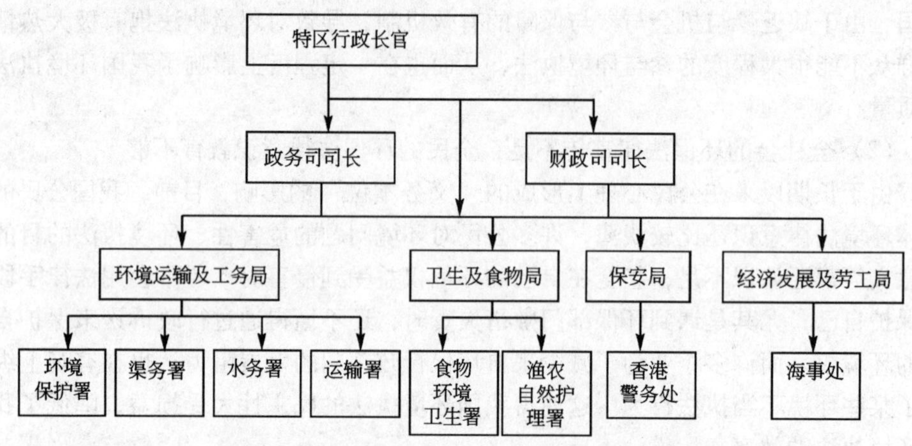

图 2-3-1 香港特区政府环保法例法规执行部架构

二、香港现行环境保护法例的主要内容

（一）空气污染管制

1.《空气污染管制条例》（第 311 章）

《空气污染管制条例》为管理空气质量的主要法例，其附属规例订明了不同的范畴，包括车辆燃油及废气排放、石棉管制及建筑尘埃等，该条例管制工商业，包括建筑工地的运作及建筑工序所产生的空气污染。就有关条例，香港政府环境保护署向因进行任何工序或使用任何机器而制造空气污染的人士或机构发出《消减污染通知书》，要求有关工地或人士于指定时间内按通知书的要求停止或减少空气污染，否则将被检控。在某些情况下，环保署会在现场作出实时检控，如排放建筑尘埃或黑烟等。

2.《空气污染管制（露天焚烧）规例》

《空气污染管制（露天焚烧）规例》禁止露天燃烧建筑废物、橡胶车胎及电线等作金属回收，同时禁止焚烧废物以清理建造工地，此外并规范了一个许可证制度，借此管制所有无可避免或迫切性的露天焚烧活动，然而，环保署只会在极少数的例外情况发出许可证。露天焚烧许可证的申请书必须连同申请费用，在拟进行露天焚烧日期前最少 28 天提交环保署。署方会审慎评估每宗申请，同时考虑能取代露天焚烧的所有其他可行方案。

若建筑商被证实非法进行受禁制的露天焚烧活动或无许可证而进行露天焚烧活动，首次定罪，为5万元，其后再被定罪则可处第五级罚款，即5万元及监禁3个月。

3.《空气污染管制（指明工序）规例》

装置能力超过每小时250千克的沥青厂或总筒仓容量逾50吨的混凝土厂（总筒仓容量指工程使用的所有筒仓总容量，不论是水泥、粉煤灰或其他筒仓亦然），均列为《空气污染管制条例》订明的指明工序。任何人士如拟进行这类工序，必须在进行工序前领有牌照，亦必须在操作时遵守牌照订明的所有附带条款与条件。

4.《空气污染管制（建筑尘埃）规例》

《空气污染管制（建筑尘埃）规例》是一条特定监管建筑业的尘埃问题的法例，按规例指出一系列的“应呈报工程”作为主要监管对象，“应呈报工程”指可能引起严重尘埃的大型建筑工程。例如涉及工地平整、填海、建筑物拆卸、建筑物地基、建筑物上层结构、筑路及在隧道内施工而出口在100米内的工程，进行该类应呈报工程之前，必须通知环保署，并提供承建商名称、工地地址、应呈报工程类别及建议动工日期与竣工日期等详细数据。

《空气污染管制（建筑尘埃）规例》清楚要求建筑商在进行任何各类建筑工程及活动应采取的尘埃管制措施。有关措施将在第五章详尽罗列。

5.《空气污染管制（烟雾）规例》

根据《空气污染管制（烟雾）规例》，任何烟囱或工业用机器均不可连续排放黑烟逾3分钟，而在任何4小时内排放黑烟亦不得超过6分钟，黑烟指浓黑度相当于力高文图表（见图2-3-2）中1号阴暗色或更深的烟雾。建筑工地常见的机器，例如挖土机、空气压缩机、推土机等，均受这条规例监管。

（二）《噪音管制条例》

1.《噪音管制条例》（第400章）

在晚上7时至早上7时及假日在任何地点使用机动设备进行建造工程，必须向环保署申领“建筑噪音许可证”。

一般而言，于晚上7时至早上7时及假日在各住宅区及邻近地点进行任何订明建造工程（包括：模板或棚架的构筑或拆卸、装卸或处理瓦砾、木板、钢条、木料或棚架材料及敲击）或使用指定机动设备（例如手提破碎机及泥渣车）均需申领“建筑噪音许可证”。这类建筑工程易引起滋扰，假如在限制时间施工，则不管噪音水平如何，亦会令人烦厌，《噪音管制条例》针对的正是这类工程的运作模式。

另外，根据该条例，建筑商不得在晚上7时至翌日上午7时，以及在假日进

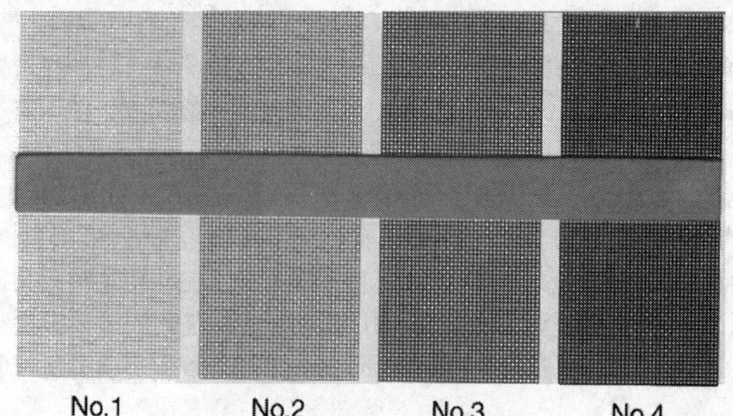

图 2-3-2 力高文图

行撞击式打桩工程。凡于日间进行撞击式打桩工程，必须领有“建筑噪音许可证”。为加强管制，自 1999 年 10 月 1 日起，禁止在布满“噪音感应强的地方”的已建区内使用嘈杂的柴油锤、气动锤及蒸汽锤进行撞击式打桩工程。任何其他时间严禁进行撞击式打桩，违例者可能被吊销“建筑噪音许可证”及最终遭当局检控。如建筑承包商被证实触犯该条例，有关第一次定罪的违例罚款为十万港币，及其后定罪的罚款为二十万元港币。有关定罚记录将会提供给发包工程的政府工务部门/政策局及社会传媒，以儆效尤。

2.《噪音管制（空气压缩机）规例》

任何人在使用每部空气压缩机（空气压力高于 500 千帕斯卡）时，必须向政府申请噪音标签，以表示有关机械的噪音水平，建筑商须选用该机械时不可超过所订明的噪音水平，还须在机身贴上一个“噪音标签”（NEL 或绿色标签）。

3.《噪音管制（手提式破碎机）规例》

任何人在使用每部机身超过 10 千克的风炮、电炮，除须遵照有关的噪音发出标准外，还须在机身贴上一个“噪音标签”（NEL 或绿色标签，见图 2-3-3），承建商在运作其机械时所发出的声响，不能超过有关指定的噪音水平。

（三）水污染管制

1.《水污染管制条例》（第 354 章）

建筑工地所产生的废水大致可分为下列 4 大类：

（1）钻桩及挖掘工程产生的泥水及膨润土浆或淤泥；

（2）工地用以防尘的洒水及车轮清洗设施所排放的污水；

图 2-3-3　手提破碎机的噪音标签（小图：环保署签发的噪音标签）

（3）工地内部食堂及厕所的污水；

（4）流过工地受了污染而排放出的雨水。

《水污染管制条例》的目的是要求建筑业须正视及妥善地管理工地的排污问题。建筑工地废水一般含沙泥、细砂及砂砾，假如未经处理或仅部分处理便排放，对接收水体造成极其严重的影响。工地排放任何废水之前，项目负责人必须向环保署申请排污牌照。署方办理牌照期间，申请人不应在工地排放任何污水。

牌照持有人有责任确保工地排放的废水质量符合牌照订明的标准，同时严格遵守牌照的条款与条件。发出的排污牌照将订明关于排污的条款与条件，例如排污地点、排污量（流量）及废水水质，以及排污者必须采取的监察措施。废水水质一般以污染指标为基准（例如酸碱值、悬浮固体、化学需氧量等）。当局会参照技术备忘录以订定排污牌照中各有关污染指标的排放标准。这些标准或会因污水的流量、受体水源（公共污水管/雨水渠/河溪等）及个别水质管制区的水质目标而异。一般而言，排进雨水渠的污水标准较排至公共污水管的污水标准严格。接驳污水到政府污水渠应先得到政府主管部门——渠务署的批准。

根据《水污染管制条例》，未申领有效牌照在水质管制区排放污染物，又或排放污水时违反当局所签发排污牌照的条款与条件，均属违法。前者首次定罪最高罚款是港币 20 万元，其后每次再犯最高罚款港币 40 万元。此外，若持续违法，则每日可加罚港币 1 万元。至于违反排污牌照的条款规定，首次及其后每次定罪的最高罚款均为港币 20 万元。任何人士触犯以上两种违规行为，除罚款外还可能被判入狱，最高刑期为6个月。

2.《海上倾倒物料条例》(第466章)

本条例要求在海上倾倒物料（包括废物）时，物料的产生者须领有许可证，环保署可向进行海事建筑工程、疏浚挖捞、海洋取土、填海或海床上堆存而引致海洋污染的公司发出减除海洋污染通知书，所有建设单位和项目部须遵从通知书的规定，所有倾倒废物的船只需设有自动的自我监察系统，以记录船只的位置、卸物及倾倒的操作情况。

（四）废物处理

1.《废物处置条例》(第354章)

在公众地方或政府官地弃置废物，或未经业主或占用人同意擅自在任何私人土地弃置废物，均属违法。一般而言，惰性及非惰性废物应独立处理，以分别运至公众填土区及堆填区处理。

若触犯条例，最高刑罚为罚款20万港币及入狱6个月，而再犯的刑罚为罚款50万港币及入狱6个月，此外，若持续违法，则每日加罚1万港币。

2.《废物处置（化学废物）(一般）规例》

化学废物是指那些本质具危险性或对环境有害的液体、半固体及固体废物。《废物处置（化学废物）（一般）规例》就化学废物的藏有、贮存、运送及处置作出管制，而且要求废物生产者向政府登记。

建筑工地常见的7大类化学废物如下：1. 润滑油；2. 油漆；3. 有机溶剂；4. 电池；5. 酸剂；6. 碱剂；7. 石棉。这些化学废物如处理不当，可能导致非常严重的后果，损害健康、安全及环境。化学废物属于危险性物质，因此必须妥善处理。该规例订明废物制造者必须妥善安排化学废物的包装、标签及储存，方可将废物运往弃置设施，以保障工人及公众的健康与安全，同时尽量减轻化学废物处理不善而引起的种种危险。废润滑油是建筑工地最常见的化学废物。废润滑油若处理不善，会污染水道、堵塞公共渠道和危害工人的人身安全。故此，化学废物必须在工地妥善包装、标签及储存。化学废物生产者并需聘请持牌回收商回收化学废物，运至持牌处理设施处（如工厂等）处理，同时以运载记录记述所有进出的化学废物。法律规定化学废物生产者实施运载记录制度：

（1）运载废物时必须带备填妥的运载记录单；

（2）运载记录单一式三份；

（3）各方包括生产者、回收商及处理商需各自记存运载记录单副本，为期最少12个月。此外，回收商及处理商并需按照牌照条款与条件，定期向环保署提交托运及处理记录的电子档案，以便署方核对数据。

如建筑商证实违反该条例，包括有登记为化学废料生产者或有聘用持牌的化学废料收集商，则最高刑罚为罚款20万港币及入狱6个月。

如建筑商证实未有保存运载记录副本或未有申报更改化学废料生产数据，则将被罚款5万港币及入狱6个月。

（五）环境影响

《环境影响评估条例》（第499章）

香港当局十分重视预防污染，规定一些大型工程项目须进行环境影响评估，确保在建设项目规划和拟订发展计划的每个阶段，已考虑环境因素在内。《环境影响评估条例》在1998年4月1日实施，为就指定工程项目进行环境影响评估和执行协议的环保措施，提供所需的法规体制。至于其他的有关建议和策略，亦须按行政程序规定评估环境影响。

本条例释定的所有大型工程必须进行环境影响评估研究，以评估工程对环境可能造成的影响，并且说明可能需要实施的舒缓措施。环境影响评估研究报告一经批核，工程倡议人便可申请环境许可证，以便展开工程。

《环境影响评估条例》规范某类工程项目，亦称"指定工程项目"。指定工程项目见附表（附录II），法例要求，指定项目必须遵照法定的环境影响评估程序，对有关工程施工期及运作期所产生的环境影响作出评估。

（六）其他

1.《危险品条例》（第295章）

此条例旨在管制制造、贮存、运送或使用任何危险品（例如：爆炸品及压缩气体）。

2.《公共卫生及市政条例》（第132章）

此条例旨在要求建筑商不可将固体、泥浆或废物放入或抛入公共下水道或排水渠。而且要求建筑商注意积水，防止蚊虫滋生，举凡在任何处所内的积水中发现有蚊虫或蚊蛹，该处所有占用人即属犯罪，同时按此条例，政府可向施工工地发出通知，规定工地于指定时间内洁净受虫鼠为患的地方，并采取措施，以消灭老鼠。

3.《道路交通条例》（第374章）

政府可要求汽车包括施工工地车辆的登记车主将汽车交由车辆废气测试中心测试，以确保车辆的废气排放符合标准。

4.《臭氧层保护条例》（第403章）

《臭氧层保护条例》旨在禁止释放工地及任何地方受管制制冷剂（例如：含氯氟烃CFC、哈龙、四氯化碳等）至大气中。

5.《野生动物保护条例》（第170章）

《野生动物保护条例》禁止狩猎或故意干扰任何受保护野生动物（包括所有野生雀鸟），而且不得取去、移走、损害、销毁或故意干扰任何受保护野生动物的巢或蛋。

三、小结

香港的环境保护工作，从立法、监管到执法是一个庞大而完善的系统，表现在：

1. 立法水准先进

香港政府在立法时有一个长时间的学习、调研过程，这个时间长达 1 ~2 年，基本上学习和掌握了全世界所有有关环境法例的立法原意，立法基础，立法内容，同时网络了当地和世界上著名的环保专家、法律专家一起工作，集中多人智慧，从而制定出来的法例，既符合香港的实际情况又代表了当今世界的先进水平。

2. 立法内容详尽、具体，易于操作

在立法过程中，对每一个事项均有详细的数据作支持，量刑时的尺度宽严有别，方便执法人员执行（详情见本节内容）。

3. 执法的体系完善

香港在环境立法和执行方面，它是纳入政府整体的行政管理体系共同执行，当一个案例（Case）发生时，各执法部门按既定程序，按一个标准和尺度行动一致去执行，基本上不存在各执法部门执法时的行为差异。

4. 执法严谨

在香港市民的心目中，保护环境是一项关系到人类自己，关系到全社会，关系到子孙后代的生存、发展的大事。加上一些专业环保团体的宣传、鼓励和经常性的环保行动，使广大市民有较强的环保意识，遵纪守法成为广大市民的自觉行为，为严格执法提供了广泛的群众基础。

另一方面，香港环保法例的内容十分详尽和具体，可操作性强。更主要的是香港的执法人员一是质量高，二是人数众多，三是法制意识强烈。所以，香港在执法时是十分认真和严谨的。

香港的环境保护法例中，几乎所有法律条款内容均涉及建筑工程在实施过程中的污染、控制和监管全过程。所以，从事建筑行业的管理人员、工程技术人员和广大从业者应充分认识到，基本建设和建筑工程在实施过程中对环境的影响是多层次、广范围、持久性的严肃问题，必须充分重视。

第三章 环境保护管理体系

随着人类对建筑工程实施过程中所引起环境问题的认识逐渐加深，人类正在积极寻求对建筑工程加以有效管理的方法，以便使人类社会与自然环境和谐地发展，以实现可持续发展。

早在20世纪70年代，工地环境问题主要表现在施工时所产生的环境污染，因此人们把工地环境管理狭义地理解为各种污染的防止措施和手段，作为末端控制污染的行为。到了90年代，随着人们环境意识的不断提高，人们普遍认识到，要彻底解决环境问题，必须站在根本问题的高度采取综合决策和综合防止处理。因此，普遍认为有必要将保护环境工作由环境措施治理范围扩展到整体工程项目在实施全过程中的环境管理范围，对人及污染物作出系统化的管理。这反映出人类明白保护环境需要关注环境污染的处理问题，而且管理人类的行为才是解决环境问题的关键所在。

第一节 环 境 管 理

环境管理是人类的一种行为，从表面上看，可以理解为管理环境的行为，实际上是人类管理自己的一种行为。

一、环境管理的定义

目前，关于环境管理的定义，尚无完全统一的结论，然而一般可以概述为管理主体运用行政、法律、经济、科技与教育等的手段，预防与禁止人们损害环境质量的行为，鼓励人们改善环境质量的一切活动，通过全面规划、综合决策、制定环境目标、选择行为方案，正确处理发展与环境的关系，实现既满足现在需求又不危及后代人满足其需求能力的发展。

二、环境管理体系的基本原理

环境问题需要采用法律的、行政的、技术的及宣传教育的等多种管理手段来解决，其中法律手段是其他管理手段的基础。香港有关政府部门——环境保护署通过这些管理手段来约束和规范工地的施工行为，迫使工地进行末端治理，对企业来说仍然是被动的。但随着科学技术的进步，公众的环境意识提高，同时也迫于环境法律、法规的规定，末端治理所带来的成本越来越高，加之市场竞争以及社会广泛关注等因素带来的压力，工地管理人员逐渐意识到需要加强预防，把被动的环境管理转变为积极的预防，以预防为主，治理为辅，预防治理结合。

企业及工地环境管理体系是运用了系统工程的概念，利用项目生命周期分析的原理来研究企业在运作过程及工地在施工过程中造成环境影响的环境因素，通过相关的管理要素，如制定环境规划，明确职责，加强环境意识和技能的培训，按不同运作过程及施工活动的特点，实施有效管理和控制，加强监督和监测，防止环境事故以及资源浪费现象的发生，实施内部审核和管理评审，以期达到持续改进的目的。

三、环境管理体系的管理工作

企业及工地环境管理在实施过程中有三项管理工作，包括预防、控制、监督和监测，整个管理过程的连续性、统一性是环境管理体系正常运行的关键。

预防是工地环境管理体系的核心，建立工地环境管理体系初期须进行的工作，从识别、评价到不断的更新，就是为了加强预防而实施的活动。预防为主的思想实际上是贯穿环境管理体系中所有的管理要素，如培训活动是为了提高工地上全体员工的环境意识、环境技能和能力，以防止发生偏离于环境方针、目标和政策的活动；信息交流是为了加强对内、对外信息的沟通，防止事故的发生；应急准备与响应，其本质就是预防事故发生。

控制是工地环境管理体系实施的第二种手段。环境管理体系中的管理要素就是有效实施环境管理体系的管理活动，对每个管理要素，标准条款中必须提出明确的要求，部分管理要素制定文件，文件内容需要满足标准条款的要求；部分管理要素需要编制程序文件，按程序文件要求实施有效控制。

监督与监测是环境管理体系的关键活动，通过监督与监测不断地发现问题，约束自身的环境行为，调节自身活动，为实施环境改善取得依据。

第二节　国际标准环境管理体系

为了统一各个国家和地区的环境管理标准，帮助各个国家、地区政府以及有关专业环境管理组织机构有效地规范和控制其活动，以及控制各类产品所造成的环境影响，1993 年国际标准化组织（International Organization for Standardization 简称 ISO）组建了环境管理技术委员会，并制定了国际环境管理标准，标准化号为：ISO 14001—14100（共预留了 100 个标准代码），简称为 ISO 14000 系列标准。至此开始，ISO 14000 系列就成为全世界共同采用和遵守的国际环境管理标准模式。

一、ISO 14000 系列标准内容简述

1. ISO 14001，《环境管理体系　规范与使用指南》

2. ISO 14004,《环境管理体系　原则、体系和支持技术通用指南》

3. ISO 14010,《环境审核指南　通用原则》

4. ISO 14011,《环境审核指南　审核程序　环境管理体审核》

5. ISO 14012,《环境审核指南　环境审核员资格要求》

6. ISO 14020—2000,《环境标志和声明　通用原则》

7. ISO 14021—1999,《环境标志和声明　自行声明的环境申诉（Ⅱ型环境标志）》

8. ISO 14024—1999,《环境标志和声明　Ⅰ型环境标志和声明　原则与程序》

9. ISO 14025—2000,《环境标志和声明　Ⅲ型环境声明》

10. ISO 14031—1999,《环境管理　环境绩效评估　指导纲要》

11. ISO 14032—1999,《环境管理　环境绩效评估　ISO 14031 案例研究技术报告》

12. ISO 14040—1997,《环境管理　生命周期评价　原则与框架》

13. ISO 14041—1998,《环境管理　生命周期评价　目标和范围的界定及清单分析》

14. ISO 14042—2000,《环境管理　生命周期评价　影响分析　环境标志和声明　Ⅰ型环境标志和声明　原则与程序》

15. ISO 14043—2000,《环境管理　生命周期评价　解释》

在 ISO 14000 环境管理体系标准中，最重要的标准是 ISO 14001《环境管理体系 规范与使用指南》。它规定了企业建立、实施和保持的“环境管理体系”的基本模式和要求，它是任何一个企业的环境管理体系进行认证和自我鉴定及自我声明的依据。

ISO 14004《环境管理体系　原则、体系和支持技术通用指南》不是用于环境管理体系认证的标准，而是对如何建立、实施和改进一个企业的环境管理体系提供帮助和指导的标准，它是供组织自愿使用的内部管理工具。

ISO 14010、ISO 14011 和 ISO 14012 三个标准，分别对环境审核的原则、环境管理体系审核的程序和方法、环境审核员的资格要求作出了明确的规定。这不但为环境管理体系的认证审核提供了依据，也为企业在实施环境管理体系中进行内部审核提供了依据。

ISO 14020 至 ISO 14043 乃是辅助的文件，包括相关的标志原则、指导纲要、案例及范围等。

ISO 14000 系列标准是国际标准化组织继 ISO 9000 系列之后做出的又一重大措施。ISO 14000 系列标准以环境管理体系 ISO 14001 为核心，污染防治和持续改进是其两个基本思想。环境管理体系是整个管理体系的一个组成部分，包括为制定、实施、实现评审和保持环境所需要的组织结构、策划行动、职责、程序、过程和资源。根据对环境管理系统审核的结果以及不断变化的形式，提出方针目标和程序变动的要求，以及不断完善且保持环境管理体系的持续适应性。

二、ISO 14001 环境管理体系在建筑工地上的实施特点

环境管理体系的基本要求由五大功能组成，包括“环境方针”、“规划”、“实施与运行”、“检查与纠正措施”和“管理评审”，当中包括有17个管理要素，分别为环境方针、环境因素、法律与其他要求、目标和政策、环境管理方案、组织结构和职责、培训及意识和能力、信息交流、环境管理体系文件、文件控制、运行控制、应急准备和响应、监测和测量、不符合及纠正和预防措施、记录、环境管理体系审核、管理评审。在建筑工地实施时，要素之间不是孤立的，是相互有联系的，只有当一个体系或一个系统所有要素或活动组成一个整体，使其相互依存、相互作用时，才能使建立的体系完成一个特定的功能，这就是通过实施 ISO 14001 标准的基本要求来建立环境管理体系的基本思路，并构成以下的特点：

（一）预防污染是管理体系实施的核心

标准中明确规定，企业在制定环境方针时就包含污染预防承诺，并向社会、相关方、全体员工公开。而且标准中的每个要素中所涉及的都是力求在各个环境中不产生新的环境影响，体系在运行过程始终贯穿以预防为主的思想。

（二）持续改进是管理体系实施的目的

按体系的运行模式所建立的环境管理体系就是在环境方针的指导下，周而复始地进行管理体系要求的规划、实施与运行、检查与纠正措施和管理评审活动。管理体系在运行过程中，随着科学技术水平的提高，环境保护法律、法规及其他要求的变化，公司经营战略的改变以及社会、组织管理者和全体员工环境意识的提高，应自觉地、不断地加大环境保护的力度，强化环境管理体系的功能，达到持续改进的目的。

（三）法律、法规及其他技术规范与要求是管理体系实施的准绳

ISO 14001 标准中重要的一条是遵守法律、法规及其他要求的承诺，而且，企业的环境行为全部达到政府的环境法律、法规的要求，仅是满足了 ISO 14001 标准的基本要求。企业需要通过 ISO 14001 标准的认证，必须遵守法律、法规和其他要求。因而通过实施 ISO 14001 标准，将促进企业从过去被动地执行法律、法规的要求，转变为主动地去遵守法律、法规，并不断地、主动地发现和评估自身存在的环境问题，制定目标并不断改进，这将完全区别于过去的那种被动的管理模式。

（四）企业最高管理者的承诺和重视是管理体系实施的关键

标准中明确规定，要求企业的最高管理者在组织所制定环境方针中包含对持

续改进和污染预防的承诺，对遵守有关环境法律、法规和企业应遵守的其他要求的承诺，并制定切实可行的环境目标、指标和环境管理方案，配备相应的各种资源，这些内容是实施工地环境管理体系的依据，也是基本保证。同时在标准的管理评审要素中又规定，企业的最高管理者应定期对环境管理体系进行评审，以确保体系的持续适用性、充分性和有效性，通过评审使体系完成、改进，使企业的工地环境管理得到提升。

（五）过程控制是管理体系实施的重点

环境管理不只是末端治理（尤其以工地为例）而是全过程控制，环境管理体系的建立，就引进了系统和过程的概念，即把环境管理问题作为一个大的系统。以系统分析的理论和方法来确定环境问题，包括分析企业及工地上可能造成环境影响的环境因素，根据不同情况采取相应的解决办法。造成环境影响的环境因素分为两大类，第一类环境因素是和公司的管理有关，这可通过建立环境管理体系，加强内部审核、管理评审和环境行为评价来解决；另一类就是针对施工程序，研究整个施工周期对环境造成的影响，从管理上及技术上采取措施，消除或减少负面的环境因素。为了有效地控制产品生命期中某些不利的环境因素，必须对施工的全程进行控制，采用先进的技术、先进的方法、先进的设备及全员参与才能确保企业的环境行为得到改善。

（六）程序化文件体系是工地管理体系实施的保证

按标准要求所建立的工地环境管理体系是改善工地的环境管理的一种先进、有效的管理手段。先进的体现是把工地在施工活动中对环境的影响当作一个系统工程问题来研究，确定将会影响环境所包含的要素，为了消除环境影响，对每个要素规定了具体要求，并建立和保持一套以文件支持的程序。对于一个已建有环境管理体系的工地，只要严格按程序文件所规定的执行，坚持相关的原则，才有可能确保体系的有效性。程序文件实际是一套管理制度，对工地内部管理来说也是法规性文件，必须严格执行。

三、环境管理体系的运行模式

环境管理体系 ISO 14001 运行模式与 ISO 9001 质量管理体系运行模式相似，共同遵守查尔斯·戴明（Chailes Demiry）提供的管理模式，正如第一章第四节中提及它将企业的活动分为四个阶段，即：

（1）规划（策划）阶段（PLAN），企业根据自身的特点确定方针，建立企业总体目标，并制定实现目标的具体措施。

（2）实施阶段（DO），为实现企业总体目标，明确职责，根据活动的特点，制定相关的文件化管理程序及技术标准来对活动的全过程实施有效的控制。

（3）检验阶段（CHECK），就是在组织活动实施过程中，应有计划、有针对性的对相关过程进行监督、监测和审核，加强预防，以纠正所出现的偏离组织总体目标的现象。

(4) 改进阶段（ACTION），企业的最高管理者定期地对企业所建立管理体系进行评定，确保体系的持续适用性、充分性和有效性，以达到持续改进的目的。

由查尔斯·戴明（Chailes Demiry）提供的规划（PLAN）、实施（DO）、检验（CHECK）和改进（ACTION）运行模式可简称PDCA模式（由其四个阶段的英文的首个字母拼合而成），此模式已在一章中图示（见图1-4-3），为增加读者印象，在此处再显示一次，如图3-2-1所示。

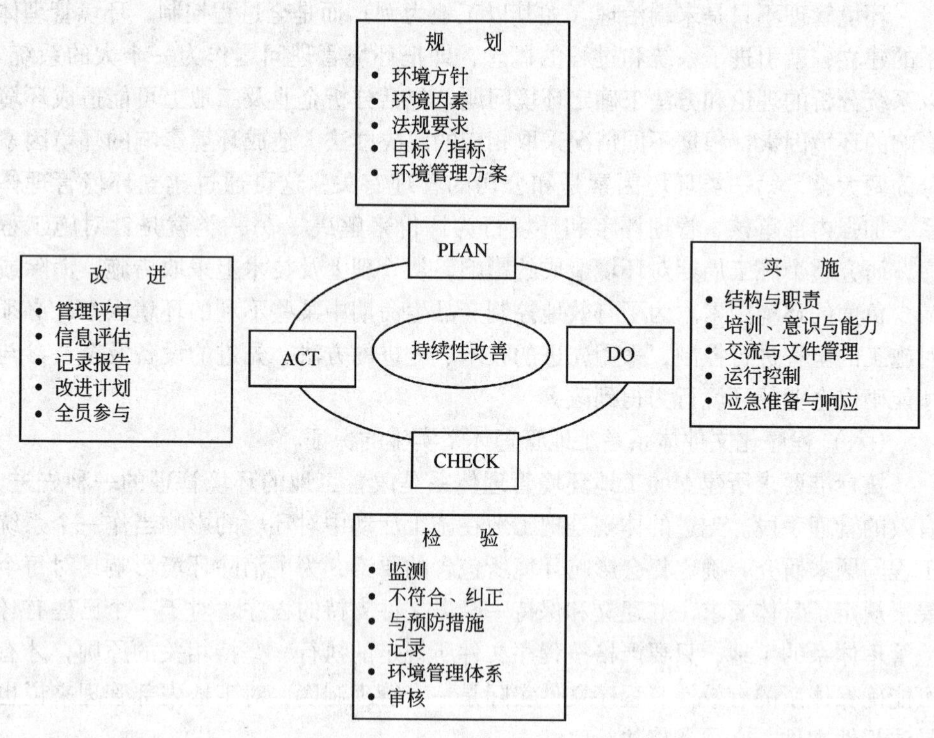

图3-2-1 环境管理体系运行模式

由环境管理体系管理要素组成及运行模式图中看到，这实际上是借鉴了质量管理体系运用的成功经验，使环境管理体系结构合理、逻辑关系清楚、目的明确、要素简洁、普遍适用。

环境管理体系的“实施”（DO）是围绕环境“规划”（PLAN）展开，环境规划内的方针就是环境管理体系，每一次循环的出发点和归宿，整个环境管理体系的运作是从确立环境方针开始。实施（DO）是对规划的实施并使环境管理体系投入运行。“检查”（CHECK）是运行过程中的日常工作，是保持和改进环境管理体系的措施，亦是PDCA运行模式中的重要一环。环境管理体系运行模式PDCA中的检验机制实际是有三个层次：第一个层次是实施各要素要求时应包含有检验的内容，以确保该要素实施的符合性和有效性。第二个层次是利用一个独立的要素，即监督与监测，用来对企业活动、产品或服务过程中重要环境因素中的关键过程和关键特性进行监督与监测，以评价其与环境法律、法规及其他要求的符合性，跟踪比较组织的目标和指标实施的情况以及评价其环境绩效。第三个层次是实施环境管理体系内部审核，就是定期的，依据规定的审核准则，系统的审核环境管理体系的符合性和有效性，为环境管理体系持续改进提供依据。

最后的“改进”（ACT）是整个循环过程的总结，发现问题并及时纠正，如果发现环境方针和目标方面存在问题，则需要提出修改方针。

环境管理体系的运行模式是PDCA循环，但循环不是目的，而是改进。环境管理体系的效能和作用必须也只有通过持续改进才可以体现出来。

第三节　组织管理模式

环境保护管理工作最终由企业领导和企业的全体员工去执行和实施。环境保护管理工作是企业管理目标中的一个重要目标，必须有一个强而有力的组织系统才可以实现既定的管理目标，本节就着重建筑施工企业如何建立环境保护管理的组织模式加以阐述：

一、企业环境保护管理组织架构模式

1. 直线管理模式

（1）图式（见图3-3-1）

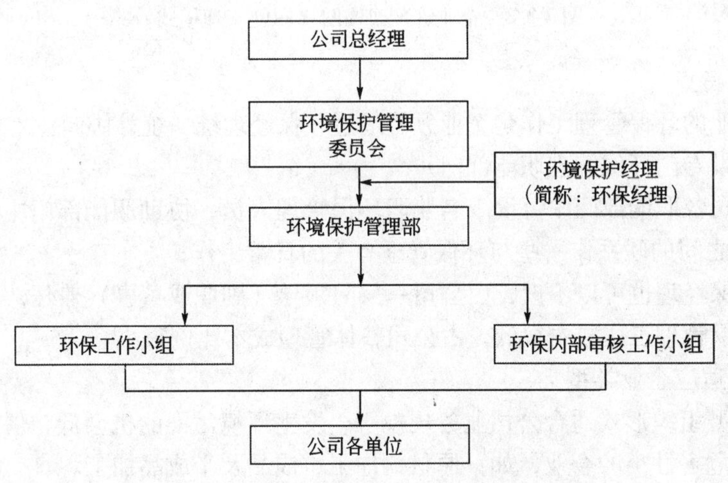

图3-3-1　企业管理架构图（直线管理模式）

(2) 特点

● 由公司最高层直接统筹和负责企业的环保管理工作，上、下音讯传达快；

● 所有环保管理工作由专职部门、专职人员专门管理；

● 从事专职的环保管理人员较多，环保管理工作比较系统化和专业化；

● 环保管理工作的成本占公司整体管理成本的比例相对较高。

(3) 适应企业类型

适应环境污染范围较广、污染几率高、污染程度深、污染危害较重的大型企业，如化工厂、建筑企业、电子厂、钢铁厂等。

2. 职能管理模式

(1) 图式（见图 3-3-2）

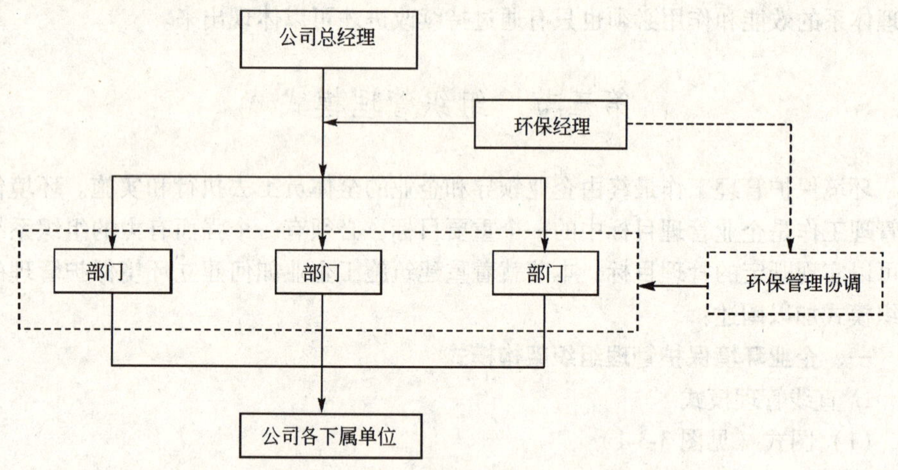

图 3-3-2 企业管理架构图（职能管理模式）

(2) 特点

● 企业的环保管理工作是企业领导通过环保经理统一统筹协调；

● 不设专门环保管理职能部门；

● 公司各职能部门中可设一名兼职环保管理人员，协助职能部门主管与公司环保经理之间的联系作一些与环保管理有关的日常工作；

● 环保经理也可以不设，由公司一部门领导（副职或董事）兼任；

● 环保管理工作成本很低，占公司整体管理成本比例很小。

(3) 适应企业类型

此类型组织形式适合公司业务规模小，发生环境污染的机会低，偶尔发生但面不广，危害性小的企业，如：原材料加工、成品及半成品加工。

3. 项目式管理模式

(1) 图式（见图 3-3-3）

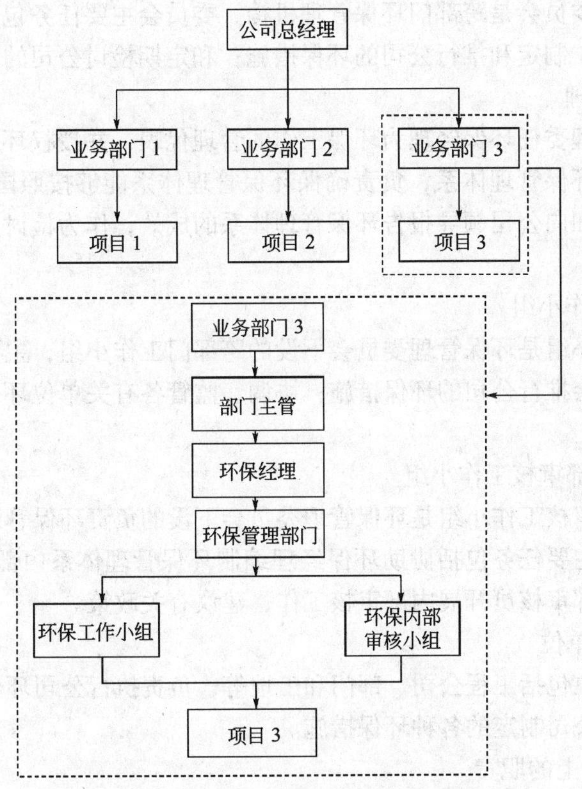

图 3-3-3　企业管理架构图（项目式管理模式）

（2）特点

- 企业的环保管理工作在局部位置或项目上进行，“项目”可理解为确定的某项业务或不确定的某项业务，也可是企业下面经营某一项（可造成污染）业务的下属企业。
- 除此项目外，企业的其余业务一般不会造成明显地环境污染问题。

（3）适合企业类型

此种环保管理工作适合在局部位置和局部项目上可能造成环境污染的企业。

二、环保管理体系内有关职责描述

这里仅就环保管理体系中高层主要责任和工作机构的职责予以描述，其他相关人员容后补述。

（一）企业的职责

1. 公司总经理

公司总经理负责制定环保政策，并确保政策与公司性质、规模、所生产产品和所提供服务及其所从事活动对环境造成的影响一致。

2. 环保管理委员会

环保管理委员会是跨部门环保管理机构，委员会主要任务包括制定公司的环保目标和指标；制定和推行公司的环保措施；和定期检讨公司的环保管理体系。

3. 环保经理

公司总经理委任环保经理为环保工作的管理代表，并授权环保经理建立、执行及监管公司环保管理体系，负责确保环保管理体系能够按照国际标准而建立、实施及维持；和向公司领导报告环保管理体系的成效，作为检讨及改善环保管理体系的根据。

4. 环保工作小组

环保工作小组是环保管理委员会下设的跨部门工作小组，主要任务包括协助环保管理委员会推行公司的环保措施；协调、监管各有关单位环保工作，建议有关政策和措施。

5. 环保内部审核工作小组

环保内部审核工作小组是环保管理委员会下设的负责环保管理体系内部审核的工作小组，主要任务包括协助环保经理编制环保管理体系内部审核工作计划；协助和领导内部审核员开展内部审核工作，建议有关政策。

6. 公司各单位

公司各单位包括工程公司、部门和工地等，负责执行公司环保政策和环保管理体系，推行公司制定的各种环保措施。

（二）工地上的职责

工地的职责架构图及职责如图3-3-4：

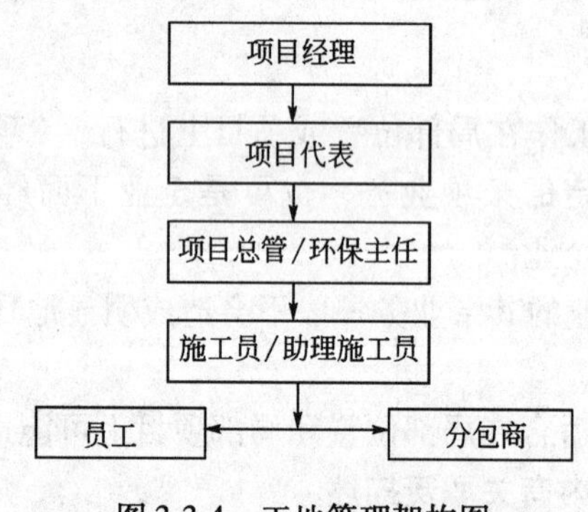

图3-3-4　工地管理架构图

1. 项目经理/项目代表/副代表

项目经理/项目代表/副代表确保执行公司环保政策，遵守法例和合约对环保的规定；审批工地环保计划，安排足够资源履行环保施工计划定立的措施，对工地环保施工管理负责，保持工地文明施工；组织及领导工地环保工作小组运作，委派合适员工及分包商代表任小组成员及建立工地环保组织机构；委任符合资格人士进行指定环保检查工作；督促雇员及分包商执行公司的环保政策及法例要求，认真执行分包合约条文中分包商应承担的环保责任；推荐员工接受充分和适当的环保训练；评定员工及分包商的环保表现，同时对违反公司环保政策、法例或合约要求者，予以适当处分。

2. 环保主任/安全主任

环保主任每周巡视工地最少一次及呈交巡查报告；巡视工地后，发现不环保情况和操作，须对工地员工进行劝阻，若无效立即向项目经理报告；协助工地组织和安排工地环保工作小组会议，编写会议记录；参加工地的工作会议，随时了解施工情况及进度；协助项目经理编制工地施工环保计划；提供环保训练予各阶层员工，并编制记录；按公司指示，定期进行环保推广活动；与各有关政府部门和专业学会保持联络，搜集最新的环保法例、标准、守则及数据，并发给各阶层员工；建立及完善工地环保记录档案系统。

3. 工地代表/副代表

工地代表/副代表执行公司环保政策的要求，遵守法例和合约对环保的规定；编制施工方案和工作程序，并把环保措施列入施工方案当中；向员工、分包商及工人解释施工方案和工作程序；就有关环保事宜，与环保/安全主任磋商；计划及保持工地整洁；组织及参加工地环保工作小组会议；参加每周环保巡查工作；协助各阶层员工参与环保培训；参加内部及外部环保审核工作。

4. 项目总管/副总管

项目总管/副总管执行公司对项目总管/副总管规定的职责要求，遵守法例和合约对环保的规定；规划及安排各分包商工作地点、机械安装及物料存放的位置；规划及安排地点存放废料及垃圾，并定期清理，保持工地清洁整齐；分派施工员监察工人执行有关环保措施；建立紧急应变小组；指示分包商环保施工程序及方法；采取合理措施解决工地环保问题；确保分包商清楚明了有关环保守则；参加每周环保巡查工作；参加工地环保工作小组会议。

5. 员工

工作时遵守环保法例的规定；严格遵守环保工作守则、程序、指示及规则，并在执行所有职务时，确保本身及工作地点内其他人的工作符合环保法例；提供如何改善环保的意见；参与环保训练、环保会议及其他环保活动。

6. 分包商

熟识工地环保计划和环保法例，把环保政策和守则落实到日常工作中，及时安排工人做好有关环保措施；安排员工接受环保训练；确保机械和设备符合法例要求；遵守合约条文有关要求。

第四节　建筑施工企业的环保管理体系

前面我们已经比较详尽地阐述了环保管理标准系列中 ISO 14001 的特点和运

用，在建筑企业中，国际标准环保管理体系仍是被采用的重点标准内容。建筑施工企业的环保管理体系描述于后。

一、组织管理形式

建筑施工企业多数以承接工程项目为主要业务，一般均有几个、十几个、几十个工程项目同时在实施过程中，对环境造成的污染面广、频率高、社会影响大，所以建筑企业在环保管理体制类型设置上，以直线管理模式为主，便于对整个企业的环保管理工作实施强而有力的领导、监控和推动。有关特点、职责已在本章第三节详细阐述，此处不再重复。

二、建筑施工企业环保管理工作的特点

与其他企业的环境管理体系相比，建筑工地的环境管理体系变化较大，因建筑工地的工作运行模式往往跟其他企业大有不同。一般情况下，如业务没有改变的话，其他企业的生产及营运方式在任何时候都大致相同，所涉及的机械或工作程序基本上在各个阶段不会有太大改变，仅仅是相同的生产内容、生产方式，周而复始地重复，例如发电厂或染布厂，所涉及的机械包括发电及燃烧设施或染布机等等，工序日日如是，所产生的污染物种类围绕废气及污水等基本上不会有明显改变。故此，相关的环境污染种类及数量的变比较小，其环境管理体系内的控制措施亦较为标准化。

与之相反，建筑工地制造的是建筑产品，而建筑是所有产品中最不定型的一种产品，具有较强的个性，其各个阶段所涉及的工序均有不同，营运方式随不同时间而改变，涉及的机械变化也较大，例如打桩、浇筑混凝土、内外墙装修等工序是按次序进行，在整个施工期中一个接一个，有关工序所涉及的机械、所产生的污染物及其数量均不相同且不断改变，其相关的污染问题往往难以完全预防及避免。因此，建筑工地环境管理系统的控制措施在不同阶段必须作出不同的调整和改变，以应付不断变化的实际情况。

此外，相比其他企业，建筑工地的环境管理体系较为强调培训及监管，因为工地上工作的工人一般知识水平较低及流动性较大，而且工作周期短暂，相关部分工序完成后便会离开工作地方或另谋出路。这种情况跟一般企业在营运期间雇用员工有一定知识水平，具有比较长期和稳定的工作地点，从事相同或相近的工作内容不同。故此，为了保持工地有良好的环保表现，确保工人履行环保责任依循程序工作，工地环境管理体系较其他体系更为注重培训及监管。

三、环境管理体系在施工项目上的运用

建筑施工企业污染来源于实施过程中的建筑施工项目（工地），污染类型广泛，污染发生频率很高，社会影响较大，对企业的生存和发展构成较大威胁。国际标准化组织（ISO）为实施环境管理提供了 ISO 14001 环境管理体系标准。这个标准为企业提供了环境管理体系的规范和指南，用以指导工地改进环境管理及编制工地上的环境管理计划。本节将重点阐述建筑施工项目的环保管理工作的内涵和实施过程的要点。

ISO 14001 环境管理体系运用在工地上，其内涵可归纳为以下几方面内容：

（一）公司最高管理者的承诺

环境管理体系是工地管理由治理概念发展到预防概念的手段，而且是自愿的行为，不是被迫的，有关实施的关键是公司最高管理者的承诺。公司最高管理者承诺的内容最少包括遵守环保法律、持续改进及提供资源。

1. 遵守环保法律、法规及其他要求的承诺，这是对公司经营活动的基本要求。环境管理体系只是环境管理的一种手段，而环境管理手段中的法律及行政等手段是环境管理体系实施的基础，也是评价环境管理体系有效性的重要依据。

2. 对工地污染预防、持续改进作出承诺。工地建立环境管理体系不是目的，而是一种手段，是规范企业环境行为，改善公司环境绩效的环境管理手段。环境管理体系本身不会改善环境绩效，环境绩效的改善必须有效地实施环境管理体系标准条款中所规定的基本要求。

环境管理体系的核心内容是污染预防。污染预防的承诺，是要求公司的最高管理者须关心和指导，针对公司环境状况和经营状况所制定的环境规划，落实公司环境管理的职责，加强全体员工环境意识及环境技能的培训和提高，对环境目标、指标及生产过程的环境控制点实施有效控制、健全监督和监测的机制等管理活动，进行定期监督和检查。

环境管理体系的目的是持续改进。持续改进的承诺，是要求公司的最高管理者在环境管理体系有效实施的基础上，依据公司经营方针的变化，依据环境法律、法规的修改和颁布，依据相关方的合理要求以及企业内部环境管理体系审核中的发现，来不断地调整环境方针、目标和指标以及其他管理活动，以提高和完善环境管理体系的适宜性、充分性和有效性，以使得公司的环境绩效持续改进。

3. 提供相应的资源。资源包括人力、财力以及相关的技术资源。资源的提供要依据公司的环境状况和经营状况。人力资源中首要的任务就是在最高管理层中任命一名环境管理者代表，环境管理者代表专门职责是按标准条款要求，建立、实施和保持环境管理体系所赋予的一切职能，向最高管理者汇报环境管理体系的环境绩效，协助最高管理者组织评审，并为持续改进环境管理体系提供依据，以期满足环境管理体系的适宜性、充分性和有效性。财力资源要确保实现环境目标和指标，污染预防所需资金切实到位。

（二）环境政策

环境政策是建筑公司在环境管理工作中的宗旨，是建筑公司总体经营方针的组成部分。环境政策中应体现公司最高管理者对环境问题的指导思想。要求公司最高管理者，对其组织环境行为的意向和实施原则作出公开的承诺。以下是香港一所建筑公司环保政策的例子（见图 3-4-1）：

××建筑工程（香 港）有限公司

环 境 政 策

××建筑工程（香港）有限公司主要从事房屋工程、土木工程、基础工程和建筑制品等有关的设计与施工业务。保护环境是公司的基本政策之一。本公司除遵守当地环保法例，满足业主合约上的环保要求外，还按照国际标准 ISO 14001 的要求，并设立环保管理委员会和委任环保经理，建立环保管理体系，制定环保目标和指标，致力于防止环境污染，减少建筑废料，减少天然资源消耗，提供环保教育和训练，建立有效的沟通和咨询渠道，使客户、员工及公众受惠。本公司也将不断检讨和完善环保管理体系，持续改善公司的环保表现。

本公司编制的《环保管理手册》将详细介绍本公司的环保管理体系，有关工作程序已列入本公司《标准工作程序》中，所有公司员工必须遵照执行，并对公司的整体环保成效负责。

×××（签名）

（公司总经理）

××××年××月××日

图 3-4-1　环境政策例子

（三）识别环境因素

环境因素是工地环境管理要考虑的基本对象，环境因素是公司环境管理的基础。因此，一个建筑公司在建立环境体系时，应对施工活动的全过程进行全面系统地分析，找出所有环境因素。

1. 分析和选择企业所有的活动或过程

工地环境因素是施工活动中能与环境发生相互作用的要素。为确定这些要素，需要对公司的全部活动或过程进行分析、分解，确定环境因素，编制环境因素清单。施工活动或过程的分解可以利用生命周期分析的概念，任何工程有它的施工周期，例如：钢筋制作与绑扎，模板制作与安装，混凝土浇筑。对于一个工地，确定其环境因素可以从施工过程入手，研究施工周期全过程，分析及选择工地上的所有活动。

2. 考虑三种运行状态

三种运行状态：即正常状态、异常状态和紧急状态。工地在对现场进行污染状况调查，确定其环境因素时，应考虑这三种运行状态。即在调查个别工地的环境因素时，不仅要充分考虑正常运行情况下产生环境影响的环境因素，也应考虑在异常运行情况下可能产生环境影响的环境因素。如污水处理机在开机、停机、检修情况下，对环境所成的影响与正常运行状态下的环境影响有很大的不同。此外，任何工地应充分考虑到一旦出现火灾、暴雨等事故，对周围环境造成的不同影响。

3. 产生环境影响的分类

不同的施工活动中，在不同的状态下，可以产生不同的环境影响，有关影响的分类包括大气排放、水体排放、噪声污染、固体废弃物、原材料及自然资源的使用等。于是根据上面识别环境因素的几条原则，其识别范围可用图 3-4-2 表示。

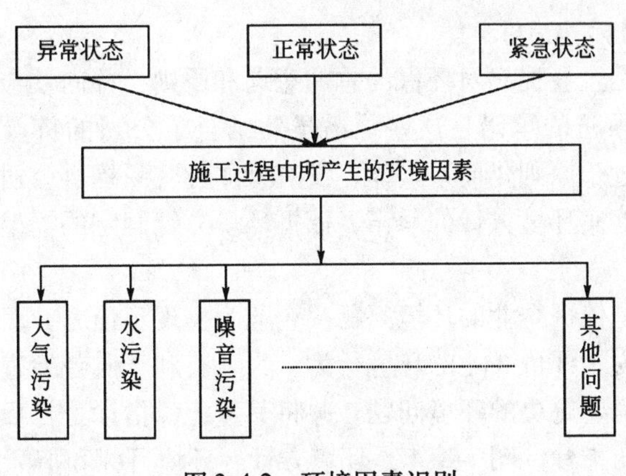

图 3-4-2　环境因素识别

（四）评价环境因素

识别环境因素，评价环境因素，对工地来说不是只局限于环境管理体系建立的初期，而且是一项经常性的工作。因为持续改进是要求工地在解决了原有的环境问题的同时，必然会提出更高的要求。因此，识别和评价环境因素，对工地来说是一项经常的工作，评价重要环境因素的方法可归纳为以下几种：

1. 与法律、法规及排放标准的符合程度

即测量、分析和判断工地施工活动过程中所排放的污染物与国家、地区或行业的现行污染物排放标准进行比较。凡是不符合法律、法规要求，以及其污染物严重超标，均应定为重要环境因素。

2. 环境影响的规模和范围

判断工地活动所造成的环境影响是局部性、地区性、区域性，还是全局性。凡是造成较大范围环境影响，而且后果严重，一般可定为重要环境因素。

3. 环境影响的严重程度

工地在施工活动过程中所造成的环境影响的程度严重，特别是容易对附近居民产生较大伤害，甚至危及人类健康及生命的均应定为重要环境因素。

根据以上三点决定关键评价环境因素时，应考虑如图 3-4-3 所示要求。

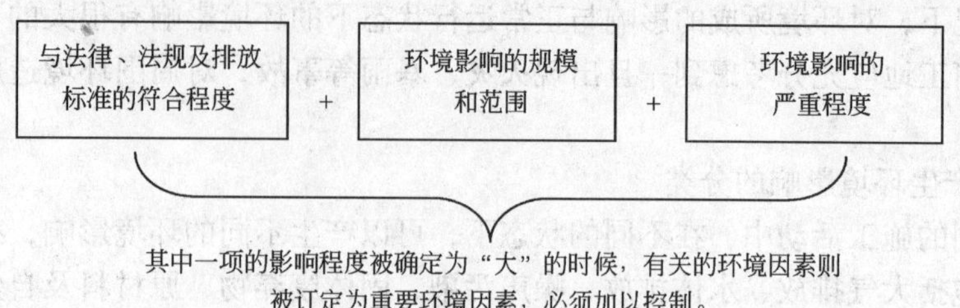

图 3-4-3　确定是否主要环境因素的方法

（五）环境目标和指标

环境政策只是企业提出对环保的总的意向和原则，并向社会及相关方面作出持续改进及污染预防的承诺，这些承诺虽然结合了公司的特点，有一定的针对性，但这些承诺过于原则化而不具体，没有操作性，只提供公司实现环境政策的框架。如若公司落实环境方针的承诺，依据环境方针制定的框架，则需确定具体目标和指标。

目标和指标是依据企业的环境问题，企业为实现环境方针而制定的中期及短期的奋斗目标。为了评价企业的环境行为，为了有利于监督检查，目标要求具体并有针对性，明确要解决的环境问题，并将其量化；指标是目标的分解，必须是可测量的、量化的指标。图 3-4-4 是环境方针、环境目标和指标的层次关系。

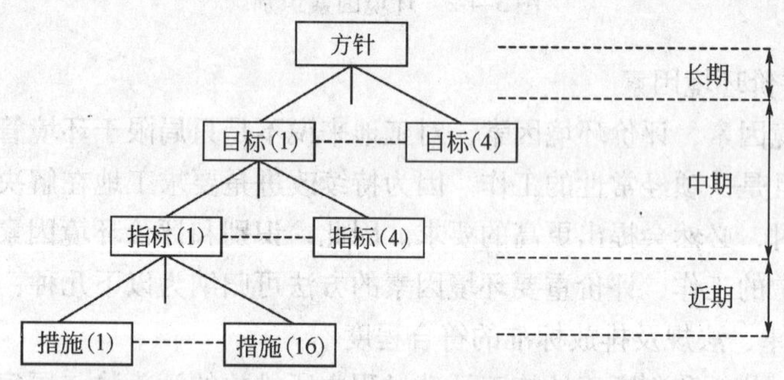

图 3-4-4　环境方针、环境目标和指标的层次结构

（六）企业结构和职责

任何一个工地为实现其规定的方针、目标和指标要求所建立的组织机构应包含合理分工、加强协作、明确定位、赋予权限几点内容。

1. 合理分工

建立工地环境管理体系一般包含有若干相互关联的管理要素，这些管理要素需要借助于一定的职能部门合理的分工，才能有效地实施这些管理要素的基本要求。因此，依据管理要素的基本要求，合理的分工是企业建立工地环境管理体系的第一个基本内容。

2. 加强协作

工地环境管理要素不是孤立的，他们之间是有联系的，是相互制约、相辅相成的关系。任何管理要素则包含有预防、控制及监督等多种功能。管理要素的实施需要由多个相关部门互相配合，既有实施部门如工地，又有监督部门如总部。在合理分工的基础上，又要加强协作。

3. 明确定位

在真正落实环境管理计划之前，先确定主管部门和相关部门，分别赋予不同的管理功能，进一步明确定位，落实岗位职责，做到事事有人管。

4. 赋予权限

依法 ISO 14001 环境管理体系中管理要素的要求，实施了合理的分工，加强协作，确定了岗位职责。按管理工作的需要，尚需针对不同部门，不同岗位的分工，赋予相应的职责的权限，以便于监督检查，便于职工业绩的考核，便于调动全体员工的敬业精神。

（七）环境管理实施计划

环境管理计划是环境管理体系规划（策划）阶段的最后结果，是工地减少污染持续改善的实施方案，是需要确立方法解决工地已识别和评价出的重要环境因素，是有效实施环境管理体系，改善企业环境绩效的关键管理要素。

1. 工地环境管理计划的基本要求

工地环境管理计划是作为解决施工时产生的环境问题的具体方案，因此其内容和基本要求应按项目管理来实施，主要包括有以下几方面内容：

（1）依据工地所确立的环境因素及环境目标和指标的要求，编制环境管理实施计划确立运行控制措施；

（2）配备实施环境管理方案的人力、物力及财力资源；

（3）确定实施环境管理方案的责任人及其职责和权限；

（4）建立环境管理方案实施的监督与管理制度。

2. 环境管理计划的内容

环境管理计划是针对工地的环境因素而确立近期工作方向。因此，为实现所确定环境工作方法，环境管理实施方案必须体现技术上的可行性、经济上的合理性、实施上的可操作性及可监督性。环境管理实施方案应依据每一项任务的类型、规模和特点来编制，一般应包括以下几项内容：

（1）项目大纲，指出目的所在，为实施环境管理方案奠定基础；

（2）列明工程的主要环境因素，确定需要加以控制的工序；

（3）在控制环境因素的基础上，提出运行控制措施。运行控制措施为工地的员工对污染控制作出指引，对整个工地的污染控制尤其重要。下面推荐的工地运行控制措施是本地一间建筑公司正采用作为工地环保管理的一部分，可供参考。

运行控制措施

工地空气污染控制措施

A01　车辆清洗设施及围挡

1. 工地须在车辆出口处装设车辆清洗设施，包括水管设备或自动洗车机，水管要有足够压力，使藏于车轮上的沙泥，污秽物能冲走。

2. 除在混凝土灌浆前用作清洁模板，或在混凝土喷浆前用作清洁斜坡外，压缩空气不可用作清洁或除尘。

3. 清洗设施须于土方进行前装设。

4. 洗车范围及介乎清洗设施与工地出口处之间的道路，须以混凝土或硬填料等铺设。

5. 公众可达的工地边界，须设置不矮于2.4米的围挡。

6. 围挡须经常检查及维修，以保持围挡完整。

A02　道路

1. 工地内的主要运输道路（30分钟内车辆流量4架次以上）须

i）铺上混凝土或砾石，并保持清洁；

ii）经常洒水弄湿，洒水次数视乎天气情况而定，在干燥及多风的天气下，须每天最少洒水三次，以保持整个路面湿润。

2. 只通往工地的道路，其中位于工地出口30米范围内的部分，工地须经常清洁，并保持没有易生尘埃物料。

A03　水泥及干粉材料

1. 袋装水泥、石灰及干粉材料等的贮存仓库须顶部及三侧面遮蔽。

2. 临时贮存的袋装水泥、石灰及干粉物料等如超过20包，须以隔尘布完全覆盖。当天未用完之袋装水泥及干粉物料等应搬离道路、通道及有风的地方，或用隔尘布覆盖。

3. 使用袋装水泥或干粉材料等生产混凝土等，须在顶部及三面有遮蔽的地方进行。

4. 散装水泥及干粉物料等，需贮存在封闭的筒仓内，并须在完全围蔽的地方处理及生产混凝土等。

A04　泥地

泥地在最近一次建造活动后6个月内，须以压土、喷草或喷浆等方法处理。

A05　工地车辆

1. 车辆于离开工地前，须清洗车轮及车身以免泥土、尘埃、垃圾或污秽物等带出工地。

2. 车辆在离开工地前，如载有易生尘埃物料如泥渣、垃圾、砂、石等，须以隔尘布完全覆盖该等物料。

3. 车辆在工地内行驶，须遵守法例及合约有关车速的限制。

4. 车辆排气口应避免指向地面。

5. 工地车辆需妥善保养，以防止产生过量浓烟或噪音。

A06　堆存、装卸及运送易生尘埃物料

1. 易生尘埃物料的存料堆须：

i）以隔尘布完全覆盖；

ii）或放在顶部及三面有遮蔽的地方；

iii）或洒水维持整个表面湿润。

2. 易生尘埃物料（水泥及干粉材料除外）须在紧接装卸或运送之前，洒水维持该等物料湿润。

A07　钻孔、切割、磨光及机械破碎

1. 工地在使用动力机械进行钻孔、切割、磨光及破碎时，须尽可能装设有吸尘过滤器，否则须于作业前及作业进行期间不断在作业表面洒水弄湿。

2. 如吸尘过滤器或空气污染控制系统损坏，应立刻停止有关工序或在作业表面有效地洒水弄湿。

3. 由过滤器及其他控制系统收集到的尘埃，须放在完全密封的容器内弃置。

A08　挖掘及翻土

工地于挖掘及翻土工作前后与作业期间，注意保持泥土表面湿润，必要时在工作范围内洒水。

A09　爆破

1. 工地须于爆破前，将爆破30米范围以内的地方洒水弄湿。

2. 除非得到矿务处的批准，否则于强风讯号或3号或以上风球的天气下，不得进行爆破。

3. 工地尽可能安排分区爆破，以减轻爆破时所引致的声浪、尘埃及振动等。

4. 爆破时，爆破位置需用炮网及砂包覆盖，再用爆破排拦遮挡，以避免砂石飞散。

A10　输送带（运送易生尘埃物料）

1. 工地在使用输送带运送易生尘埃物料（如泥土，水泥，砂石等）时，须将输送带之顶部及两旁围蔽，输送带之间的转运点更要完全围蔽。

2. 输送带的主滑轮须安装刮板及底板。

3. 输送带的出口须与卸落点保持不超过1米的距离，装卸范围须顶部及三面围蔽。

A11　临时垃圾槽

1. 临时垃圾槽应尽可能安装于建筑物内，垃圾槽之接驳必须紧密，并以隔尘布围蔽。

2. 每层之垃圾槽，须装设紧密的槽门，不使用时要保持紧闭。

3. 垃圾须在倾倒入垃圾槽前洒水弄湿。

4. 地下垃圾站须顶部及三面围蔽，或以隔尘布完全覆盖。

A12　物料架

物料架的四面，除闸口外须用隔尘布围蔽。

A13　天秤

使用天秤运送易生尘埃物料时，该等物料须放置在四面围蔽的容器内，或用隔尘布将该物料包好，方可使用天秤运送。

A14　清理工地（只适用于接收工地时）

1. 拔除树木或杆柱等的工作范围，须在紧接作业之前/后及作业期间洒水，以维持整个表面湿润。

2. 拆卸项目须于一天内以隔尘布完全覆盖，或放在顶部及三面有遮蔽的地方。

A15　外墙工作

1. 当建筑物周围搭上棚架后，须用隔尘布或网将外墙围起。

2. 楼宇建筑工程之外墙工作，如批荡、打底、铺贴纸皮石等工作，应要避免摆放开封的干粉材料如水泥、胶粉等容易产生尘埃的材料，以免在刮风时会尘土飞扬。

3. 要经常清理棚架上、网上或帆布上的垃圾、干粉物料袋、混凝土或水泥废块等物，以免因刮风或遥动时弄起尘埃，如有需要时，应洒水弄湿以减少清理时所产生的尘埃。

A16　拆卸建筑物

1. 用隔尘布或板，将需要拆卸的建筑物围起。

2. 在拆卸范围洒水，拆下的废料需要洒水，避免尘埃飘散。

A17　道路开掘或重铺工程

1. 挖掘出来的易生尘埃物料须以隔尘布完全覆盖；或洒水维持整个表面湿润并于24小时内移走或回填。

2. 易生尘埃物料的存料堆不可超越栏障。

3. 移走存料堆后须清理街道。

A18　填海工程

高于1.2米并在公众可达的工地边界50米以内的易生尘埃物料的存料堆，须以橡胶浆等土面坚固剂密封处理。

A19　沥青（烧煮）

1. 应尽量避免使用需要烧煮的沥青；如合约指定，工地负责人应建议业主及工程师更改使用其他适当材料取代合约指定要烧煮的沥青。

2. 如业主或工程师不同意更改使用其他材料，工地需要采取相应措施减轻对环境的影响，在工地烧煮沥青时，不可以使用木材或其他废料作为燃料。

A20　露天焚烧

禁止露天焚烧建筑废料、塑料车胎、金属废料或任何杂物用作清理工地。

A21　石棉尘

任何涉及使用或处理含石棉物料的工程必须：

1. 聘请注册石棉顾问进行石棉调查工作，及拟备一份石棉调查报告和一份石棉消减计划。

2. 在石棉工程施工前最少28天，向环保署呈交该石棉调查报告及石棉消减计划，以取得许可证才可开工。

3. 聘请注册石棉承办商按照石棉消减计划进行石棉工程。

4. 聘请注册石棉顾问监管石棉消减计划的施行及注册石棉承办商的工作。

5. 聘请注册石棉化验所为石棉工程进行抽取样本及分析工作。

A22　油渣锤

1. 工地须定期检查、维修及保养油渣锤，以减少操作时产生的黑烟及异味。

2. 检查项目应包括燃油阀、燃油泵、喷嘴及活塞环等。

3. 如黑烟情况没有显著改善，工地应采用其他打桩方法。

A23　施工机械

1. 工地须妥善保养施工机械，特别是其燃料发动系统及废气排放系统。

2. 如机械排放大量黑烟，应立即暂停有关工序，并尽快安排维修或更换没有排放黑烟的机械继续工作。

工地噪音控制措施

N01　建筑噪音许可证

1. 撞击式打桩工程

(1) 除非取得有效建筑噪音许可证，否则不可在平日（非星期日及公众假期）上午七时至晚上七时进行撞击式打桩工程。

(2) 除非得到行政长官会同行政会议颁令豁免，否则不可在晚上七时至翌晨七时或公众假期（包括星期日）任何时间进行撞击式打桩工程。

2. 建筑工程（撞击式打桩工程除外）

(1) 除非取得有效的建筑噪音许可证，否则不可在限制时间内（即平日晚上七时至翌晨七时或公众假期（包括星期日）任何时间），使用机动设备进行建筑工程（撞击式打桩除外）及/或在指定范围内进行订明建筑工程。工地可向质安部查询其工地是否位于指定范围。

(2) 任何分包商若要在限制时间内从事任何施工活动，必须按照公司《地工施工环境噪音管理工作程序》，提前向工地管理层提出书面申请，经批准后，才可开工。

N02　混凝土工程

1. 工地在从事混凝土工程时，先要做足准备工作（a）在浇筑混凝土前一天，施工员需按总管指示，计算当天所需混凝土的数量、收口位置、浇筑方法与机械数量、作业位置及人手数量等（b）与混凝土供货商保持联络，安排供应混凝土的时间及速度。

2. 在可行的情况下，工地应采用电动振捣机及静音机械，施工机械要有适当维修与保养，以保持机械及灭音器状态良好，及正确操作以减少不必要碰撞的声音。

3. 机械在不使用时应尽可能全部关掉，或关掉音量较大的部分如气阀、振捣棒等。

4. 在浇筑混凝土时，施工员应根据实际情况调节混凝土供应速度，如遇到特殊情况不能按计划在管制时间前完成，施工员应在总管或工地负责人指导下尽快安排收口。

N03　挖掘、打石及钻孔

1. 工地在整体工程安排上应尽量将产生噪音的工作与活动安排远离噪音敏感地方，如住宅楼宇、宾馆、酒店、临时房屋、医院、诊所、教育机构、教堂、图书馆、法庭及艺术中心等。

2. 如不能避免在噪音敏感地方附近操作如打石、钻孔等，应尽可能安排噪音活动分阶段及时间进行平衡工作项目，而产生大量噪音的工作更尽可能安排于周围背景噪音较高的时间施工以减低施工噪音造成的滋扰（如中午时或交通高峰时间等)。

3. 工地打石钻孔机械（空气压缩机）应尽可能使用静音式或低噪音机械，工地在作业过程中使用特别嘈吵的设备如风炮、风钻等，应尽量采用有效的消声器，吸音板或隔音罩以减轻噪音的滋扰。

4. 所有手提撞击式破碎机及空气压缩机须按噪音管制条例规定，向环保署申请有关噪音标签，并贴于机身上。

5. 工地应监督及检查有关机械，保证机械得到适当的保养、维修及操作以保持机械及灭音器状态良好，机械于不使用时应尽早关掉。

6. 如在噪音敏感地方的作业时间较长，工地应在可行的情况下装置隔音板等以减少对噪音敏感的地方造成的滋扰，隔音板材料的表面密度须为每平方米7

千克，工地于施工安排上可考虑在接近噪音敏感的地方先建立建筑物，利用建立之建筑物作为隔音屏障，以减少噪音滋扰。

N04　天秤及物料架运作

1. 应尽量采用低噪音型号的动力装置，或考虑加设有效的隔音装置，如吸音器，消声器，隔音罩（但要保持动力装置的散热能力）。

2. 应定期维修及保养机械活动装置部分，如定期加润滑油/雪油等。

N05　打闸板、钢桩及混凝土桩

1. 在可行情况下，应采用非撞击式的施工方法，如震锤或磨桩等，或按环保署发出的“消减建筑噪音实用指南”中第Ⅱ部分第6节“较宁静的专利打桩法”去选择各种较低噪音的施工方法。详细内容可参阅上述指南。

2. 如必须使用撞击式方法打桩，应按建筑噪音许可证上列明的准予作业时间进行。

N06　机械、空气压缩机、发电机管理

1. 在可行的情况下，应选择低噪音型号的机械。

2. 应定期保养及维修机械。

3. 应考虑更换/采用比较宁静的能源及变速转动系统，在机器内加装避振系统，及在废气喉出口加装减音器。

N07　模板装嵌及拆卸

1. 进行木料类模板工程时，应尽量采用低噪音型号的锯机，或以隔音材料罩在产生噪音的机器上，其次是考虑把锯木范围作全部或局部围封以减低噪音的扩散。而在清理混凝土浆的工序上，应尽量采用铲子为清理工具，从而避免锤子敲打时发出撞击声。在较接近噪音感应强的地方，应考虑控制其施工的时间，以减低对附近区域的影响。

2. 进行钢料类的钢模工程时，应尽量避免两件钢模接合时产生碰撞声，维修钢模工作时的敲打声等，更应考虑安排此工序在有遮隔的地方内进行，及控制其工作的时间以减低其滋扰。

N08　棚架搭建及拆卸（订明建筑工程）

1. 在处理竹枝时应尽量避免抛掷和碰撞竹枝而发出噪音，并要尽量利用日间时间处理竹枝。

2. 在拆卸竹棚时要严禁工人把竹枝从高空飞掷至地面而发出噪音。

N09　处理瓦砾、木板、钢条、木料及棚架材料（订明建筑工程）

1. 施工位置应尽量远离噪音感应强的地方，及妥善控制其施工时间，从而减低其对感应强地方的影响。

2. 应尽量避免抛掷上述材料及产生碰撞声。

3. 工地在选用临时垃圾槽的材料时，应尽量采用塑料材料以减轻撞击时产生的声音。

4. 临时垃圾槽应尽可能安装在建筑物内，接驳位必须顺畅，以减少碰撞声。

N10　敲击式工具使用（订明建筑工程）

应尽量把敲击式工作的场地遮隔以减少噪音直接传送。

N11　车辆保养/使用管理（燃油发动）

1. 应定期检查所使用的车辆，如有问题应立即维修。

2. 过于残旧的车辆应尽量予以更换。

3. 应扣紧松脱的部分。

工地水污染控制措施

W01　地面排水

1. 在土方平整或挖掘前，工地需尽量提供一套地面排水系统，包括在工地周边设置明渠收集地面水及雨水，再接驳至沉淀池及/或先进污水处理设备，去掉沙泥后才可排放。

2. 建设排水系统时需考虑建设期地面的平水变动。

3. 工地内的明渠、砂井、沉淀池、渠坑及渠筒等须定期清理，每次暴风雨前后更要清理，确保这些设施状态良好。

4. 临时斜坡应尽量用帆布覆盖。

5. 壕沟的开挖及回填应尽量分小段进行，并采取可行措施减少雨水流入壕沟。

6. 尽量在泥地的周边设置渠坑及渠筒等收集雨水，以减少泥土被雨水冲走。

7. 工地围界板下的空隙须以砂包或混凝土填塞，以防泥水流出工地。

W02　传统洗车池

1. 洗车池的长宽度应不少于日常进出工地车辆的长宽度。

2. 洗车池的沙泥水须接驳至沉淀池及/或先进污水处理设备，去除沙泥后才可排放。

3. 在可行情况下，将洗车池的沙泥水经处理后循环再用。

4. 应定期清理沉积在洗车池内的沙泥。

W03　洗石水、镪水清洗废水

使用洗石水或镪水等清洁液体清洗墙壁或洁具等后，应将废水中和才可排放。

W04　沉淀池

1. 沉淀池应有足够容量，使污水有足够时间停留在池内沉淀。图则可参考附录7.2。

2. 沉淀池应有足够宽度及设在通道附近，以便可使用挖土机或由工人定期清理。

W05 工地饭堂污水

1. 工地饭堂污水须收集运往污水处理场或接驳到隔油池然后才排放，最终排放的污水表面须没有明显油渍。

2. 隔油池的容量应让污水有足够时间停留在池内。图则可参考附录7.3。

W06 工地厕所污水

1. 工地厕所污水应接驳至污水渠或收集运往污水处理场。

2. 如现场处理，可设置小型的化粪池及渗滤井。图则可参考附录7.4。

3. 如化粪池及渗滤井不可行，可向专业公司租借轻便式临时厕所。

W07 地下水

从工地抽水井泵出的地下水应经沉淀池及/或先进污水处理设备才排放。

W08 钻探水

1. 工地钻探工程中产生的污水，应尽可能经沉淀池去除沙泥后循环再用。

2. 如最后必须将污水排放，应经沉淀池及/或先进污水处理设备才排放。

W09 混凝土厂及混凝土构件预制场的污水

1. 清洗混凝土车，及其田螺斗（即：混凝土卸料斗）或有关的机械后的污水应尽可能循环再用，将需要排放的污水减至最低。

2. 剩余的污水应经沉淀池及先进污水处理设备，去除沙泥并酸碱中和后才可排放。

W10 膨润土（Bentonite）

1. 膨润土应循环再用。

2. 若要弃置剩余的膨润土，可将它倾倒入指定的海上倾倒区，但需事先向环保署申领海上倾倒物料牌照。

3. 若要弃置膨润土并排放入污水渠、雨水渠、内陆水域或海岸水域，需经处理后并符合有关水质管制区的污水标准才可排放。

W11 来自试漏及消毒贮水设施和管道的废水

1. 用作试漏的水应尽可能循环再用。

2. 消毒用的水应尽可能循环再用。

W12 一般工程施工污水

1. 在进行拆卸工程前应将污水渠及雨水渠的接驳处密封。

2. 一般工程施工污水须经沉淀池及/或先进污水处理设备才可排放。

3. 在可行情况下，应将处理后的污水循环再用，如作一般洒水等用途。

W13 海事工程

1. 疏浚海泥应妥善置于运泥船内，避免满溢或跌入海中。

2. 弃置疏浚海泥前需向环保署申请海上倾倒物料牌照，并按指示倾倒入指定的海上倾倒区。

3. 用作海洋放石的石方，应尽可能不含土方。

4. 如填料含土方，应于围边放置隔泥幕墙，以减少受影响范围。

W14　灌注桩工程（Bored Piling）

1. 灌注桩清洗过程中产生的污水，应尽可能经沉淀池后循环再用。

2. 如最后必须将污水排放，应经沉淀池及/或先进污水处理设备才排放。

工地废物控制措施

R01　建筑废物

1. 工地应尽量减少产生废物，土石方、木料、铁料及塑料等建筑废物应分类存放，并在可行情况下物尽其用、废物利用及循环再用。

2. 惰性建筑废物应倾卸于公众卸泥区，而不宜倾卸于公众卸泥区的有机建筑废料，可弃置于策略性堆填区。

R02　化学废物

1. 在产生化学废物前，须向环保署登记成为化学废物产生者。

2. 在处置危险性特高（规例附表甲类）的化学废物时，须于最少十个工作日前通知环保署及按照环保署的指示办理。

3. 化学废物需与建筑废物分开存放，不兼容化学废物（例如强酸和强碱）亦需分开存放。在运往废物处理设施前，需适当地包装及标识，存放地点应远离水道及木料贮存区，存放地点入口需有白底红字写上不小于60毫米高英文“CHEMICAL WASTE”及中文“化学废物”字样的警告标志，并需设有防止泄漏的设施，如防泄漏的裙脚或储漏盘等。储漏盘的容量应能堵截储漏盆内最大容器的装载量或总内存量的20%，以较大者为准。储漏盘高度应为15～20厘米。

4. 废物产生者须延聘获环保署发牌的废物收集者为其提供收集及搬运化学废物服务，并须填妥运载记录及保存副本最少十二个月。

5. 处理化学废物须采取所需的预防措施。

R03　工地饭堂废料处理

工地饭堂的固体废料应以垃圾胶袋密封，以便运往垃圾收集站/策略性堆填区弃置。

工地危险品控制措施

D01　易燃液体

1. 电油、油渣及香蕉水等易燃液体须适当地包装及标识。

2. 存放地点应远离热源、腐蚀性化学品、水道及木料贮存区，并需设有防止泄漏的设施，如防泄漏的裙脚或储漏盘等。储漏盘的容量应能堵截最大容器的装载量或总内存量的20%，以较大者为准。储漏盘高度应为15~20厘米。

3. 工地须配备合适的灭火筒。

4. 发电机入油时须避免滴漏，并设有防止泄漏的设施。

D02　液化气体

1. 石油气、风煤及压缩空气等气罐须适当地标识。

2. 存放地点应远离热源及腐蚀性化学品。

3. 无论存放或使用时，气罐均需保持直立。

4. 工地须配备合适的灭火筒。

工地化学品控制措施

C01　液体化学品

1. 模板油、慢干剂、洗石水及油漆等化学品须适当地包装及标识。

2. 存放地点应远离水道及木料贮存区，并需设有防止泄漏的裙脚或储漏盘等。储漏盘的容量应能堵截储漏盆内最大容器的装载量或总内存量的20%，以较大者为准。储漏盘高度应为15~20厘米。

工地能源节约措施

E01　燃料/电力

施工机械及工地办公室的电器在闲置时须关掉电源或燃料供应，以节约能源。

（八）检查和纠正

检查有助工地估量其环保表现，以确保工地按照其所制定的环保管理计划开展工作。有关工作包括以下各项：检查（持续进行）、纠正和预防措施及环保管理体系审核等。

1. 环保检查

环保检查是指人员到工地上巡察施工情况，确定不妥善或违反环保法例的事项发生，因而发出不符合项目作工地跟进，改善情况。

2. 环保审核

环保审核是指客观地获取审核证据并予以评价，以判断特定的环境活动、事件、状况、管理体系，或有关上述事项的信息是否符合审核准则的一个以文件支持的系统化验证过程，将这一过程的结果呈报给委托方。工地定期进行内部审核，以验证各有关单位是否有效地执行环保管理体系，及是否满足国际标准ISO 14001的要求。审核报告是须定时提交，作为评定环保管理体系的依据。

3. 不符合情况、纠正及预防措施

不符合情况性质分类原则是依据不符合情况的严重程度以及不纠正可能造成的后果，不符合情况是系统性、全面性的过失。工地制定程序以处理和调查不符合情况，并根据调查结果，提出及完成适当的纠正及预防措施，以减轻不符合情况对环境所带来的负面影响。

工地若被发现在审核或巡查中所发现不符合情况，审核员或检查员每项不符合情况均应提出纠正措施要求，并由受审核方制定出纠正措施计划并加以实施，以便进行跟踪检查。

（九）全员培训，提高员工环境意识、环境技能和能力

环境管理体系是以污染预防为核心的自愿行为，除有赖最高管理者的承诺之外，还需要全体员工的积极参与。增强自觉性，共同实现企业制定的环境方针、目标和指标，应不断地加强教育，分层次的进行培训，其培训内容主要包括以下几方面：

1. 环境意识的培训

使全体员工深刻地理解到当前环境问题的严峻形势，了解工地上主要环境问题对整个社会、生态及人民生活的影响，让员工了解工地活动将造成重大环境影响的环境因素等。通过环境意识的培训使全体员工意识到保护环境、节约资源是人类共同的责任，鼓励全体员工积极参与，为实现企业的环境方针而共同奋斗，使全体员工都能有使命感和责任感。

2. 环境管理体系的培训

使全体员工意识到实施环境管理体系的好处，了解什么是环境管理体系，工地建立和实施环境管理体系的原因，及对此产生的环境绩效等等。

3. 环境技能和技能的培训

施工活动造成环境问题的复杂性以及员工文化素质及业务水平差分，员工往往对所从事的施工活动将产生的环境影响一般不大清楚，对环境及人体健康产生的危害亦不大了解。因此，工地应对其全过程的不同施工活动，加强环境技术、环境技能的培训，熟悉操作规程和技术标准，其目的是加强预防、加强控制，以利于环境绩效的改善。对评价出的重要环境因素及特殊岗位应加强岗位培训。

（十）定期进行管理评审

管理评审是环境管理体系运行中重要的一环，是环境管理模式的改进阶段，是依据环境管理体系运行的结果以及客观情况的变化：如环境法律、法规及其他要求的变化、施工活动的变化、科技进步与发展、市场需求的变化、相关方面要求的改变。环境管理体系运行中严重发现（如环境事故）得到的经验教训以及其他有关因素，来检查和评价企业的环境管理体系的持续适用性及实施的有效性，以便调节和改善环境管理体系，最终达到使企业的环境管理和环境绩效的持续改进。管理评审实际上就是自我约束、自我完善、改善企业环境行为的过程。

第四章　建筑工地的水污染及控制处理

水是地球上万物生存的命脉，是人类生活和生产不可缺少的基本物质之一。水亦是自然资源的重要组成部分，它能通过自己的循环过程不断复原和更新。地球上的海洋、河流、湖泊、冰川融化水、地下水、生物水等各种形态的水，在地球表面及周围形成紧密联系，互相作用，又互相不断交换。

人类和水的关系非常密切，不论是生活或生产活动都离不开水这种自然资源。水既是人体组成的基础物质，又是新陈代谢的主要介质。人体中含水量占体重的80%。为了维持生命，每人每天取水量大约是40～350升；倘若，人体摄取量低于每天50升，身体可能患上与水有关的疾病。在现代化城市中，生活用水量远远高于一般需求量，如巴黎每人每天耗水约450升，纽约和大阪约600升，华盛顿约700升，芝加哥甚至达到824升左右。可见，水对人类生活多么重要。工业对水的需求量更大，除了空调和清洗外，水还用于冷却、加工、沸蒸和传送。美国在工业上用水量居世界首位，每年约4.72×10^{11}立方米，即每人每天7200升。

然而，随着世界经济的迅速发展，污水排放量急剧增加，导致水质恶化，其水污染问题的严重性远远超过我们的想象，解决水污染问题刻不容缓，保护水源成为世界各国关注的焦点之一。

本章就建筑工程在实施过程中造成水体污染的途径、危害，以及对水体的监管和防治方法进行专门地论述。

第一节　建筑工程产生的水体污染

一、水体污染

水体，是指地球上的水及水中的悬浮物、溶解物质和水生生物等所构成完整的生态系统。水体因接受过多的污染物而导致水体的物理、化学和生物等特征改变，引致水质的恶化，破坏了水中固有的生态系统及水体的功能，从而使水不能有效利用，危害人体健康，这种现象称为“水体污染”。

二、建筑工程构成水体污染的途径

建筑工程在实施过程中，施工方法往往因地而异，因人而异，因此，造成水体污染的途径和形式也各有差异。然而，就一般建筑工程而论，造成水体污染的途径可分为以下5种：

（一）施工过程中产生的污染物无序排放

建筑工地在施工过程中均需使用大量的水作不同用途，例如磨桩及钻探须注入用水作冷却之用。水在使用后常混集了多多少少的污染物，其中包括沙泥、油污等，如果地盘自行消化/吸收或循环再用该污水，避免排放，工地水体污水的情况便得以舒缓，然而，工程往往碍于各种主观因素和客观因素，将产生的污水排放（甚至无序排放）于工地之外，无可避免地会污染附近水体，导致水体污染。

（二）施工过程中产生的污染物随意弃置

工地产生的污染物有液体、固体及液固体混合三种，其中液体的污染物往往经排放而引致水体污染，而固体及液固体混合污染物通常被运往工地外弃置，在弃置的地方污染水体，英文称之为“Off-site pollution”。例如工地产生的固体废物及填海工程产生的淤泥，在产生后，被抛弃在工地以外的农田或海洋地方，继而在弃置地方污染地下水、河流和海域。

（三）降雨径流

降雨或雨水由附近山涧、河流进入工地，在地面上径流或积存，混集工地的污染物，例如沙泥、化学物质等，造成污水，经排放后污染水体，造成环境问题。

（四）生活废水造成水体污染

工地往往设有食堂及厕所以供工人使用，食堂产生的污水包括洗涤食物水、肥皂水，而厕所产生的污水包括人类排泄物及冲厕水，有关的排放物一般含有大量的生物营养物，经排放后，对附近环境造成水体污染，后果严重。

（五）意外事故

地盘意外事故会引致水体污染，如化学物品泄漏、工地火灾及水灾等。各个工地均存在一定的潜在危机，例如工地在火灾时，大量的水喷射作灭救之用，造成大量用水积存及排放，进而造成“水体污染”。

三、水体污染的类型

根据建筑工程所产生的污染物质的性质，我们将水体污染分为：化学性污染、物理性污染及生物性污染。分述如下：

（一）化学性污染

化学性污染指水质的化学特性受污染物的影响而改变，其污染包括以下四种：

1. 酸碱污染

酸碱污染主要来自施工时采用的清洁剂、水泥及水泥混合物（如混凝土）。工地上常用的清洁剂，包括清混凝土溶剂，为去除顽固的混凝土污渍，溶剂一般带强酸性或强碱性，尽管使用时被稍作稀释，但其酸/碱特性不会改变，对环境及水质有相当的破坏力。而工地上的水泥，因为含有碳氧化合物和其他相关的合成物，如令水泥溶于水中时，将水变成碱性，pH 提高，改变水质的化学性质。

2. 需氧性有机物污染

需氧性有机物污染是指含有碳水化合物、蛋白质和脂肪等类有机物质所造成的水体污染。生活污水和工地上部分的化学品都含有这类有机物，这些物质以悬浮或溶解状态存在于水体中，可通过微生物的生物化学作用而分解。分解过程中需要消耗氧，因此被统称为需氧性有机物，造成水体污染。

3. 营养物质污染

营养性污染物指可以引起水体富营养化的物质，主要有氮和磷，工地上的营养物质污染主要来自生活污水，这类营养物质排入河流、湖泊、水库、港湾、内海等水流缓慢的水体，将提高各种水生生物的活性，刺激它们大量繁殖，继而消耗水中氧气，影响水质。

4. 有机毒物污染

工地上常储存和使用的各种有机化学品及清洁剂均存在一定的毒性，不论直接接触人体或在污染水体后接触人体及生物，视乎剂量，造成对受体一定的影响，包括引起急性中毒性疾病或慢性疾病，严重情况可引致即时死亡。

（二）物理性污染

物理性污染是指水质的物理特征（如温度及混浊度）因污染物而改变。有关水体物理性污染物有以下几类：

1. 悬浮固体污染

悬浮固体污染指固体污染物在水中呈现悬浮状态，使水的混浊度增加，减少光在水中的传导性。在工地上的悬浮固体污染物主要有砂及碎石等，在用水流经工地的时候，混集周围的砂石，造成污水，继而排放，造成水体污染。这种污染形式在所有的建筑工地水体污染物中占据比例很大。所以，在建筑工地上，大部分的污水处理工作都集中在研究剔除悬浮固体的方法上，并将有关工作放在很重要的位置。

2. 热污染

工地上的热污染主要来源是冷却用水，其中包括磨桩、洗车水及钻探水等。由于水的温度上升，到一定程度，将促使水中的各种微生物大量生长和繁殖，造成“水体污染”。虽然香港有关热污染的危害并不明显，然而该等污染问题仍是不容忽视的。

（三）生物性污染

生物性污染是指部分微生物进入水体后，令水体带有病原生物如伤寒及霍乱，令人类或其他生物患病，影响健康。工地上一般的生物性污染来自人类或禽畜的排泄物。

实际上，在水的环境中，上述各类污染往往是同时并存，互有联系而且产生变化。例如很多病原性微生物与有机物同时被排放，受水体中物质的影响，进一步以各种方式“迁移”和“转化”，使污染物的毒害加强，或使污染物的毒害减弱，又或使污染物的存在形式产生变化。

工地上的污染物的“迁移”是指污染物在该空间位置的移动而引起的聚集、分散和消失的过程。污染物的“转化”和“集积”，或是指污染物在该环境中通过物理的、化学的或生物的作用改变形态或转化成另一种物质的过程。虽然污染物的迁移和转化性质不同，但污染物的迁移和转化往往是同时进行的。污染物的“集积”是指污染物在“迁移”和“转化”过程中，各种性质相同的物质在量和质方面的增加，产生更大的作用（毒害性加强或毒害性减弱）的一种现象。

第二节　水体污染的危害

建筑工地的水体污染物，就其种类及毒性而言，往往较其他工业活动所产生的污染物简单及轻微。然而，因建造工程的施工期漫长（例如基建工程、土地平整、填海造城等土木工程可长达数年），期间所持续制造的污水总量相当庞大，故此各国政府对建筑工程所引起的水体污染对环境的影响一直非常关注，对其造成危害绝不可掉以轻心。

如上一节所述，根据建筑工程所产生的污染物质的性质，可以将水污染分成化学性污染、物理性污染及生物性污染等，各种的污染物均有其独特的祸害，本节将逐一分析和论述。

一、化学性污染

1. 酸碱污染

酸、碱是工地上常用的清洁剂，在工地上的排放污水中，经常含有酸或碱的物质。酸、碱对人体皮肤、眼睛和黏膜有强烈的刺激作用。各种酸、碱等无机化合物进入水体后，溶解土壤中的一些可溶性物质，改变水体的 pH 值，抑制细菌和其他微生物的生长，影响水体的自净作用，而且腐蚀船舶和水下建筑物，影响渔业，破坏生态平衡，后果是很严重的。

2. 需氧性有机物污染

需氧性有机污染物质大多不具毒性，但被大量排入水体后，则引起微生物的繁殖和溶解氧的消耗。当氧化作用急速进行，而水体不能及时由大气中补充氧气，水体中溶解氧降低至 4 毫克/升以下时，鱼类和水生生物将不能在水中生存。水中的溶解氧耗尽后（即溶解氧量低至 0 毫克/升），水中细菌将进行无氧分解，有机物将产生大量硫化氢、氨、硫等带恶臭的气体，使水质变黑发臭，严重污染水环境和大气环境。

3. 营养物质污染

所谓营养物质污染，是由于物质中含有大量的氮和磷，造成水体富营养化，水中生物包括藻类吸收营养而大量繁殖，覆盖大片水面，减少了鱼类的生存空间，藻类死亡及分解后导致消耗溶解氧，并释放出更多的营养物质，如此周而复始，恶性循环，最终将导致水质永久恶化，鱼类死亡，水草丛生。

4. 有机毒物污染

在工地上各种有机化学品及清洁剂等物质往往对人体及生物体具有毒性，有的能引起急性中毒，有的则导致慢性疾病，有的已被证明是致病物质、致畸形物质、致细胞核内的DNA（脱氧核糖核酸）变化的物质（即致突变的物质）。有机毒物大多具有较大的分子和较复杂的结构，一般而言，它们由多个碳、氢、氧原子组成一个分子量高，体积大的巨形分子，因为其复杂的结构，相对其他简单的化学物质有机毒物不易被微生物所分解，因此在生物处理和自然环境中均不易去除。以清洁剂为例，它是由超过10对碳及氢的原子组成一条长链状的结构，见图4-2-1。

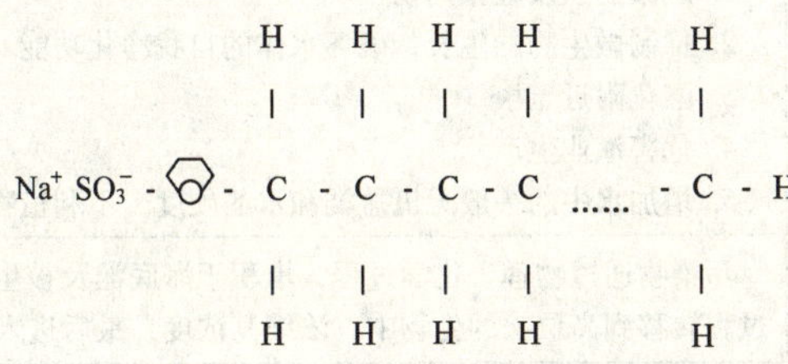

图4-2-1 清洁剂分子结构图

二、物理性污染

1. 悬浮固体污染

各类污水中均有悬浮杂质，例如沙泥，排入水体后影响水体外观和透明度，降低水中植物的光合作用能力，严重影响水生生物的生长。悬浮固体在水体底沉积，覆盖了生物的原来栖息地方，危害水体底部生物的繁殖。悬浮固体还有吸附凝聚重金属及有毒物质的能力，令其污染物的毒性加大，增强对环境的污染。

2. 热污染

工地上的热污染主要来源是冷却用水，当高温的水排入水体时，将引起该区水体的水温升高，溶解氧含量下降，微生物活动加强，某些有毒物质的毒性增加，同时对鱼类及水生生物的生长有不利的影响。

三、生物性污染

生物性污染主要指病原体污染，病原体污染来源于生活废水的排放，这些污水往往带有一些病原微生物，如伤寒、副伤寒、霍乱、细菌性痢疾的病菌等。水体受到病原体污染后，会传播疾病，将对人类健康及生命安全造成极大威胁。

水体污染的祸害大致可概括成以下如表4-2-1：

水体污染的祸害 **表4-2-1**

水体污染型	祸　害
赤潮	1. 藻类大量繁殖而占据的空间增多，减少鱼类的活动空间 2. 原本的鱼类粮食因藻类衍生而产量减少 3. 部分种类的藻类是有毒的，鱼进食后会引致死亡 4. 过度生长的藻类死亡后，耗用大量水中溶解氧作分解，使水体处于缺氧状态，严重影响其他水生生物的生存
毒物污染	1. 直接毒害海洋生物 2. 毒害进食海产的生物及人类 3. 影响海洋使用者（例如泳客）健康
增加海水的悬浮固体浓度	1. 悬浮固体依附鱼鳃，引致鱼类吸呼困难及死亡 2. 减少海底的光量度 3. 减少供给海洋植物进行的光合作用的光能，海洋生产量下降 4. 减少海洋生物繁殖率，因而造成鱼类及在食物链高层的生物的食物减少
改变海水酸碱值	1. 刺激皮肤及轻微灼伤 2. 抑制微生物的生长，破坏水体的自我净化功能 3. 酸化附近土壤 4. 危害渔业生产 5. 增加水中的一般无机盐类和水的硬度，不利植物生长
污染物浓缩	污染物通过物理、化学过程，堆积于海底泥及被生物吸收，随着食物链的过程转移到高层次的生物中，浓缩其浓度，最后进入人体，危害健康

四、水体污染危害的特点

（一）海洋污染祸害的特点

海洋污染的污染源，源自包括陆地上的污染和海洋上的污染。陆地上的大气污染物、水体中的污染物以及固体废物都可以直接或间接地进入大海。一切的污染物最终都可进入大海，如大气中的污染物可通过降水直接和间接进入海洋，水体中的污染物可通过迁移进入海洋，固体废物可通过溶解和径流的方式使污染物进入海洋。故此，海洋污染源的特点多而复杂，由于海洋是一切污染物的最终归宿，海洋污染的另一个特点是持续性强，危害性大。污染物进入海洋后，很难转移出去，因此，一些不溶解、不易分解的污染物在海洋中积累起来，数量逐年增多，这些污染物还能通过“迁移”及“转化”而扩大污染危害范围，可见海洋污染的持续性相当强。我们还应充分认识到海洋污染影响的范围相当大，虽然海洋不是人类居住的场所，但海洋却是人类消费和生产不可缺少的物质和能量的源泉。

海洋的面积很大，自净能力很强，而且处理污染的容量很大，所以人们常将海洋当成污染物的净化场所，但当海洋一旦受到污染时，直接威胁着人类的生存，由于地球上各个海洋都是相互连通的，当某一海域受到污染时，可通过扩散作用迁移污染物，最终使全球的海洋均受到污染，难于治理。

（二）饮用水污染祸害的特点

现在许多城市的水源，不仅受到城市污水和各行业废水等点源的污染，而且还受到污水径流、大气中污染微粒沉降到水中、降水等多种非点源的污染。点源污染是较容易控制的，而非点源污染则较难控制。饮用水污染一般是指饮用水中含有有机化合物和一些无机物（主要是重金属），对人类健康构成威胁。污染物中，有些是致癌、致畸和致突变的，一些国际流行病学专家的调查研究证明，使用污染水的人群比饮用洁净水的人群的消化道癌症死亡率明显较高。

引致饮用水污染的污染物跟海洋的污染物大同小异，但由于饮用水是主要提供居民食用，故此饮用水污染的最大影响是人类的健康。举例，当初发明的人工合成杀虫药滴滴涕（DDT）的时候，因为其效力显著，大大提高食物产量，故被广泛使用。然而，由于其特有的化学稳定性，滴滴涕及其衍生物质藏在饮用水中，经过被饮用后而进入人体，难于分解，累积至原来的浓度千倍，引致癌症、破坏肝脏和神经系统，甚至导致不育。

然而香港的饮用水污染问题相对比其他地方较少，香港一直沿用东江输来的饮用水，以供应700万市民饮用；其饮用水经多项高科技处理后，去除大部分污染物，符合国际卫生组织（WHO）的标准，确保水质清洁，才提供使用。

第三节　水体污染的监管

水，是我们生活环境的要素之一，为保持优良的水质，避免污染，有效的对水体污染进行监管是非常重要的。有关建筑工地上水体污染的监管，一般分为法例法规的监管和业界自我监管两大类。

一、法例法规的监管

法例规定，是防治水体污染工作的顺利实施并取得成效的重要保障。以香港的情况而言，特区政府以立法形式对水体污染的防治作出监管，以达到减少污染的作用，以下是两条香港特区政府就有关防治水体污染颁布的法例：

（一）《水污染管制条例》

《水污染管制条例》是香港控制水污染的最主要法例，早于1980年制定。该条例授权政府将全港水域划为十个主要的水质管制区及四个较小（即附属）水质管制区，并订立水质指标，以保护公众利益及善用香港水域。该十个水质管制区及四个附水质管制区为：吐露港及赤门水质管制区、南区水质管制区、牛尾海水质管制区、将军澳水质管制区、后海湾水质管制区、大鹏湾水质管制区、西北部水质管制区、西部缓冲区水质管制区、东部缓冲区水质管制区、维多利亚港水质管制区（第一期、第二期和第三期）、吐露港附水质管制区、南区附水质管制区、南区第二附水质管制区及西北部附水质管制区。一般工商业污水，不论是经由公用污水渠、雨水渠、河道或其他水体而排入管制区内，均是受其管制之下。

政府有权责令因排放污水而违反《水污染管制条例》的责任者，修复遭破坏的水体或向该责任者讨回有关费用，这些费用包括政府治理和改善所造成的污染而产生的费用和对违法者的惩罚费用。

该条例要求污水生产者排放的水质合乎一定的标准，凡在水质管制区内排放污染物质，均属违法。表4-3-1详列各违例事项的最高罚则：

《水污染管制条例》违例罚则 **表4-3-1**

违例事项	初犯最高罚则	再犯最高罚则	若持续违法
排放任何废弃物或污染物	入狱六个月及罚款二十万元	入狱六个月及罚款四十万元	每日加罚一万元
排放有毒或有害物质	入狱一年及罚款四十万元	入狱两年及罚款一百万元	每日加罚四万元
违反牌照条款	入狱六个月及罚款二十万元		

就一般建筑工地而言，通常的污水排放点是雨水渠，鉴于排放量不高（约每日10～30立方米）及建筑污水的特性，牌照所订定的污水标准会包括悬浮固体、酸碱值和化学需氧量三个参数。一般来说，政府为悬浮固体订定上限为30毫克/升，酸碱值需介乎pH 6～9之间，化学需氧量上限为80毫克/升等等。

（二）《污水处理服务条例》

《污水处理服务条例》乃按污染者自付原则订定，有关原则于1992年6月在巴西里约热内卢召开的联合国环境与发展会议上被通过。根据这项原则，香港于1995年引入污水处理服务收费计划。每日用户（包括建筑工地）将数百万吨的自来水变为污水，按法例规定这些污水需经过适当的处理才可排放。为促使用户包括建筑工地主动减轻水污染问题，香港政府主要要求排放废水者须按排放的水质状况及水量多少支付污水处理服务的成本，直接鼓励用户减少产生污水，保护环境。

二、业界自我监管

为符合法例法规，及履行保护水体的责任，香港的建筑业一般比较自律，在施工前订定有关工地水污染控制的管理方案，控制和防止水污染问题的发生。一般而言，香港建筑商实行自我监管的方法并集中在订定施工程序上，以便员工在施工时依从和遵守，从而减少水污染。以下是其中部分例子：

（一）地面排水

1. 在土方平整或土方挖掘前，工地需尽量提供一套地面排水系统，包括在地盘周边设置明渠收集地面水和雨水，再接驳至沉淀池及/或先进污水处理设备，去掉沙泥后才行排放。

2. 建造排水系统时需考虑建筑期间地面之水平标高变动。

3. 建筑工地内之明渠、检查井、沉淀池、渠坑及渠筒等须定期清理，每次暴风雨前后更须集中清理，确保这些设施状态良好。

4. 临时斜坡应尽量用帆布覆盖。

5. 壕沟地坑的开挖及回填应尽量分小段进行，以利在遇到下雨时可尽快进行防护处理，减少雨水冲积，还须采取可行措施减少雨水流入壕沟。

6. 尽量在泥地的周边设置渠坑及渠筒等收集雨水，以减少泥土被雨水冲走的机会。

7. 工地围界板下的空隙须以砂包或混凝土填塞，以防泥水流出地盘。

（二）传统洗车池

1. 洗车池的沙泥水须接驳至沉淀池及/或先进污水处理设备，去除沙泥后才可排放。

2. 在可行情况下，将洗车池的沙泥水经处理后循环再用。

3. 应定期清理沉积在洗车池内的沙泥。

（三）洗石水、镪水清洗废水

使用洗石水或镪水等清洁液体清洗墙壁或厨厕洁具等以后，应将废水中和以后才可排放。

（四）沉淀池

1. 沉淀池应有足够容量，使污水有足够时间停留在池内沉淀。

2. 沉淀池应设在通道附近并有足够宽度，以便可使用挖土机或由工人定期清理。

（五）工地饭堂污水

1. 工地饭堂污水须收集运往污水处理场或接驳到隔油池然后才排放，最终排放的污水表面须没有明显油渍。

2. 隔油池的容量应让污水有足够时间停留在池内。

（六）工地厕所污水

1. 工地厕所污水应接驳至污水渠或收集运往污水处理场。

2. 如现场处理，可设置小型的化粪池及渗滤井。

3. 如化粪池及渗滤井不可行，可向专业公司租借轻便式临时厕所。

（七）钻探水

1. 工地钻探工程中产生的污水，应尽可能经沉淀池去除沙泥后循环再用。

2. 如最后必须将污水排放，应经沉淀池及/或先进污水处理设备进行处理后才排放。

（八）混凝土厂及混凝土构件预制场的污水

1. 清洗混凝土车，及其卸料斗或有关的机械后的污水应尽可能循环再用，将需要排放的污水减至最低。

2. 剩余的污水应经沉淀池或先进污水处理设备处理后，去除沙泥并酸碱中和后才可排放。

（九）来自试漏及消毒贮水设施和管道的废水

（注：在现代建筑工程施工过程中，对已完工的下水管道、上水管道、游泳池，甚至玻璃窗户等须进行压力水通水试验，检验是否漏水，称之为“试漏”。）

1. 用作试漏的水应尽可能循环再用。

2. 消毒用的水应尽可能循环再用。

（十）一般工程施工污水

1. 在进行拆卸工程前应将污水渠及雨水渠的接驳处密封。

2. 一般情况下，建筑工程施工中产生的污水须经沉淀池及/或先进污水处理设备才可排放。

3. 在可行情况下，应将处理后的污水循环再用，如作一般洒水等用途。

（十一）海事工程

1. 疏浚海泥应妥善置于运泥船内，避免满溢或跌入海中。

2. 弃置疏浚海泥前需向政府主管部门（如，环境保护署）申请海上倾倒物料牌照，并按指示倾倒入指定的海上倾倒区。

3. 用作海洋放石的石方，应尽可能不含泥土。

4. 如填料含泥土，应于围边放置隔泥幕墙，以减少受影响范围。

（十二）灌注桩工程（Bored Piling）

1. 灌注桩清洗过程中产生的污水，应尽可能经沉淀池沉淀后循环再用。

2. 如最后必须将污水排放，应经沉淀池及/或先进污水处理设备处理后才排放。

第四节　建筑工地水体污染的预防及治理方法

为配合世界经济迅速的发展和人口急剧的增加，全世界各大小城市的基本建设由上世纪开始陆续展开，逐渐进入高峰期。据统计，在20世纪80～90年代由建筑工地所产生的污水量在短短数十年间以千倍递增，但碍于当时建筑业的环保意识相对薄弱，有关工地的污水处理工作往往被疏忽，造成了水体污染。所以，在90年代初，随着人类的环保意识提高，有关建筑工程在预防及治理污水工作方面渐渐受到关注及重视，业界亦开始引用新的管理及污水处理方法，投放资源，控制和治理水污染的工作进展迅速，成绩显著。

一般建筑工地污水的防治概念大概可分为预防工作及治理（处理）工作两

类。预防工作指控制及改良某些在工地上可能会产生污染物的施工程序，避免在实施过程中产生水污染物，减少水污染。治理工作指污染物在工地上产生后，加以处理，改变及减低其污染特性，然后排出，以降低被污染的程度。

一、防治概念

要研究工地污水的预防及治理方法，应先了解工地引致水体污染的途径。一般工地造成水体污染的途径可概括如表4-4-1：

工地造成水体污染的途径　　表4-4-1

	工地水体污染的途径	实　例
途径1	工地——————————>污水——————————>水体污染 施工过程中造成污染物　　排出	磨桩工程污染、钻探、洗屋面、填海抓泥
途径2	工地——————————>污染物————>在弃置地方污染水体 施工过程中制造污染物　　弃置	弃置疏浚海泥
途径3	工地外的水体————>工地—————>污水————>水体污染 进入工地　　混集工地物质　　排出	降雨径流
途径4	工地产生生活废水————————————————>水体污染 排出	食堂及厕所废水
途径5	工地——————————>污水——————————>水体污染 施工过程中造成污染物　　意外事故泄漏	山洪暴发

从表4-4-1可见，造成水体污染往往涉及多个步骤：由工地产生污染物质、混集工地物质、直至排出或弃置到环境，最后造成水体污染，一个步骤紧接另一个。倘若整个途径的其中一个步骤折断（即箭号“------>”被中断），水体污染则将不会构成，防治工地污水的工作一般根据这个防治概念，达到防治水体污染的目的。

二、防治方法

防治工地产生水体污染的方法包括多方面，本节针对上述污染途径的每一个步骤，系统化阐述有关治理方法的概念，作出讨论。

（一）避免在施工过程中产生污染物

在工地施工期间往往产生大量的污染物，倘若在施工时能防止制造污染物，水体污染亦随之而避免。涉及工地生产污染物有以下两个途径，如图4-4-1：

在现今科技日新月异的年代，为避免在施工过程中产生污染物，工地往往引进新颖的施工方法及施工设备，其新方法及设备常考虑到施工时所产生的污染问题，减少对环境的污染，有关方法及设备如下：

1. 改良施工方法

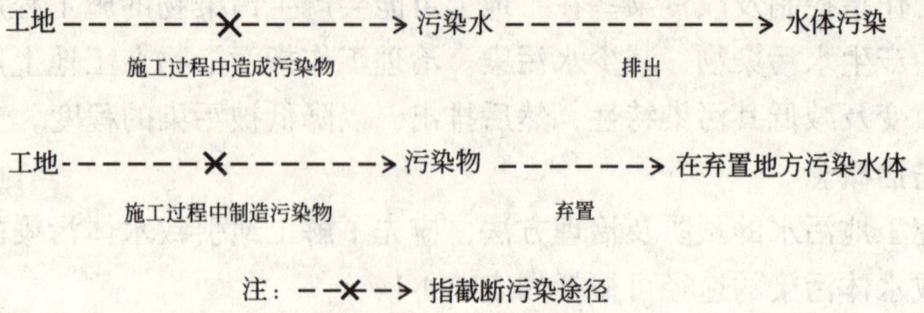

工地 - - - - - - ✕ - - - - - - - > 污染水 - - - - - - - - - - - - > 水体污染

施工过程中造成污染物　　　　排出

工地 - - - - - - ✕ - - - - - - - > 污染物 - - - - - - - > 在弃置地方污染水体

施工过程中制造污染物　　　　弃置

注：- -✕- -> 指截断污染途径

图 4-4-1　截断水体污染途径当中的步骤（制造污染物）

改良施工方法指转变沿用的施工程序，选择部分不会或较少产生污染物的施工方法作代替，而不偏离工程项目的原定目标。举例，利用“打纸带”（Band drain）代替沿用的疏浚工程。碍于海床的泥土一般欠缺承托力，填海工程往往需要在整个施工范围疏浚（即挖掉）所有欠承托力的泥土（海泥），以避免地基下陷，为此，大量的污染物在疏浚期间污染海洋水体。然而建筑界为顾及环境问题，实施另一个环保施工方案——“打纸带”，取代传统的疏浚海泥工程，减少产生海泥。“打纸带”以土质纺布（Geo-textile）简称“土方布”，将需要疏浚的海泥在海床覆盖，再以“纸带”穿过土质纺布垂直打入海泥，排出海泥的水分，增加海泥的坚硬度及承托力，省却疏浚海泥的工序，避免因处理海泥而造成的水体污染。

2. 循环再用污染物

循环再用污染物指将工地上产生的污染物在该范围内妥善利用，将原有需要被处理的水体废物重新调配及利用，污染物由原本的“废物”性质转化成“非废物”性质。

在工地上常因工程制造大量污水，例如磨桩、钻探、洗屋面等，要是将有关的污水循环再用，好让污染物在工地内自行消化/吸收，不仅可以减少污染物的数量，亦大大节省花在用水方面的资源。工地上常见的循环再用污染物例子包括有循环使用磨桩水、钻探水、洗屋面水以作浇湿工地作降尘之用和作清洗出入车辆之用等等。

（二）在排放点（末端）处理污水

排放点或末端处理是指在污染物排放前的最终点作处理，改善污水的质量后才排放，这是工地常见的污水治理方法。排放点处理方法虽是一种补救措施，但可以立竿见影，有明显经济和环境效益。

涉及工地污水在末端排放的途径有以下 3 种（如图 4-4-2）：

1. 处理污水技术概念

工地末端所排放的污水所含的污染物是相当复杂的，其物理性质和化学性质各不相同，存在的形式、浓度也不相同。处理方法大体上可分为两类：一类是通

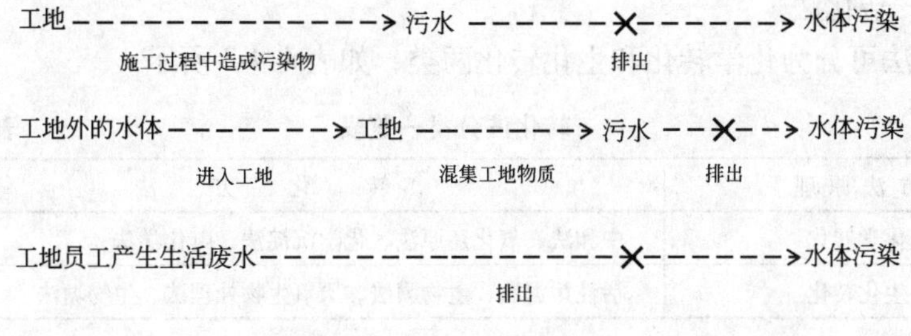

图 4-4-2　断截有关水体污染途径（排放）

过各种外力作用把污染物从废水中分离出来，称为“分离法”。另一类是通过化学或生化作用使污染物转化为非污染物或分解成其他物质，称为“转化法”，见图 4-4-3。按处理的原理不同，习惯上将污水处理方法分为物理法、化学法、物理化学法和生物化学法等。

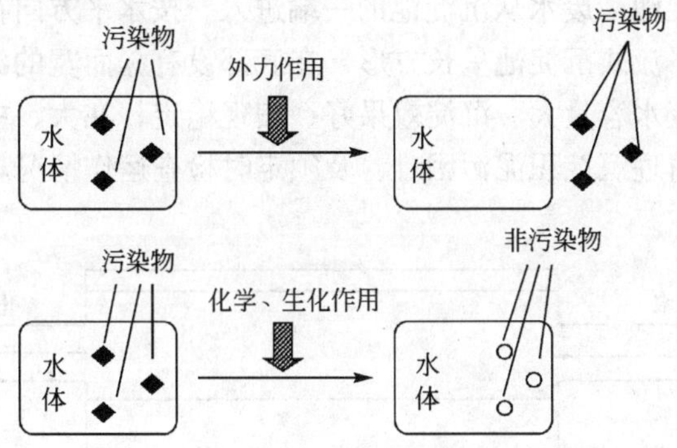

图 4-4-3　处理污水的方法

（1）分离法

工地的废水污染物有各种存在形式，大致可分为在离子态、分子态、胶体状态和悬浮物状态。污染物的多样性和特异性，决定了分离方法的多样性，污染物的分离法如表 4-4-2。

分离法分类一览表　　表 4-4-2

污染物存在形式	分　离　方　法
离子态	离子交换法、电解法、电渗析法、离子吸附法、离子浮选法
分子态	萃取法、结晶法、精馏法、吸附法、浮选法、反渗透法、蒸发法
胶体	混凝法、气浮法、吸附法、过滤法
悬浮物	重力分离法、离心分离法、磁力分离法、筛选法、气浮法

（2）转化法

转化法可分为化学转化和生化转化两类，如表 4-4-3 所示。

转化法分类一览表 **表 4-4-3**

方法原理	转化方法
化学转化	中和法、氧化还原法、化学沉淀法、电化学法
生化转化	活性污泥法、生物膜法、厌氧生物处理法、生物塘法

对于哪种废水采用哪种处理方法进行组合，要根据废水的水质、水量以及技术与经济指标等才能确定。

2. 污水处理技术-物理处理方法

（1）沉淀池

沉淀池是工地污水处理中最基本及最简单的处理设施。工地污水中的绝大部分的悬浮固体均可被沉淀池除去。按水流方向，沉淀池可分为平流式和竖流式。

i. 平流式沉淀池 - 废水从沉淀池的一端进入，按水平方向在池内流动，从另一端流出。一般平流式沉淀池呈长方形，在底部设有深而宽的泥斗。这种池的优点是建造容易、废水容量大、沉淀效果好、表现稳定，在大、中、小型工地上均可采用。缺点是清理沉淀积泥污困难，及须定时检查运作情况。典型装置如图 4-4-4 所示。

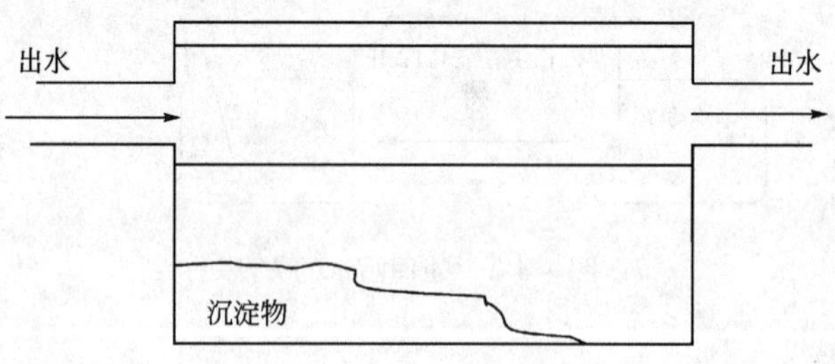

图 4-4-4 平流式沉淀池

ii. 竖流式沉淀池。竖流式沉淀池呈倒圆锥形或倒金字塔形，废水以管道从池中央引入，再在池内由下向上流动，悬浮物因万有引力往下沉，清水向上方流，并由池顶的排水口排放。竖流式沉淀池排泥容易，不需要机械刮泥设备，便于管理，但操作难度大、造价高、池容量小和水流分布不均匀。竖流式沉淀池适用于中、小型地盘污水处理。

（2）隔油池

油的相对密度一般都小于 1，并在水中呈悬浮状态，故此，一般工地利用这种油的特性作为分离油脂及水的方法，这类引用水油分隔概念的处理设施被称为隔油池。隔油池的种类很多，工地一般采用普通平流隔油池。

普通平流隔油池与沉淀池相似（见图4-4-5、图4-4-6），废水从池的一端进入，从另一端流出，由于池内的污水流动速度很慢，污水中的油脂在浮力作用下上浮，并聚集于池的表面，并且被设在池中央的油格规限在池的一端，清洁的水由通道的底部通往另一端的隔油池，然后排放。水平隔油池结构简单、表现稳定，可去除的最小油珠的粒径为100～150微米。

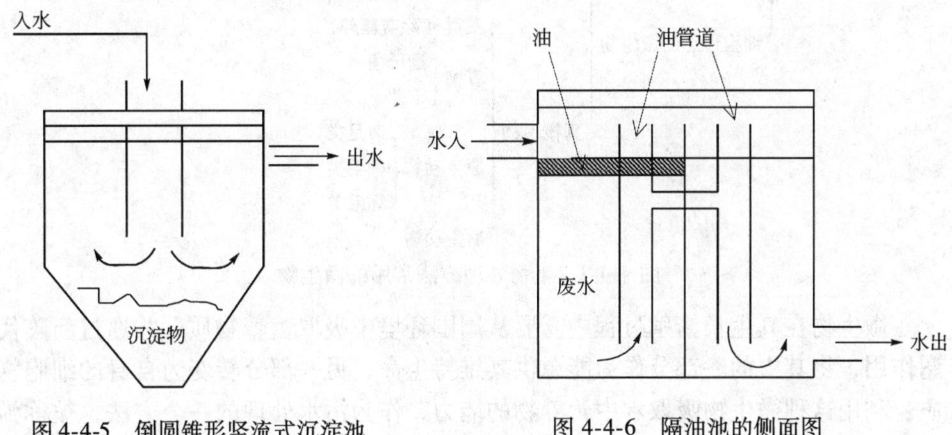

图4-4-5 倒圆锥形竖流式沉淀池

图4-4-6 隔油池的侧面图

3. 污水处理技术——化学处理方法

化学处理方法是利用化学反应作为去除污水中的污染物的一种技术。主要处理对象是污水中无机的和有机的（难以生物降低和分解的）溶解污染物质。有关化学处理方法有以下2种：

（1）中和法

中和法是利用碱性或酸性药剂将酸性污水或碱性污水调整到接近中性的处理方法。以工地上的污水而言，碱性污水量较酸性的污水量多，碱性污水常采用酸性物质和药剂进行中和处理。常用的药剂有硫酸、盐酸和果酸等，其中硫酸的价格较低、应用最广。盐酸及果酸的优点是反应物溶解度高，沉渣量少，但价格较高。

（2）化学沉淀

化学沉淀法是在污水中投加某些化学药剂，使水中溶解性物质发生化学反应，容易沉淀，然后加以分离的方法，将清水分隔及排放。化学沉淀法的主要三个步骤包括添加化学沉淀剂、沉淀剂与污水的混合反应过程和清水分离等步骤。化学沉淀设备有沉淀池和泥渣处理等辅助设施。化学沉淀法的优点是经济简便、药剂来源广，因此，能处理高浓度的悬浮固体污水。

4. 污水处理技术——生物处理方法

生物处理的概念是利用微生物的代谢作用把污水中呈溶解状态的有机污染物转化为无机物，使之无害。污水生物处理的主要运作赖以细菌，在污水生物处理微生物群体中，细菌对有机的转化起决定性作用。在生物处理方法中常用的微生物可见图 4-4-7 所示。

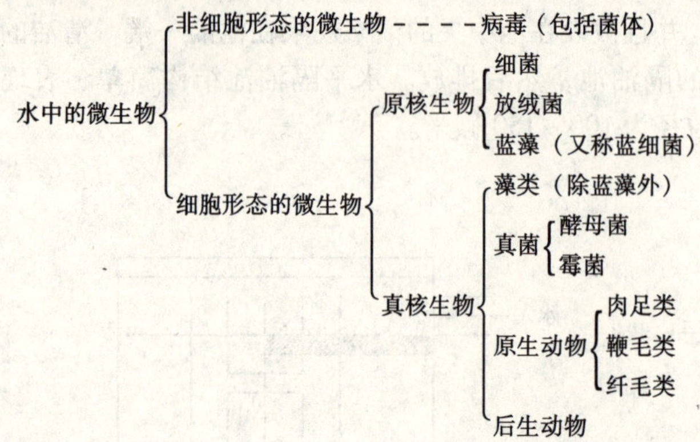

图 4-4-7　生物处理方法常用的微生物

微生物在其生长繁殖过程中需要从周围环境中吸取营养物质，并通过新陈代谢作用，将其中的一部分作为能源供其维持生命，另一部分转变为自身的细胞物质。利用这种微生物吸取水中营养物的能力，作为污水处理的一个方法，被称为“生物处理方法”。

营养物在环境科学上主要包括氮和磷，研究指出，过量的氮、磷会引起水体富营养化。生物处理方法去除氮、磷技术有以下两种。

(1) 生物处理方法——除氮

微生物除氮主要是通过细菌的硝化和反硝化作用，在带氧条件下，一类“亚硝化菌”和“硝化菌”将污水中的氨态氮（NH_3-N）转化为亚硝酸盐（NO_2^-）和硝酸盐（NO_3^-），这个阶段称硝化阶段，继而在无氧条件下，一类“反硝化菌”将硝化过程中产生的硝酸盐氮和亚硝酸盐转化为氮气（N_2），这个阶段称反硝化阶段。微生物的除氮必须要经过带氧条件下的硝化阶段和无氧条件下的反硝化阶段，才把 NH_3——N 转化为无毒的氮气。影响除氮技术的因素有细菌数量、污水中的食物、溶解氧、pH 值和温度等，一般除氮的过程见图 4-4-8。

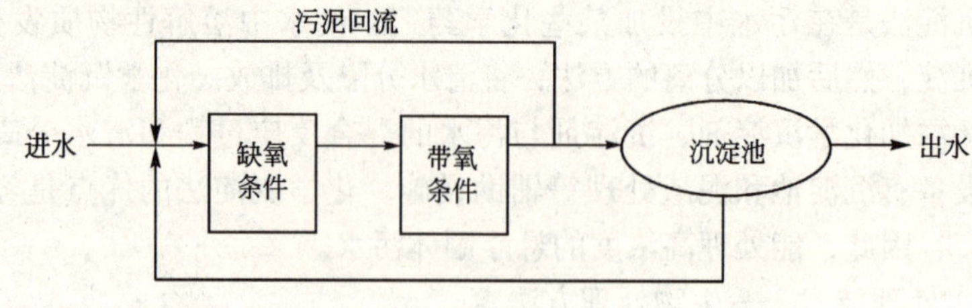

图 4-4-8　一般除氮的过程

(2) 生物除磷技术

近年研究和开发的污水处理技术应用中，多数除氮技术往往具有同时除磷的效果。污水先流入无氧池与回流的污泥混合，在混合池内加入“聚磷菌”，以将污水中的磷吸收于细胞内，达到除磷。

(三) 减少及防止水体进入工地

工地往往因雨水降到工地附近的山坑、斜坡而引致大量水体涌入，冲刷土质及其他污染物（如化学品），造成污水。“减少及防止水体进入工地”指在水体未进入工地前安排疏道设施，使雨水绕过工地排放，避免水体进入工地，产生污水。如图 4-4-9。

工地外的水体 --×--→ 工地 ----------→ 污水 ------→ 水体污染
进入工地 混集工地物质 排出

图 4-4-9 断截有关水体污染途径（防止水体进入工地）

为减少及防止水体进入工地，应在工地外围设置明渠，收集雨水，计算有关雨量，设计合适的雨水渠，避免产生污染物。

(四) 减少外来水体混集工地物质

雨水直接降到地盘上，大量积存，混集工地的物质，涌出外围，造成污染。“减少外来水体混集工地物质”的意思指雨水进入工地后，采取适当措施将雨水与工地物质隔开，避免互相混集，产生污水。见图 4-4-10 的途径：

工地外的水体 ------→ 工地 ----×-----→ 污水 ------→ 水体污染
进入工地 混集工地物质 排出

图 4-4-10 断截有关水体污染途径（防止水体混集工地物质）

每年雨季，当进行挖掘工程时，临时斜坡可考虑以帆布一类的不渗水物料覆盖，防止雨水混集沙泥，同时妥善安排工期，尽快完成及回填泥土。工地内通道用碎石或混凝土铺设，进行压实、喷草或以喷浆处理，避免雨水冲刷而产生污水，工地上妥善存放化学品及化学废料、车辆及机械维修处等应设在室内，避免被雨水洗涤。

(五) 规范弃置污染物

规范弃置污染物是指订定一个区域作为污染物储存，而储存地方必须位处远离敏感区（包括人类居所），意图集中污染物的源头，避免污染物四处放置，减少对环境造成污染的可能性。在工地上常产生大大小小的污染物，如化学废物、生活废物及疏浚工程所产生的海泥，其污染途径是由工地产生污染物，被弃置后在弃置地方污染水体。正如图 4-4-11 的途径：

工地 ----------------------→ 污染物 -----×-----→ 在弃置地方污染水体
施工过程中制造污染物 弃置

图 4-4-11 断截有关水体污染途径（弃置污染物）

实施规范污染物弃置的方法，目的是方便集中治理与分段治理污染物。在一些较难处理的污染问题时，包括地方及时间不足而无法将污染物处理而排放，污染物集中控制是其中一个选择，以防止有关的污染物大幅扩散。

有关须规范弃置的废物包括化学废物、生活废物及海泥。其中化学废物及生活废物将于第七章讨论，而疏浚工程的海泥处理方法如下：

国际上，不同国家有不同的海泥污染物弃置方法，就香港的情况而言，整个处理安排乃根据《海上倾倒物料条例》，将有关海泥分为三组：低污染组别（category L）、中污染组别（category M）及高污染组别（category H）。

不同组别的污染泥须倾倒于不同地方。污染程度相对较低的海泥可以卸置于较开放的海域及相对较近海洋生物聚居的海床卸置区。而污染量较高的海泥则必须倾卸在密封式海泥卸置区，此类卸置区是经详细的研究后，确认该区的海洋生态并不丰富及有较高的污染忍耐力，而且海床存有大大小小的洼洞可作储存区，较有毒性的海泥放置于洞内后再以清洁的海沙密封洼洞，密封后的洼洞表面将再次提供地方给海洋生物作栖息，因而一个新的海洋生态系统将在区内再次建立，污染物对四周环境的压力亦得以舒缓。

（六）防止因意外事故泄漏污染物

在地盘建立有关环保管理计划，必须加入有关因意外事故而造成水体污染的紧急应变措施，以减少对环境的污染，第三章环保管理系统已作出有关防止意外事故泄漏污染物的详细阐述，此处不再重述。

第五章　建筑工地的空气污染及控制处理

大气层覆盖整个地球表面，由地平线一直伸延到上空1400公里外，形成一个气体保护膜，护泽大地生物，是地球不可或缺的必然元素，且乃万物无不赖以生存之必要条件。

随着社会经济迅速发展，工业、汽车排放和人类生活等各种人类活动，释放出大量有害物质，其浓度超过大气的自净能力，改变了空气中的物理、化学及生物特性，造成空气污染。

据全球环境空气监测结果显示，在都市的空气污染物含量，比十年前同期上升26%，其中以尘埃污染问题尤其严重。目前，各种建筑工地遍布世界，部分地区仍存在施工不文明、不科学，存在对空气污染监施工员作和防治措施不到位的情况。

空气质量与人类的健康息息相关，对人类的生存与发展有着举足轻重的影响，现今社会，研究空气污染及其控制方法已得到全人类的高度重视，建筑工地表面裸露，各类建筑材料和废物堆放杂乱无序，成为空气污染的源头。建筑工地的空气污染问题更被纳入其中主要讨论的范围之一。

本章将就建筑工程在实施过程造成的空气污染的种类，对人类的危害以及对空气污染的监施工员作和防止方法进行专门的论述。

第一节　建筑工程常见的空气污染物

空气由多种气体组成，成分气体主要包括氮、氧、二氧化碳、氩、水蒸气等。其正常比例见表5-1-1：

空 气 的 成 分　　表5-1-1

气体类别	含量（%）*	气体类别	含量（%）*
氮（N_2）	78.09	氦（He）	5.24×10^{-4}
氧（O_2）	20.95	氪（Kr）	1×10^{-4}
氩（Ar）	0.93	氢（H_2）	0.5×10^{-4}
二氧化碳（CO_2）	0.03	氙（Xe）	0.08×10^{-4}
氖（Ne）	18×10^{-4}	水蒸气（H_2O）	0.02～6

注：*以体积计。

当在空气内渗杂了非成分气体，或成分气体的浓度异常高于或低于正常比例，则称之为“ 空气污染”。空气污染的源头是多方面的，主要包括汽车废气及工业活动的排放。建筑工程虽然并非最大的污染源但对空气亦会构成一定程度的影响和污染。

建筑工程常见的空气污染物可分为五种：颗粒污染物、气态污染物、二次污染物、石棉及消耗臭氧层物质。另外，建筑工程排放大量的二氧化碳，对环境有深远的不良影响。

一、颗粒污染物

颗粒污染物是泛指固体粒子和液体粒子的空气污染物，主要来源包括各建筑工程项目实施过程、车辆废气、机械废气、土壤风化作用产生的沙尘等。

一般量度此类污染物的参数是总悬浮粒子（Total Suspended Particulate，简称TSP）和可吸入悬浮粒子（香港称 Respirable Suspended Particulate，简称 RSP，外国称粒子物 Particulate Matter 简称 PM_{10}，有关 PM 旁的下标数字“10” 是表示有关粒子物的直径上限）。

总悬浮粒子是空气中直径少于 100 微米的微细粒子，而可吸入悬浮粒子是空气中直径在 10 微米及以下的悬浮粒子。

直径大于 10 微米的微细粒子对健康的危害较少，因为通常会被上呼吸道筛滤而不能进入，其负面影响主要会引起尘埃滋扰及弄污地方。而直径少于 10 微米的微细粒子因为可深入肺部，会造成呼吸系统的慢性或急性疾病。偏高的可吸入悬浮粒子，加上其他的污染物亦在高水平，会加剧对呼吸系统的不良影响。除对健康构成影响外，可吸入悬浮粒子会使空气能见度降低，可导致交通意外和造成经济损失。

美国环境保护局甚至量度直径少于 2.5 微米的微细粒子（即粒子物 Particulate Matter 少于 2.5 微米，简称为 $PM_{2.5}$）在空气中的含量，因为根据研究发现 $PM_{2.5}$对健康有很大的影响，较细的微粒更容易的进入呼吸系统深处。颗粒污染物能吸附燃烧中排出的强致癌性物质 - 多环芳烃（英文是 Polyaromatic Hydrocarbons，其简称取“Poly”,“aromatic” 及 “Hydrocarbons” 3 个首字母，成为 PAHs）等碳氢化合物，与肺癌的发病率有直接的关系。

在建筑工程实施过程中，许多施工程序亦会产生颗粒污染物，其中包括：

- 工地内物料的搬运及堆放——特别是处理易生尘的物料，如水泥、混杂粉粒的石料等等。每当卸货时，物料由高点跌下至低处地方时，其中较轻的物料会被扬起，形成飞尘。工地常见情况有运泥车卸土及运输船只于码头卸料。堆放的物料，遇上阵风亦会引致尘土飞扬。
- 扬尘工序 -某些特别工序进行时，例如结构清拆、土方开挖回填、水泥处理、钻探、碎石、打磨、切割、垃圾清理等等，过程无可避免产生尘埃。

- 工地路面扬尘——工地内的临时运输通道大多是泥土铺设而成，当车辆驶过，每每扬起泥砂，顿成尘土飞扬。一些因素亦会加剧尘埃产生；信道流量、车辆速度、风速、空气湿度、温度等。

二、气态污染物

顾名思义，气态污染物是以气态形式进入空气的污染物。一般的污染源包括燃料燃烧及车辆废气。主要的气态污染物包括二氧化硫（Sulphur Dioxide，SO_2）、氮氧化物（Nitrogen Oxides，NO_X）、一氧化碳（Carbon Monoxide，CO）、碳氢化合物等。

二氧化硫是无色的气体，而且相当容易与其他气体产生化学作用，例如在有水分的环境下二氧化硫立即转化成硫酸，在有氧的环境亦可转化成三氧化硫，是一种容易产生作用的气体。二氧化硫在低浓度时是无臭，但在极高浓度时却有刺激性酸味，主要是由燃烧含硫矿物的燃油（如柴油）所产生。二氧化硫对人体的结膜和上呼吸道黏膜有强烈刺激性，会损伤呼吸器官的正常功能并可引致支气管炎、肺炎，甚至肺水肿和呼吸道麻痹。短期接触含二氧化硫浓度为0.5毫克/立方米空气的老年或慢性病患者死亡率将增高，浓度高于0.25毫克/立方米，可使呼吸道疾病患者病情恶化。长期接触浓度为0.1毫克/立方米空气的人群可使呼吸系统病症增加。另外，二氧化硫对金属材料、房屋建筑、棉纺化纤织品、皮革纸张等制品容易引起腐蚀、脱层、褪色甚至损坏。

以空气污染角度来说，氮氧化物（NO_x）其实主要是指一氧化氮（Nitrogen Monoxide，NO）及二氧化氮（Nitrogen Dioxide，NO_2）。一氧化氮是一种无色无味且不稳定的气体，而二氧化氮是一种腐蚀性高和氧化能力强的浅啡色气体，浓度高时会含刺激性酸味。它们通常由燃烧矿物燃油产生，在燃烧过程中，燃料中的氮会被氧化而释出一氧化氮，一氧化氮是一种不稳定的化学物，很快便会再氧化一次，产生二氧化氮。长期接触二氧化氮会降低抵抗呼吸系统疾病的能力，并且令有慢性呼吸系统疾病的病患者病情恶化。另外，二氧化氮可和活跃的有机化学物质如挥发性的有机化合物（Volatile Organic Compounds，简称VOC），在阳光下生成臭氧，因此二氧化氮是市区霞气或光化学雾的主要成分。

一氧化碳是无色、无嗅、无味的气体，是在不完全燃烧的情况下产生的副产品，主要来自车辆及各种机械排放的废气。此类污染物一旦进入血管内，会与红血球结合，附有一氧化碳的红血球细胞将不会吸附氧气，使输送到身体各器官及组织的氧气量减少。吸入过多一氧化碳而中毒者会有吸呼困难、胸痛、头痛及丧失协调能力，严重者更会死亡。此外，它对心脏病患者的健康影响会较大。

建筑工程实施过程中造成的气态污染物其来源有以下三方面：

- 挥发性有机化学品的使用——如沥青含有多种有机物，在铺设马路过程中，沥青会被加热，热力将其中的含有的有机物挥发，造成空气污染。其他施工工序在作业过程中也经常会用上挥发性有机化学品，例如油漆稀释液、汽油、模板油等。它们挥发出的一些有机物质也会造成空气污染。

- 内燃机机械操作——工地内的机械，如柴油发电机、空气压缩机、推土机、挖土机、起重机多数由燃料燃烧推动，燃料经燃烧后排出废气，这正是空气污染的来源。废气中的气态污染物包括：二氧化碳、一氧化碳、氮氧化物、二氧化硫、未燃烧的碳氢化合物及碳微粒。
- 运输通道上车辆排放的废气，形成气体污染物，这是空气污染的另一来源。

三、二次污染物

上两种污染物都是直接从污染源排放出来，而二次污染物（Secondary Pollutant）是指由以上两种污染物经过一些化学作用产生的污染物，典型例子是以臭氧（Ozone，O_3）为主要成分的光化学烟雾（Photochemical Smog），氮氧化物及挥发性有机化合物在阳光及和暖温度下，产生一连串的光化学反应，形成光化学烟雾。其他气象条件（如低风速、空气污染物向上移动受到限制等）会不利于污染物的扩散，形成高浓度的臭氧。

在对流层中，臭氧被视为污染物，因为对流层中空气的天然成分不包括臭氧在内。另外，它是一种强烈的氧化剂，低浓度的臭氧会刺激眼睛、鼻和咽喉。高水平的臭氧更会增加人体呼吸系统感染疾病的机会，亦会令有呼吸系统疾病患者病情恶化。

建筑工地内内燃机在工作时排放出的氮氧化物也是二次污染物产生的重要因素。

四、石棉（Asbestos）

石棉是一组天然纤维的硅质矿物的泛称。最常见的是温石棉（白石棉）、铁石棉（褐石棉）及青石棉（蓝石棉）。因具有良好地隔热、隔电、吸声、防漏及防火的特性，在20世纪80年代中期之前，石棉被广泛应用在各种建筑物料，见（表5-1-2）：

石棉在各种建筑材料上的应用　　表5-1-2

特性/用途	建筑材料
隔热	蒸汽及热水管、热水器、锅炉、火炉、烟囱、通烟管道等的隔热材料
隔电	电掣箱电弧槽垫片、电线槽
吸声	喷在天花及墙壁上的吸声灰泥
防火	墙身孔道及地板开口处的填料、实验室台面、防火毡、防火帘
建筑物料	用作覆盖屋顶的波纹水泥瓦片（石棉瓦）、墙板、水泥屋面沥青天台防水毡、胶地板、水泥污水管、水泥水管、垃圾倾卸槽、天花板

续表

特性/用途	建 筑 材 料
作制动用的摩擦用品	制动器衬片、离合器面层
屋宇设备	空调系统管道避振接口、缆槽及管道、蓄水箱
密封及接合防漏	衬垫、泵及阀的压盖填料、油灰、黏着剂

（资料来源：香港环境保护署网页）

可是，研究发现石棉可分裂成非常微细的纤维，在释出后会长时间浮游于空气中，吸入的石棉纤维可多年积聚于人体内，并可引致肺癌、胸膜或腹膜癌（或称间皮瘤）、石棉沉着病（因肺内组织纤维化而令肺部结疤）等，一般要在暴露于石棉后约10～40年才有病征出现。

在20世纪80年代中期以前建成的旧式楼宇或僭建物很多都用含有石棉的物料或材料。而这些物料含石棉与否，一般人士是不能单靠外观或颜色分辨出来。当含石棉物料完整无缺及未受干扰的时候，一般不会危害健康，但如需进行有关结构的拆卸或改动该结构的工程时，便会散发一些纤维微粒，如处理不当，石棉纤维将会散布于空气中，被人类吸入体内，严重危害健康。

因石棉对人类有以上所述的健康危害，现时制造的各类建筑产品大部分均不含有石棉，随着旧建筑物及僭建物的陆续拆卸，石棉用于建筑工程中的情况越来越少。

五、消耗臭氧层物质

常见的消耗臭氧层物质包括氯氟烃（Chlorofluorocarbons，简称CFCs）、哈龙（Halon）、四氯化碳（CCl_4）、氢氯氟烃（Hydrochlorofluorocarbons，简称HCFCs）、溴氟烃（Hydrobromofluorocarbons，简称HBFCs）等。

各种消耗臭氧层物质有四大主要共同点，一是人造化学物，在大自然中不会产生；二是均含有卤族元素，即氟（Fluorine，F）、氯（Chlorine，Cl）或溴（Bromine，Br），当中以氯原子对消耗臭氧层的危害最大；第三个相同之处是它们会对臭氧层造成损害；最后的共同点是它们化学性质稳定，不容易被生物分解，在大气内往往可存在数年甚至百年以上（见表5-1-3）。

数种对臭氧层有严重影响的化合物 **表5-1-3**

化 学 物	来 源	大气中的寿命（年）
氯氟烃 CFC-11（$CFCl_3$）	制冷、火箭的燃料气溶胶	50±10
氯氟烃 CFC-12（CF_2Cl_2）	溶剂、发泡剂	110±10
氯氟烃 CFC-13（$C_2F_3Cl_3$）	溶剂	85±5
哈龙 1211（CF_2BrCl）	灭火器	18

续表

化学物	来源	大气中的寿命（年）
哈龙 1301（CF_3Br）	灭火器	>50
哈龙 2402（CF_2Br_2）	灭火器	2~3
四氯化碳（CCl_4）	生产 CFC 及粮食熏烟处理	40

对于建筑工业来说，接触到消耗臭氧层物质的机会相对较其他工业为小。有机会在建筑工程中应用这类物质包括有哈龙、氯氟烃 CFCs 及氢氯氟烃 HCFCs。

哈龙的正式名称是含溴氟烷，常见的哈龙包括哈龙 1301（CF_3Br）、哈龙 1211（CF_2BrCl）和溴代甲烷（CH_3Br），前两者在大气中有 20~65 年的寿命。以往主要应用在灭火剂上，例如手提式灭火筒。不过，香港为履行 1985 年《保护臭氧层维也纳公约》及 1987 年《关于消耗臭氧层的物质的蒙特利尔议定书》，政府于 1989 年 7 月制定《保护臭氧层条例》，并于 1994 年 1 月 1 日开始禁止哈龙进口供本地使用。因此，在香港哈龙的使用已极为有限。

氯氟烃 CFCs 及氢氯氟烃 HCFCs 均是被广泛利用的物质，例如制冷剂（占 31.1%）、发泡剂（占 20%）、清洗剂（占 14.6%）、喷雾剂（占 19.7%）、灭火剂（占 2.0%）以及溶剂等。对于建筑工程来说，它主要是来自制冷剂及灭火剂。

消耗臭氧层物质虽然对人体无害，但却对环境造成极大的伤害，因为它们会破坏臭氧层，部分物质更会加速温室效应。另外，应根据其化学结构，部分的消耗臭氧层物质会吸收红外线，并将其能量贮存及重新放出，令大气温度上升，加剧温室效应，使地球暖化，因此被联合国气候变化框架公约称为温室效应气体，或称为温室气体。

六、二氧化碳

根据本节开始时候所述的定义，二氧化碳严格来说不可以视为空气污染物，因为空气的天然成分中含有 0.03% 的二氧化碳。但是，二氧化碳是数量最大的温室气体，对环境的影响是不容忽视的。

它的来源跟大部分的空气污染物的来源一样，均是各种机械及汽车的石油类燃料燃烧后的产物。

二氧化碳是一种无色无味的气体，对人体无显著的毒害，它既不可燃，也不助燃，化学性质稳定，不发生任何化学反应，一般在大气圈中停留 5~10 年。

第二节　空气污染的危害

空气污染的影响是多方面的，最直接的是对人类健康的影响。从宏观角度考虑，空气污染的影响广泛而深远，例如近十数年来议论纷纷的酸雨、温室效应及对臭氧层的破坏等都是因为空气受到污染的结果。

一、对人类健康的影响

空气污染对人类最直接的影响是对健康的伤害，在第一节介绍各种常见污染物中已有提及，故不在此详细讨论。

空气污染物对人类健康的影响分类有两种：直接影响和间接透过其他途径影响。直接影响是指应根据污染物本身的特性及毒性而直接地引起健康问题，例如吸入颗粒物质会引致呼吸道炎。而间接影响是指污染物透过一些途径而产生一些足以影响健康的因素，如氮氧化物在强烈紫外线辐射下产生光化学烟雾而刺激呼吸道等器官，又例如消耗臭氧层物质会令地面接收到的紫外线辐射增强，从而引起白内障及皮肤癌等问题。

另一种影响分类方法则是以其引发急性或慢性疾病而分类。根据毒理学理论，急性疾病一般是因为暴露于高浓度的污染物当中，应根据不同的浓度和进入身体途径，而引起不同急性病症状，例子如吸入较低浓度的一氧化碳会引致头晕、头痛、恶心和感到疲劳，但如吸入高浓度一氧化碳会中毒引起甚至死亡。而慢性疾病是因长期及重复地暴露于低浓度的污染物当中，长年累月的堆积而引起人类出现各种慢性病变。具体见表5-2-1。

不同的空气排放物对健康的直接和间接影响与及所引起急性和慢性病变 表5-2-1

排放物	直接影响		间接影响	
	急性	慢性	急性	慢性
颗粒物质	●咳嗽； ●呼吸道不适； ●呼吸道炎	●气管炎等呼吸道疾病； ●肺癌（如含PAHs）		
二氧化硫	●呼吸道炎； ●急性中毒； ●咳嗽； ●呼吸道红肿	●支气管炎； ●哮喘病； ●肺气肿； ●心脏病恶化； ●肺癌		●酸雨使重金属释放出来，如经食物链进入人体，可致中毒，甚至诱发老人痴呆症和癌症
氮氧化物	●降低血液的输氧功能； ●强烈刺激呼吸器官，引起急性哮喘病； ●在肺泡表面形成亚硝酸及硝酸，产生刺激及腐蚀作用	●气管炎等呼吸道疾病	●在强烈紫外线下，与挥发性有机化合物发生化学作用，产生光化学烟雾，刺激眼、鼻、咽喉、肺和气管等器官； ●视力减弱（低浓度光化学烟雾）； ●全身疼痛、肺气肿等（高浓度光化学烟雾）	●光化学烟雾引起气管炎等呼吸道疾病

续表

排放物	直接影响		间接影响	
	急性	慢性	急性	慢性
一氧化碳	• 阻碍血红蛋白向体内供氧； • 头晕、头痛、恶心和疲劳； • 中毒及死亡（高浓度）	• 心脏病恶化		
臭氧	• 刺激眼、鼻、咽喉、肺和气管等器官； • 视力减弱（低浓度）； • 全身疼痛、肺气肿等（高浓度）	• 气管炎等呼吸道疾病		
石棉		• 肺癌； • 胸膜癌； • 腹膜癌； • 石棉沉着病		
消耗臭氧层物质				• 皮肤癌； • 白内障； • 人体免疫功能下降； • 增加经饮用水和受污染食品传播的传染病
二氧化碳			• 热浪时死亡率上升； • 加速各种致病微生物传播疾病	• 皮肤癌； • 白内障； • 抑制免疫功能

二、酸雨

当天然降水（包括降雪）的酸碱值（pH）低于5.6时，其降水称为酸雨。引起降水酸化的主要物质是二氧化硫及氮氧化物，而主要产生这两种物质的是人类的工业活动，尤其是以煤为矿物燃料的发电厂。

发电厂使用的矿物燃料跟汽车使用的汽油或油渣的化学成分是不相同的，前者的含硫量会比较多，导致排放物中的二氧化硫亦会较多。

酸雨的最主要构成物质是二氧化硫，因为二氧化硫这种气体比其他气体（包括氮氧化物）更容易溶解在雨水中，会形成硫酸及亚硫酸，造成雨水酸化。

酸雨是一项地区性的空气污染问题，其影响是多方面的：

（一）影响人体健康

酸雨的频繁发生会对人体的呼吸道有不良影响，根据一些研究显示，在酸雨及酸雾频繁发生的地区，呼吸道患病率高于无污染地区 20 % 以上。长期食用受酸雨影响的蔬菜、瓜果亦会对人体构成影响。另一方面，雨水酸化会释放泥土中的重金属，如重金属进入饮用水水体，会影响人体健康。

（二）严重腐蚀建筑物和室外材料

据研究报告显示，暴露在室外的铁制品会受酸雾及酸雨影响，每年花在维修大桥、电视铁塔、路灯电杆、汽车铁壳、输电铁架的费用会因酸雨酸雾而明显提高。另一方面，经过酸雨淋浇的建筑物的表面会变质，失去光泽甚至变得松散，进而腐蚀建筑物。

（三）对生态环境的影响

酸雨会使水体的物理及化学性质产生变化。由于土壤酸化，使许多动物、植物及微生物不能正常生长，有些动物会改变生活习性，从而使大自然中的生物链发生变化。

三、臭氧层破坏

臭氧层之破坏是近十年来全球注视的热门话题，也使人们开始关注这一全球性的环境问题。

大气中 90 % 的臭氧是分布在距地面 20 ~ 40 公里的平流层中，鉴于大部分的臭氧处于这一层大气中，故将该层称为臭氧层。20 世纪 70 年代中期，美国科学家发现南极上空的臭氧层变薄，且根据卫星和地面观测数据的分析得到证明；1984 年英国科学家根据设在南极哈利湾观测站 30 年的数据进行分析后，首次提出在南极上空出现了一个巨大的“臭氧洞”，洞的大小相当于整个美国大陆。这项重大发现促使世界各地的科学家研究其成因。经过多年的研究，终于发现人类所排放的氯氟烃等物质是造成臭氧层变薄甚至出现“臭氧洞”的主要原因。

消耗臭氧层的物质会破坏臭氧层，是因为它们会跟臭氧发生一连串的光化学反应。以 CFC-11（$CFCl_3$）和 CFC-12（CF_2Cl_2）为例，CFCs 破坏臭氧的机理为：

首先，生产氯氟烃 Cl 原子：　$CFCl_3 \xrightarrow{hv} CFCl_2 + Cl$

$CF_2Cl_2 \xrightarrow{hv} CF_2Cl + Cl$

接着，臭氧 O_3 的破坏：　$Cl + O_3 \xrightarrow{hv} ClO + O_2$

$ClO + O_3 \longrightarrow Cl + 2O_2$

最后，所有臭氧分子变为氧气：$2O_3 \longrightarrow 3O_2$

hv 为太阳能量以推动上述化学作用

溴化物如哈龙的破坏臭氧机理跟 CFCs 的相类似：

$$Br + O_3 \longrightarrow BrO + O_2$$

$$Cl + O_3 \longrightarrow ClO + O_2$$

$$BrO + ClO \longrightarrow Br + Cl + O_2$$

臭氧层之破坏造成多方面的不良影响。现分述如下：

（一）对大气结构的改变

臭氧层不仅是大气的一部分，更主要的是它起着对大气循环和大气的温度平衡的重要作用。大气层的温度随着高度的变化而变化。臭氧在平流层中通过吸收太阳的紫外线辐射和地面的红外线辐射而使大气升温，当臭氧层破坏时会使平流层获得的热量减少，而到达对流层和地球表面的太阳辐射增加，导致对流层的变热而平流层变冷，破坏了地表的辐射收支平衡，使全球气候变化。

（二）对人体健康的危害

臭氧层吸收99 %以上来自太阳的紫外线辐射，臭氧层的损耗会导致到达地表的紫外线辐射增加，这些紫外线辐射会诱发皮肤癌、白内障和令人体免疫功能下降。

（三）对动植物的危害

强烈的紫外线会使农作物和植物受到损害，紫外线（UV-B）辐射的增加会破坏植物和微生物组织、芽孢发育过程和生理功能等，改变植物的叶面结构，使植物的叶面面积缩少，减少了光合作用的有效面积和功能，降低了农作物的产量，有关负作用对长寿植物具有积累负作用。在减少植物光合作用的能力的同时，紫外线亦会减少植物叶片及果实数目，直接影响依赖进食该等长寿植物果实或叶片的动物的生存环境，长年累月，因食物不足而引致部分动物死亡或迁徙，使森林生态系统受到极大的破坏。

（四）对空气质量和建筑材料的影响

强烈的紫外线（UV-B）辐射会加速建筑物、包装、喷绘、雕塑、塑料制品及电线电缆的降解和老化变质，使其变硬、变脆、缩短使用寿命，尤其是一些高分子材料。在阳光强烈、高温、干燥气候下，损害更为严重。估计每年全球由此造成的损失达数十亿美元。

四、全球暖化

温室效应引致全球暖化是多年来最多人讨论及研究、且最惹人关注的环境问题。大气中天然存在的水蒸气和甲烷气等微量气体成分，会一方面让太阳光通过，加热地球表面，另一方面吸收由地球表面反向宇宙空间的远红外线，从而令大气的温度上升，维持地球气温相对平稳，为人类和地球上所有生物提供了适宜的生存温度及气候。这种现象被称为温室效应。

与水蒸气、二氧化碳、甲烷、一氧化二氮（N_2O）和氯氟烃（CFCs）类同，臭氧也是温室气体，它们在大气中的存在只会加剧温室效应，令全球暖化。

全球暖化将给地球和人类带来灾难，包括：

（一）引起气候改变

温室效应引起全球暖化现象，将引起气候和栖息地的改变，热浪频繁侵袭，水患频生，使人类疾病频繁发生，健康受到威胁。

（二）地球上数千种动物频临灭绝

专家指出，在温室效应影响下，物种将陆续灭绝。金蟾（Golden Toad）是首种被确认因温室效应而绝种的物种。金蟾栖息于哥斯达黎加的 Monteverde 原始森林，到 1964 年始被人类发现。金蟾只会在 4～6 月雨季繁殖，因雌雄金蟾要在暴雨后地上的水洼中交配。但气温上升，连续几年雨季没下暴雨令金蟾在 1987 年绝迹，15 年来没有人再见到金蟾。

自 1900 年起，地球表面温度上升了 0.7～0.8℃，若再不控制温室气体排放量，到本世纪末温度估计会再上升 5℃。即使温度上升的幅度只是估计的一半，数千物种亦濒临绝种，造成灾难性后果。世界野生物基金会指出，20 年后北极熊可能会绝种。英国科学期刊《自然》的研究指出，中度的气温上升会令来自六个地区的 1000 个物种的其中 15%～37% 绝种。

（三）冰山、冰川融化，海平面上升，陆地面积减少，威胁人类的生存环境。

南太平洋的瓦鲁岛国的居民于 2005 年上旬见证温室效应带来的后果，那儿的海平面上升，潮水涨得很高，海浪冲破防波堤，淹没了居民的房屋。温室效应是造成海平面上升的主因，现在每年海平面上升约 2 毫米，若全球气温继续上升，土瓦鲁和马尔代夫等低洼国家会被淹没。另外，世界知名的水都威尼斯，也受到水位上升的威胁，可能会淹没于大海中。科学家还预言台湾亦会因海平面上升而加速下沉。

专家们预测，在未来 20～50 年内，地球上一些靠临海洋的国家，陆地面积将可能会减少六分之一。

第三节　空气污染的监管

一、法例监管

为减轻空气污染对人们的健康和生活环境的影响，世界各国政府已订立相关法例，以维护空气质量，保持空气清洁。

现时管制香港境内空气污染的主要法规是《空气污染管制条例》（第 311 章）及其附属规例，另外，为管制消耗臭氧层物质，政府亦制定了《保护臭氧层条例》（第 403 章）。

《空气污染管制条例》（第 311 章）是在 1983 制定，取代了 1959 年制定的《保持空气清洁条例》。其内容除了管制原先受管制的燃料燃烧所产生的排放物，更扩大范围至非燃烧工序所造成的空气污染。其后，经多次修订后，《空气污染管制条例》的管制范围扩大至包括车辆的废气排放及石棉尘的管制等。当然，在复杂的建筑工程运作亦属以上所述的法规所监管，表 5-3-1 详列与建筑工程有关的管制空气污染法例：

与建筑工程有关的管制空气污染法规　　表 5-3-1

条例/规例/技术备忘录	有关要求的简介	适用范围
空气污染管制条例（第 311 章）	限制所有工作场所的空气污染，包括从烟囱、引擎、火炉、烘炉或工厂发出的空气污染物。污染排放标准，是按空气质数指标厘定。 当空气污染物造成滋扰，监察部门可发出消减通知书作出监管	使用柴油、燃料、产生尘埃的建筑活动，发电机所发出的黑烟
发出消减空气污染通知书技术备忘录	详细说明原则、方法、标准及指引，用于评估来自固定污染来源的空气污染	
空气污染管制（燃料限制）规例	限制工业用的液体及固体燃料的含硫量，借以减少排放到空气中的二氧化硫量。 液体燃料的含硫量不能超过 0.5%（以重量计），而黏度在 40 ℃下不超过 6 厘斯托。至于固体燃料的含硫量不能超过 1 %（以重量计）	使用柴油作燃料的固定燃烧来源，例如：柴油发电机
空气污染管制（烟雾）规例	管制烟雾散发于固定燃烧来源的地方，包括烟囱、烘炉和火炉。 要求任何工作场所的黑烟（与力高文图表上的 1 号阴暗色一样黑或较之更黑的烟雾）排放不能超出： 4 小时期间内排放黑烟超过 6 分钟，或 任何一段时间内连续排放黑烟超过 3 分钟	采用燃料作动力的设备，例如柴油发电机、空气压缩机、推土机及起重机
空气污染管制（指明工序）规例	制定新指明工序的发牌及现有工序的登记方法	进行水泥制造工程或其他属于指明工序的建造工序
1993 年及 1994 年空气污染管制（指明工序）（撤除豁免）令	向进行若干指明工序的工作场所负责人撤销豁免	
空气污染管制（尘埃及砂砾排放）规例	规定尘埃及砂砾散发的标准、程序及要求，用于评估砂砾喷出于固定燃烧来源的地方	使用柴油作燃料的固定焚烧来源，例如：发电机
空气污染管制（车辆设计标准）（排放）规例	说明车辆引擎所排放废气的标准	购买/采用车辆
空气污染管制（石棉）（行政管理）规例	订明注册为石棉顾问、承办商、监督及实验所的资格与费用	石棉的处理
空气污染管制（露天焚烧）规例	禁止在露天焚烧建筑废物、轮胎和电缆（为获取金属物料）	工地的一切活动
空气污染管制（建造工程尘埃）规例	指明建造工程（包括道路开掘或重铺工程）及其他规定工程（包括建筑物建造工程）需减少尘埃（尘埃消减措施）	进行产生尘埃的建筑活动，例如道路开掘或重铺工程及建筑物建造工程

续表

条例/规例/技术备忘录	有关要求的简介	适用范围
保护臭氧层条例（第403章）	根据一九八五年维也纳公约及一九八七年蒙特利尔议定书内载与香港有关的国际责任。透过此条例，禁止生产消耗臭氧层的物质，并管制该等物质的进口及出口。 制定取缔消耗臭氧层物质（“受管制”物质）的计划	采用“受管制”物质的空调系统（包括R12及R22）
保护臭氧层条例（受管制制冷剂）规例	限制大型装置及机动车辆使用受管制制冷剂的排放。禁止用于大型装置（>50千克制冷剂）及机动车轮的受管制制冷剂（CFC-11，CFC-12，CFC-115）的排放。任何人容许用于冷冻设备或汽车空调机的受管制制冷剂泄漏至大气中，即属违法	采用受管制制冷剂（R12）的空调系统

（资料来源：环保建筑管理措施指南　香港生产力促进局编著）

鉴于建筑工程对空气污染的多样性，政府在制定法例时亦会作出针对性管制条例，在此简单地阐述一些关于管制空气污染的环保法例中，跟建筑工程最有密切关系的法例。

（一）建造工程尘埃

建造工程尘埃正是建造工程中最常见的空气污染物，在建造过程中，无论在拆卸、挖掘、外墙或屋内翻新、物料存放及运送、车辆等不同来源均会产生尘埃，因此特区政府于1997年制定空气污染管制（建造工程尘埃）规例，以管制因建造工程而产生的尘埃。

该规例将七类工程（见表5-3-2）定义为“应呈报工程”，并要求拟在某建造工地上进行“应呈报工程”的承建商应予开工前以书面形式正式通知政府主管部（环境保护署）。规例亦要求负责该建造工地的承建商必须按照法例中附表的要求进行建造工程。

空气污染管制（建造工程尘埃）规例中列明的“应呈报工程”　　表5-3-2

序　号	应 呈 报 工 程
1	工地平整工程
2	填海工程
3	建筑物的拆卸工程
4	在隧道的通往露天地方的任何出口100米以内的部分进行中的工程
5	建筑物的地基建造工程
6	建筑物的上盖建造工程
7	道路建造工程

该规例的附表列明了对多种不同类型的工程及个别活动作出管制规定，详见表5-3-3：

空气污染管制（建造工程尘埃）规例 **表 5-3-3**

工程项目/个别活动	规例管制规定
填海工程	• 若易生尘埃物料的存料堆高于 1.2 米，并位于任何邻接道路、街、供维修用通道或其他公众可达范围的工地边界 50 米以内，则该存料堆须以橡胶浆、乙烯树脂、沥青或其他适合的土面坚固剂妥善处理或密封
建筑物的拆卸工程	• 拆卸工程进行的范围须在紧接进行拆卸之前和之后，并在进行拆卸期间，以水或尘埃抑制化学剂喷洒，从而维持整个表面湿润； • 就任何靠近或朝向街、供维修用通道或其他公众可达露天范围并要拆卸的建筑物的墙壁而言，须使用不渗透的隔尘板或隔尘布围蔽整幅墙壁，而围蔽的高度须超出被拆卸构筑物的最高水平至少 1 米； • 在移走存料堆后剩余的任何易生尘埃物料须以水弄湿，并须清除留在道路或街的表面上的该等物料
建筑物的上盖建造工程	• 凡在建造中的建筑物周围竖设有棚架，须设置有效的隔尘板、隔尘布或隔尘网，将该棚架从该建筑物的地下围蔽至该棚架的最高水平；如一楼设有檐篷，则该隔尘板、隔尘布或隔尘网须将该棚架从一楼围蔽至该棚架的最高水平； • 任何用作运输物料的吊斗吊重机须以不渗透的隔尘布完全围蔽
在建筑物的外墙外部表面或屋顶上部表面进行的翻新	• 凡在翻新中的建筑物周围竖设有棚架，须设置有效的隔尘板、隔尘布或隔尘网，将该棚架从该建筑物的地下围蔽至该棚架的最高水平：如一楼设有檐篷，则该隔尘板、隔尘布或隔尘网须将该棚架从一楼围蔽至该棚架的最高水平； • 任何用作运输物料的吊斗吊重机须以不渗透的隔尘布完全围蔽； • 在移走存料堆后剩余的任何易生尘埃物料须以水弄湿，并须清除留在道路或街的表面上的该等物料
道路开掘或重铺工程	• 任何挖掘出来的易生尘埃物料或易生尘埃物料的存料堆均须以不渗透的隔尘布完全覆盖；或以水喷洒从而维持整个表面湿润，并须在挖掘或卸下的 24 小时内移走或回填或修复； • 易生尘埃物料的存料堆不得延伸超越行人道栏障、围栏或交通圆筒； • 在移走存料堆后剩余的任何易生尘埃物料须以水弄湿，并须清除留在道路或街的表面上的该等物料
一般规定	• 规定的空气污染控制系统、设备或措施在每当有关装置或工序运作或有关活动进行时，均须妥善和有效地操作或实施（视属何情况而定）。 • 如任何空气污染控制系统或设备不能正常运作或发生故障，有关装置、工序或活动须在切实可行的范围内尽快停止，直至该空气污染控制系统或设备回复正常运作为止。 • 除在混凝土灌浆之前用作清洁模板或其他接受混凝土的表面，或在混凝土喷浆之前用作清洁斜坡外，压缩气流不得用作清洁任何车辆、设备、其他物料或人，亦不得用作清除任何车辆、设备或其他物料上或人身上的尘埃

续表

工程项目/个别活动	规例管制规定
工地边界及入口	• 除非属道路开掘或重铺工程，或属在以硬填料完全铺设或完全覆盖的建造工地内进行的建造工程，否则—— (a) 须于每个可辨别的或指定的车辆出口处提供包括高压水柱的车辆清洗设施； (b) 清洗车辆的范围和介乎清洗设施与出口处之间的该段道路须以混凝土、沥青物料或硬填料铺设； (c) 凡有工地边界邻接道路、街、供维修用通道或其他公众可达范围，须沿该工地边界的该部分全长（工地出入口除外）设置由地面起计不矮于2.4米的围挡
通路	除非属道路开掘或重铺工程，否则—— (a) 每条主要运输通路须以混凝土、沥青物料、硬填料或金属板铺设，并须保持没有易生尘埃物料；或以水或尘埃抑制化学剂喷洒，从而维持整个道路表面湿润； (b) 任何只通往某建造工地的道路其中位于可辨别的或指定的车辆入口或出口30米以内的部分，须保持没有易生尘埃物料。
水泥及干粉煤灰	• 每批超过20包的水泥或干粉煤灰存货须以不渗透的隔尘布完全覆盖或放置于在顶部及3面均有遮蔽的范围内。 • 散装运送的水泥或干粉煤灰须贮存在装配了有声高度警报器的封闭筒仓内，而该警报器须是与物料加添管联锁，当筒仓接近满溢的状况时，即触发有声警报器而物料的加添在1分钟内停止。 • 用作贮存水泥或干粉煤灰的筒仓不得满溢。 • 装卸、运送、处理或贮存散装水泥或干粉煤灰；或在拆袋的工序期间或之后装卸、运送、处理或贮存任何水泥或干粉煤灰，须在完全围蔽的系统或设施内进行，而任何通风孔或排气装置须装配有效的纤维隔滤器或具同等功能的空气污染控制系统或设备
泥地	• 泥地须在其所在的建造工地或该建造工地部分中进行最近一次建造活动后6个月内，借压土、铺草皮、喷草、栽种草木或以橡胶浆、乙烯树脂、沥青、喷浆混凝土或其他适合的土面坚固剂作出密封而予以妥善处理
易生尘埃物料	• 由纤维隔滤器或其他空气污染控制系统或设备收集到的水泥、粉煤灰或任何其他易生尘埃物料，须放在完全围蔽的容器内处置。
堆存易生尘埃物料	任何易生尘埃物料的存料堆须—— (a) 以不渗透的隔尘布完全覆盖； (b) 放置于在顶部及3面均有遮蔽的范围内； (c) 以水或尘埃抑制化学剂喷洒，从而维持整个表面湿润
装卸或运送易生尘埃物料	• 除非属水泥及粉煤灰和除非属易生尘埃物料的水分含量是值得关注的情况，否则所有易生尘埃物料须在紧接任何装卸或运送作业之前，以水或尘埃抑制化学剂喷洒，从而维持该易生尘埃物料湿润

续表

工程项目/个别活动	规例管制规定
使用输送带系统运送易生尘埃物料	• 每条用作运送易生尘埃物料的输送带均须在顶部及 2 面围蔽。 • 每个介乎 2 条输送带之间的转运点须完全围蔽。 • 在每条输送带的主滑轮的位置须安装有效的输送带刮板或具同等功能的器件，以清除可能紧附在输送带表面的微细颗粒和减少带回在回送带上的微细颗粒，而输送带刮板或具同等功能的器件须装有底板或其他同类设施以防止物料从回送带堕下。 • 每条堆存用的输送带须设有机械装置以调校其水平输送带出口与物料的卸落点之间的垂直距离维持不超过 1 米。 • 从输送带出口卸下易生尘埃物料到任何存料堆、贮存箱、卡车及驳艇的范围均须在顶部及 3 面围蔽
使用车辆	• 在紧接离开建造工地之前，每部车辆均须经清洗以除去车身及车轮上的易生尘埃物料。 • 凡离开建造工地的车辆载有易生尘埃物料，该等物料须以清洁和不渗透的隔尘布完全覆盖，以确保该等物料不会从该车辆漏出
以气动或电力推动进行钻孔、切割及磨光	• 凡以气动或电力推动进行钻孔、切割、磨光或进行其他机械破碎作业而导致尘埃排散，除非该工序是连同有效的吸尘过滤器件的操作，否则须不断地在进行该等钻孔、切割、磨光或其他机械破碎作业的表面喷洒水或尘埃抑制化学剂
处理碎屑	• 任何碎屑须以不渗透的隔尘布完全覆盖或贮存于在顶部及 3 面均有遮蔽的碎屑收集范围内。 • 每个碎屑槽须以不渗透的隔尘布或同类的物料围蔽。 • 碎屑在倾倒入碎屑槽之前，须以水或尘埃抑制化学剂喷洒，使其在倾倒时保持湿润
挖掘或翻动泥土	• 任何挖掘或翻动泥土作业的工作范围须在紧接该作业之前和之后，并在该作业期间，以水或尘埃抑制剂喷洒，从而维持整个表面湿润
生产混凝土	• 每批超过 20 包的水泥或干粉煤灰存货须以不渗透的隔尘布完全覆盖或放置于在顶部及 3 面均有遮蔽的范围内。 • 散装运送的水泥或干粉煤灰须贮存在装配了有声高度警报器的封闭筒仓内，而该警报器须是与物料加添管联锁，当筒仓接近满溢的状况时，即触发有声警报器而物料的加添在一分钟内停止。 • 用作贮存水泥或干粉煤灰的筒仓不得满溢。 • 装卸、运送、处理或贮存散装水泥或干粉煤灰；或在拆袋的工序期间或之后装卸、运送、处理或贮存任何水泥或干粉煤灰，须在完全围蔽的系统或设施内进行，而任何通风孔或排气装置须装配有效的纤维隔滤器或具同等功能的空气污染控制系统或设备。 • 如使用装于标准袋（不超逾 50 千克）的袋装水泥或干粉煤灰以生产混凝土或任何其他物质，拆袋、分配和混合的工序须于在顶部及 3 面均有遮蔽的范围内进行

续表

工程项目/个别活动	规例管制规定
清理工地	• 连根拔除树木、灌木或草木的工作范围，或除去大石、杆柱、墩柱或暂时性或永久性构筑物的工作范围，须在紧接该作业之前和之后，并在该作业期间，以水或尘埃抑制化学剂喷洒，从而维持整个表面湿润。 • 所有可能有尘埃颗粒脱落的拆卸项目（包括因清理工地而产生的树木、灌木、草木、大石、杆柱、墩柱、构筑物、碎屑、垃圾及其他项目）均须在拆卸一天之内，以不渗透的隔尘布完全覆盖，或放置于在顶部及3面均有遮蔽的范围内
爆破	• 在爆破范围30米以内的所有范围均须在爆破之前以水弄湿。 • 除非取得矿务处处长的事先准许，否则当悬挂强风讯号或3号及更高的热带气旋警告讯号时，不得进行爆破

（节录自空气污染管制（建造工程尘埃）规例之附表）

（二）机械排放黑烟

土木工程和基础工程的项目，在施工过程中均使用不少机械，例如挖土机、空气压缩机、发电机、推土机、灌注桩机等，这些机械都是利用燃烧矿物燃料推动，如果对这些机械管理及维修不妥当，往往有很有可能排放黑烟。

为管制此类问题，香港政府早于1983年制定了空气污染管制（烟雾）规例。规例中规定任何烟囱或有关设备排放的黑烟在任何4小时的期间内不得超过6分钟，或在任何时间内排放黑烟不得连续超过3分钟。

“黑烟”在该规例中的定义为以适当的方式与“力高文图表”（Ringelmann Chart，见图2-3-2）或某认可器件比较，会看似与力高文图表上的1号阴暗色一样黑或较之更黑的烟雾。

（三）露天焚烧

空气污染管制（露天焚烧）规例为政府于1996年所订立，目的为管制在并无任何围护掩蔽情况下的户外焚烧，且燃烧的产物并非经由烟囱妥善排放的情况。例如在建筑工地利用露天焚烧方法处置废物，会被界定为不当的露天焚烧行为。

在这种不当的废物焚烧过程中会产生过量的污染物，如恶臭的浓烟、尘屑及有毒气体等。这些排放物往往对人类造成严重滋扰及可能威胁邻近居民的健康。

该规例完全禁止露天焚烧建造废物、轮胎，以及为回收金属而进行的露天焚烧。

（四）指明工序

空气污染管制条例第12至18条特别规定30种指明工序见表5-3-4。

空气污染管制条例中列明的“指明工序” **表 5-3-4**

序号	工　序	描　　述
1	丙烯酸盐工程	（a）制造或净化丙烯酸盐； （b）制造和聚合丙烯酸盐； （c）净化和聚合丙烯酸盐
2	铝工程	处理能力为超过 1 吨（以铝计）的下列种类工程，或如采用连续式操作，则为超过每小时 0.67 吨（以铝计），而在该等工程中—— （a）借加热脱除铝屑的油脂； （b）借在助溶剂覆盖层下以熔化的方法，从铝或铝合金的金属制成品废料、切屑、撇渣、或其他残余物中回收铝或铝合金； （c）把熔融的铝或铝合金以氯或氯化合物加工处理； （d）借放出有害或厌恶性气体的工序，从任何含铝的化合物中提取铝； （e）从任何矿物中提取铝的氧化物； （f）从熔渣或浮渣中回收铝； （g）借导致有害或厌恶性气体放出的方法处理或加工处理上述工序所用的物料或该等工序的产品
3	水泥工程	总筒仓容量超过 50 吨的工程，而在该等工程中，进行水泥处理或使用黏土质及石灰质物料生产水泥熔块，以及研磨水泥熔块的工程
4	陶瓷工程	处理能力超过 2 吨的工程，或如采用连续式操作，则为超过每天 0.67 吨，而在该等工程中，在燃点任何燃料的火炉或窑内制造陶瓷产品，包括砖、瓦片、管道、陶器货品或耐火材料
5	氯工程	在任何制造工序中制造或使用氯的工程
6	铜工程	处理能力超过 0.5 吨（以铜计）的工程，或如用连续式操作，则为超过每小时 0.45 吨（以铜计），而在该等工程中—— （a）借加热—— （i）从任何矿物或精矿或任何含铜或含铜的化合物的物料中提取铜； （ii）精炼熔融的铜； （iii）脱除铜或铜合金切屑的油脂； （iv）从金属制成品废料、切屑或残余物中回收铜合金； （b）熔化与铸造铜或铜合金
7	电力工程	焚烧矿物燃料作为发电工序的全部或部分的工程，而该等工程的装置发电能力超过 5 兆瓦特
8	气体工程	（a）将煤、焦炭、油、碳素物或该等物料的任何混合物或衍生物或任何废料，处理或制备以供碳化或气化用，并将该等物料碳化或气化； （b）将天然气重组、精炼或加上气味
9	钢铁工程	装置火炉能力超过 1 吨的工程，或如采用连续式操作，则为超过每小时 1 吨，而在该等工程中，为铸铁而进行熔铁工序

续表

序号	工 序	描 述
10	金属回收工程	在处理能力超过每小时50千克的任何类型火炉中，加工处理废金属以回收金属的工程，而该等工程以此为主要目的
11	矿物工程	处理能力超过每年5000吨的工程，而在该等工程中 (a) 冶金熔渣； (b) 粉煤灰； (c) 矿物（铸造厂的型砂或电力工程用的煤除外） 借产生尘埃的工序被缩细、分级或加热，而该等工程并不属任何其他指明工序所描述的工程
12	焚化炉	装置能力超过每小时0.5吨的工程，而该等工程是用以焚毁废物或垃圾，且该等工程并不属任何其他指明工序所描述的工程
13	石油化学工程	处理能力超过每年100吨（以化学产品的总量计算）的工程，而在该等工程中—— (a) 使用任何碳氢化合物生产烯烃或烯烃衍生物； (b) 将任何烯烃、烯烃衍生物或其混合物用于任何化学制造工序，而该等工程并不属任何其他指明工序所描述的工程； (c) 将任何烯烃、烯烃衍生物或其混合物聚合
14	硫酸工程	装置能力超过每年100吨的工程，而在该等工程中，借任何工序进行硫酸制造，以及将硫酸浓缩或蒸馏的工程
15	焦油及沥青工程	装置能力超过每小时250千克的下列种类工程，而在该等工程中—— (a) 煤气焦油或煤焦油或沥青在任何制造工序中蒸馏或加热； (b) 蒸馏煤气焦油或煤焦油或沥青而得的产品，在任何涉及放出有害或厌恶性气体的工序中蒸馏或加热； (c) 将从煤气焦油或煤焦油或沥青产生的加热物料，用于涂髹或缠包铁或钢制的管或配件
16	玻璃料工程	装置火炉能力超过1吨的工程，而在该等工程中，借熔合物料及淬火而制造玻璃料
17	铅工程	(a) 借加热—— (i) 从任何含铅或含铅的化合物的物料中提取或回收铅； (ii) 精炼铅； (iii) 将铅喷涂于其他金属，作为表面涂层； (b) 在导致排放粒子的工序中制造、提取、回收或使用铅的化合物，但不包括制造蓄电池及上釉或上搪瓷釉的工程； (c) 制造有机的铅化合物
18	胺类工程	处理能力超过每年1000吨的工程，而在该等工程中 (a) 制造任何甲胺或乙胺； (b) 在任何化学工序中使用任何甲胺或乙胺

续表

序号	工 序	描 述
19	石棉工程	(a) 在使用于任何制造操作前将原石棉碾磨、研磨、敞开或掺合； (b) 使用石棉或任何含石棉物料制造石棉水泥、石棉水泥管、石棉隔热板、石棉织物、石棉接合或包装物料、石棉制动器或离合器物料、石棉地板、填充物或增强物
20	化学废物焚化工程	并不属任何其他指明工序所描述工程的下列种类工程，而在该等工程中，装置能力超过每小时25千克，且用以焚毁—— (a) 化学制造工序所产生的废物； (b) 含有溴、氯、氟、碘、铅、汞、镉、锌、氮、磷或硫的化合物的化学废物； (c) 制造塑料时产生的废物
21	氢氯酸工程	装置能力超过每年100吨（以氢氯酸计）的工程，当中有氢氯酸气体于制备液体氢氯酸时放出，或有氢氯酸气体放出以供任何制造工序使用，或有氢氯酸气体因在化学工序中使用氯化物而放出
22	氰化氢工程	装置能力超过每年100吨的工程，而在该等工程中，有氰化氢于任何化学制造过程中制造或使用
23	硫化物工程	(a) 有硫化氢在任何制造工序中借金属硫化物的分解而放出； (b) 使用硫化氢生产该等硫化物； (c) 在任何化学工序中制造或使用硫化氢或硫醇，或以放出硫化氢或硫醇作为化学工序的一部分
24	病理废物焚化炉	装置能力超过每小时50千克的工程，用以焚毁任何医疗、医院或病理废物，而该等工程并不属任何其他指明工序所描述的工程
25	有机化学工程	并不属任何其他指明工序所描述的化学工序的下列种类工程，而在该等工程中—— (a) 装置能力超过每年100吨（以有机化学产品的总量计），而在该等工程中—— (i) 任何有机化学品，包括有机中间产品、杀虫剂、肥料及特种化学品在任何有机化学工序中制造； (ii) 借任何热工序回收有机溶剂或溶剂混合物； (b) 将任何有机液体，包括液体燃料，贮存在装置能力超过100立方米的缸内
26	石油工程	处理能力超过每年100吨（以石油产品计）的工程，而在该等工程中—— (a) 将原油或稳定原油或伴生气体，或冷凝物—— (i) 处理或贮存； (ii) 精炼； (b) 将上述精炼成的产品进一步精炼或转化； (c) 将用过的润滑油借任何热工序制备，以供再次使用

续表

序号	工 序	描 述
27	镀锌工程	装置能力超过每年5000吨（以镀锌产品计）的工程，而在该等工程中进行镀锌
28	提炼工程	处理能力超过每小时250千克（以原料计）的工程，而在该等工程中透过加热而提炼、分解或烘干或以熏烟处理动物物质（包括羽毛、血、骨、蹄、皮肤、零碎部分、整条鱼、鱼头及内脏及类似部分，以及有机粪便，但不包括奶或奶类产品）
29	非铁冶金工程	处理能力超过每小时1吨的工程，而在该等工程中将任何非铁金属（铝、铜、铅及镀锌用的锌除外）熔化
30	玻璃工程	处理能力超过每年200吨（以玻璃产品计）的工程，而在该等工程中进行制造玻璃或玻璃产品（包括矿物纤维及玻璃纤维）的工序

其中表内的水泥工程与建筑工程最有关系。基于工地位置偏远或成本效益等原因，个别工程项目会选择在建筑工地范围内建造混凝土生产厂以提供该工地施工过程中所需要的混凝土，而混凝土生产设施是属于指明条例规定的工序之一，经营者需向环境保护署申请指明工序的牌照，获批准在该处所进行指明工序方可进行，并且，经营者需确保符合有关该指明工序的最佳可行方法指引（Guidance Notes on Best Practicable Means）中的要求。

有关混凝土生产设施的最佳可行方法指引中列明，经营者确保其空气排放的24小时平均总悬浮粒子在260微克/立方米以下，24小时平均可吸入悬浮粒子在180微克/立方米以下，而气味在2个气味单位（odour unit）以下。指引中并列明所需的控制措施，详见表5-3-5：

最佳可行方法指引中对混凝土生产设施要求的控制措施　　表5-3-5

环境问题	详细控制措施
水泥及其他易生尘埃物料	• 装卸、运送、处理或贮存散装水泥或干粉煤灰；或在拆袋的工序期间或之后装卸、运送、处理或贮存任何水泥或干粉煤灰，须在完全围蔽的系统或设施内进行，而任何通风孔或排气装置须装配有效的纤维隔滤器或具同等功能的空气污染控制系统或设备。 • 水泥或干粉煤灰须贮存在装配了有声高度警报器的封闭筒仓内，而该警报器须是与物料加添管联锁，当筒仓接近满溢的状况时，即触发有声警报器而物料的加添在1分钟内停止。 • 任何通风孔或排气装置须装配有效的纤维隔滤器或具同等功能的空气污染控制系统或设备1
其他源材料	• 所有易生尘埃物料须在紧接任何装卸或运送作业之前，以水或尘埃抑制化学剂喷洒，从而维持该易生尘埃物料湿润。自动或手动的洒水系统需于装卸区、存放区及物料放出点安装。

续表

环境问题	详细控制措施
	• 每条用作运送易生尘埃物料的输送带均须在顶部及 2 面围蔽。 • 每个介乎 2 条输送带之间的转运点须完全围蔽。 • 输送带出口与物料卸落点需尽量避免利用自由落体将物料卸下，此类卸落点需围蔽及洒水。 • 物料的平均大小细于 5 mm 者需存放在完全围蔽的环境中
倾倒入混凝土搅拌车中	• 所需物料应先行搅匀才倾倒入混凝土搅拌车。 • 如必须将物料放入混凝土搅拌车搅匀，须确保空气污染控制系统或设备有效
使用车辆	• 需用所有可行方法避免或减少因车辆移动而带来的灰尘。 • 每条主要运输通路须以混凝土、沥青物料、硬填料或金属板铺设，保持没有易生尘埃物料，并以水喷洒，从而维持整个道路表面湿润。 • 须于车辆出口处提供车辆清洗设施。 • 须清除留在道路或街的表面上的泥或尘
整洁	• 要求有高标准的整洁。须用获批准的方法清理所有泄漏或在地上的存放物、支持结构物、屋顶等。 • 禁止在没有围蔽的户外地方弃置物料

除界定排放标准及控制措施外，该指引亦要求对其运作和附近环境空气进行监察。

（五）石棉

关于石棉物料对空气污染的管制，乃由空气污染管制条例第 69 至 80 条所监管。工作场所的拥有人或占用人如欲清拆含有或可合理地怀疑含有石棉物料，必须首先聘请注册石棉顾问，就该工作场所内可能存在的含石棉物料进行调查，并呈交一份石棉调查报告，如在该工作场所内发现含石棉物料，则须在拟进行的石棉消减工程或拟进行的涉及使用或处理任何含石棉物料的工程动工前最少 28 天，呈交一份石棉消减计划。

当落实要进行石棉消减工程或涉及使用或处理含石棉物料的工程，工作场所的拥有人或占用人须于施工前最少 28 天以书面方式通知环境保护署正式动工日期，并需聘请注册承办商按照石棉消减计划进行有关工程实施事宜。

另外，于施工期间，需要另聘注册石棉顾问监管石棉消减计划的施行及注册石棉承办商的工作。

此外，条例亦规定工作场所拥有人或占用人须聘请一间注册石棉化验所就处所内任何含有或怀疑含有含石棉物料的物质进行抽取样本、量度或分析，以遵从石棉管理计划或石棉消减计划或在其他方面应遵从环境保护署的规定。

（六）消耗臭氧层物质

香港政府于 1989 年 7 月制定《保护臭氧层条例》（第 403 章），俾确立一个法律架构，以管制消耗臭氧层物质。受管制的化学物在该条例中被列为“受管制物质”（即第二节所提及的七类常见消耗臭氧层物质）。该条例禁止生产受管制物质，并借注册及领牌制度，管制此类化学物质的进出口。

另外，当局于1993年根据该条例而制定了两项附属规例：《保护臭氧层（含受管制物质产品）（禁止进口）规例》及《保护臭氧层（受管制制冷剂）规例》。前者禁止从《蒙特利尔议定书》的非缔约国进口含有CFCs和哈龙的产品，例如含哈龙的手提式灭火筒。后者禁止意图由汽车的空调系统，或由含有超过50千克制冷剂的冷冻装置，向大气释放受管制的制冷剂，以及透过使用认可的循环再用及回收设备，保存受管制的制冷剂。

二、建筑业界自我监管

为符合法例法规，及履行保护空气的责任，香港的建筑业一般比较自律，在施工前订定有关工地空气污染控制的管理方案，防止污染问题。以下是其中部分工地控制空气污染的例子：

（一）车辆清洗设施及围挡

1. 工地车辆出口装设有车辆清洗设施。

2. 没有使用压缩空气作清洁。

3. 洗车位至工地出口铺有混凝土或硬填料。

4. 公众可达工地边界设有2.4米高围挡。

5. 围挡保持完整，底部有硬填料填塞。

（二）道路

1. 工地主要道路（30分钟4辆车以上）均铺上混凝土/砾石或洒水弄湿。

2. 只通往工地的道路，其中位于工地出口30米范围内的部分工地均保持没有易生尘埃物料。

（三）水泥及干粉材料

1. 袋装水泥、石灰及干粉材料等的贮存仓，顶部和三侧面均已遮蔽。

2. 超过20包之临时贮存的袋装水泥、石灰及干粉物料均已盖上隔尘布。

3. 当天未用完的袋装水泥及干粉材料均搬离道路、通道及有风的地方，或用隔尘布覆盖。

4. 使用袋装水泥或干粉材料等生产混凝土均在顶部和三面有遮蔽的地方内进行。

（四）泥地

泥地均以压土、喷草或喷浆等方法予以处理。

（五）工地车辆

1. 车辆离开工地前均清洗车轮。

2. 车辆离开工地前均遮盖易生尘埃物料。

3. 工地车辆的速度均按法例及合约要求。

4. 车辆均没有产生黑烟。

（六）堆存、装卸及运送易生尘埃物料

1. 易生尘埃物料堆均以隔尘布完全覆盖，或放在顶部及三面遮蔽的地方，或洒水弄湿。

2. 除水泥及干粉材料外，易生尘埃物料在紧接装卸或运送前均洒水弄湿。

（七）钻孔、切割、磨光及机械破碎

1. 设有吸尘过滤器或在作业表面洒水。

2. 过滤器的尘埃废物均放入密封的容器内弃置。

（八）挖掘及翻土

工地于挖掘及翻土工作前后及作业期间，均洒水保持泥土表面湿润。

（九）爆破

1. 工地于爆破前，均将爆破30米范围内洒水弄湿。

2. 在强风讯号或3号及以上风球下，均没有进行爆破。

3. 工地安排是分区爆破。

4. 爆破时，爆破位置均用炮网及砂包覆盖，并用爆破排栏遮挡。

（十）输送带（运送易生尘埃物料）

1. 在使用输送带运送易生尘埃物料时，均将输送带之顶部及两旁围护、掩蔽，输送带之间的转运点亦有完全围护、掩蔽。

2. 输送带主滑输均安装刮板及底板。

3. 输送带的出口与卸落点均保持不超过1米距离，装卸范围的顶部及三面均有围护、掩蔽。

（十一）临时垃圾槽

1. 垃圾槽的接驳位均密封并以隔尘布围护、掩蔽。

2. 垃圾在倾倒前均洒水弄湿。

3. 地下垃圾站在顶部和三面均有围护、掩蔽或以隔尘布覆盖。

（十二）物料架

物料架四面除闸口外均用隔尘布围护、掩蔽。

（十三）天秤（塔式起吊机，下同）

使用天秤运送易生尘埃物料时，该物料均放置在四面围蔽的容器内或有用隔尘布把该物料包好。

（十四）清理工地（只适用于接收工地时）

1. 在清理工地的范围内，作业之前/后及作业期间均有洒水。

2. 拆卸项目均用隔尘布完全覆盖或放在顶部和三面有遮护、掩蔽的地方。

（十五）外墙工作

1. 当建筑物周围搭上棚架后均用隔尘布或网将外墙围起。

2. 楼宇建筑工程之外墙工作均没有在外墙摆放开封的干粉材料。

3. 棚架、网或帆布上均没有垃圾、干粉物料袋、混凝土或水泥残块等物料。

（十六）拆卸建筑物

1. 待拆卸的建筑物均用隔尘布或板围起。

2. 拆卸范围内及拆下的废料均有洒水。

（十七）道路开掘或重铺工程

1. 挖掘出来的易生尘埃物料均用隔尘布完全覆盖，或洒水维持整个表面湿润及于24小时内移走或回填。

2. 易生尘埃物料的存料堆均没有超越栏障。

3. 移走存料堆后均有清理冲洗街道。

（十八）填海工程

高于1.2米并在公众可达的工地边界50米以内的易生尘埃物料堆，均有以橡胶浆等土面坚固剂密封处理。

（十九）沥青（烧熔）

没有使用废料作燃熔沥青的燃料。

（二十）露天焚烧

没有在工地内焚烧建筑废料、车胎、金属废料或任何杂物等以作清理工地。

（二十一）石棉尘

1. 聘请注册石棉顾问进行石棉调查工作，及拟备一份石棉调查报告和一份石棉消减计划。

2. 在石棉工程施工前最少28天向环境保护署呈交该石棉调查报告及石棉消减计划，并通知环境保护署动工日期。

3. 聘请注册石棉承办商按照石棉消减计划进行石棉工程。

4. 聘请注册石棉顾问监管石棉消减计划的施行及注册石棉承办商的工作。

5. 聘请注册石棉化验所为石棉工程进行抽取样本及分析工作。

（二十二）油渣锤

油渣锤没有排放黑烟。

（二十三）施工机械（包括发电机）

1. 工地施工机械没有排放黑烟。

2. 施工机械没有漏油情况。

3. 机械在不使用时均已关停。

4. 机械有妥善保养及维修。

（二十四）燃料/电力

施工机械及工地办公室的电器在闲置时均关掉电源和燃料供应。

第四节　建筑工地空气污染的预防及治理方法

工地上的主要空气污染问题集中在尘埃方面，故此，本节将着重论述尘埃的预防及治理方法。处理工地空气污染问题一般分为预防及治理两大方向。预防指控制及改良某些工地上产生污染物的施工程序，避免在施工时产生污染物，减少污染。而治理方法是指在污染物产生后，加以处理以减少其扩散程度，舒缓有关污染危害。

一、预防方法

预防，被公认为是最佳的处理空气污染方法，故此在工地上普遍优先考虑。有效的预防，可把预计的空气污染问题尽力避免，使环境得以避免受到伤害，公众及工人的健康亦不会因此受到影响。有关预防方法可分为如下三个范畴：

（一）改良易生尘埃物料的表面性质

因风蚀或其他原因，在建筑工地上往往产生大量尘埃，其中包括道路、通道、斜坡、材料堆放等，而其表面一般存在一层松散的微细粒状物质（例如沙尘），容易因吹风等空气流动而产生尘埃。就其表面性质，工地常见的其中一种预防尘埃的方法是将表面的性质改变，剔除或覆盖这一类容易被流动空气吹起的物质。例如在道路及通道铺设混凝土、砾石、沥青物料、硬填料或金属板，避免因风的作用在车辆经过时扬起尘埃。

另一个常见引起建筑尘埃的地方是泥地及土质斜坡，工地借压土、铺草皮、喷草、栽种草木或以橡胶浆、乙烯树脂、沥青、喷浆混凝土或其他适合的土面坚固剂，以封密作妥善处理，覆盖表面，改变表面性质，防止尘埃。

不当的材料堆放产生尘埃，例如大量的沙泥堆放，风吹刮起，沙尘滚滚，为有效防止此情况发生，砂堆必须存放在室内，或使用有足够面积的隔尘布，将整个砂堆表面覆盖，隔绝与流动空气的接触。

（二）妥善使用和减少施工机械

现代的施工方法往往使用繁多的机械，这虽然将施工效率提高，同时亦带来了大大小小的气态及固态的空气污染物。为避免或减少空气的污染，妥善或减少使用施工机械是其中减少废气的良方，在施工的整体规划上，妥善安排及研究有关施工的机械数目及型号，以减少燃油的使用量。以电力公司提供电力在减省燃油方面有一定的帮助，包括以电力公司的电源代替柴油发电，避免因燃烧柴油而排放废气造成空气污染。

（三）避免使用不合符环保要求的物料

工地上物料繁多，在使用过程中往往产生污染物，诸如燃烧含硫的燃油及使用含哈龙的灭火筒等。为此，工地环境管理须识别有关不符合环保要求的物料，进而减少或避免使用，例如选择含硫量低的燃油以减少二氧化硫排放，选购不含有如哈龙或 CFCs 的手提式灭火筒，以防止损耗臭氧层。

二、治理方法

治理是较预防次一级的处理空气污染方法，因治理的目的仅在于避免污染物的扩散或减少污染程度。就有关方法，大致可分为两大类：

（一）围堵及隔离法

围堵及隔离法是指将污染物局限在一个范围，避免其污染物扩散，并分隔污染物与外间环境，避免外部环境受到影响。有关围堵及隔离法的例子，包括把易生尘埃物料堆放在顶部和三侧面有围护、掩蔽的地方，清拆石棉时将该地区围封，在棚架上设置棚网，工地外围设至少高逾 2.4 米的围挡等，均是香港工地常用的空气污染的控制措施。

（二）转化法

工地往往碍于地理环境、资源问题或其他理由，在某些情况下，围堵及隔离法未能切合现场环境而被采用。例如道路表面已铺设混凝土或其他物料以减少尘埃，然而一般工地车辆的车轮往往沾上沙泥，遗落地上，随着轮胎辗过及空气流动，沙泥旋即扬起，产生尘埃。故此围堵及隔离法在部分工地的降尘工作未能有效发挥其作用，转化法在工地上因而应运而生，将空气污染物转化另一种形态，使其离开空气，减少空气污染。

一般而言，转化法是将空气污染物由空气这一媒介带到水的另一媒介。而工地上最广泛利用的转化法为以水降尘，用水降尘的原理是把颗粒污染物（例如尘埃）吸附在水珠表面，使其重量增加，产生降尘作用。当水喷洒于含尘埃的空气中，空气中的颗粒污染物随即吸附水珠表面，降至地面，减少空气中的颗粒污染物数量。

相同道理，当水喷洒到堆放在地上的易生尘埃物料或挖掘泥土，颗粒物吸附在水珠表面，重量增加，因而较难被风吹起。

使用水作转化法有两点需要留意，第一点，在大风或炎热的环境下，水分的蒸发特别快，用水喷洒的密度务必增加。第二是要避免过分用水，这不但产生大量污水，而且导致浪费。然而，用作洒水降尘的水的质量不需要太高，经适当处理的污水则可以再用于降尘，有利工地资源利用。

第六章　建筑工地的噪音及控制处理

随着社会经济的发展以及居住密度增加，噪音已成为国际社会公认的严重的环境问题之一。人类社会在进步，科技在发展，人们的环保意识也在不断的增强。噪音问题往往跟生活或工作环境的挤逼程度有关，以往在部分地沿辽阔的国家，人烟稀小，噪音尤其建筑噪音的滋扰往往是次要的环境问题，而随着世界人口密度增加，人与人之间的生活范围互相逼近，加上都市人对生活或工作环境的质量要求越来越高，并意识到对环境影响及对自身的危害，噪音问题渐渐成为环境保护中的一个重要议题。近年，在噪音控制领域里，无论在技术方面，或政策管理方面，均有较大的进步，成效显著。多个欧美国家，包括法国、德国及美国等成功发明新技术，减少噪音。而积极主动地在声源和振动源上进行噪音控制，有效减少噪音，亦将成为建筑工程实施过程中噪音控制的努力方向之一。

本章就建筑工程在实施过程中的噪音产生原因，对人体的危害以及对噪音的防止、监管办法进行专门论述。

第一节　建筑噪音的产生

声音是由物体振动造成，经由空气压力变化而传递至耳朵内的 3 根听小骨，带动淋巴液中的绒毛细胞接收声音，而发出声音的物体被称为“声源”。声源发出的声音必须通过中间的媒介才能向外传播。传声媒介包括空气、液体及固体。

一、噪音产生的原理

声音大小与声压有直接关系，声压是由物体的振动引起的一种压力，物体振动的振幅愈大，则压力愈大，因而声音也愈大，人们听起来就愈响，因此声压的大小表示了声波的强弱。

声波在空气中以疏密的形式进行传播。它本身具有能量，因此其传播过程是一个不断通过媒介振动消耗能量的传播过程。为了对声波的强弱进行度量，引入了声压和声压级的概念。声压是指声波在媒介中传播时产生的压强改变量。它随时间的变化而改变。声压的单位为帕斯卡（1 帕斯卡 $= 1N/m^2$），帕斯卡是一个压力的单位，相当于在 1 平方米面积的平面上施予一个牛顿（Newton）的力量的压力。人耳所能听到的声音的最低声压是 2×10^{-5} 帕斯卡。人耳的听觉能感应到最高为 20 帕斯卡。由于可听到的声音最高及最低的声压相差一百万倍，表达和应用起来很不方便，因此在声学上，科学家将两个声音的声压之比用对数的标度来表示，应用简单，而且也接近于人耳的听觉特性。这种用对数标度来表示的声压称为声压级，它用分贝（dB）来表示，即

$$分贝(dB) = 10\log(P/Po)^2$$

其中 P 是实际声压大小（单位 N/m^2），即是场的声压大小，Po 为国际公认之参考音压（$Po = 2\times10^{-5}$帕斯卡，人耳能听到的最弱声音的声压值）。当声压用分贝表示时，巨大的数字就可以大大地简化，方便理解。

分贝（dB）包含了音压以及对数的特性，与我们一般常用的物理量（如重量、长度）等单位之运算不相同，例如：当音压强度增加一倍时（P 增加一倍），音量大小会增加 3 分贝，当音压强度增加 10 倍时，音量大小增加 10 分贝。简单来说当两个声源不相同时，先求出其分贝的差值 δ，从表 6-1-1 中找出对应的附加分贝值 ΔL，然后再加到分贝（dB）数高的声压级上即可得总声压级。

分贝相加的增值 **表 6-1-1**

δ/dB	0	1	2	3	4	5	6	7	8	9	10
ΔL/dB	3.0	2.5	2.1	1.8	1.5	1.2	1.0	0.8	0.6	0.5	0.4

噪声基本上是由三种频率声波组合而成的复合声。噪声级分别称为 A 声级、B 声级和 C 声级。其中，A 声级的噪音引起的对人耳的滋扰性最大，故 A 声级广泛用于噪音的主观评价之中。因此，在表示有关噪音的大小时，我们常用分贝后加一个（A）字作表示。

在建筑工程的范畴上，量度建筑噪音的单位为等效连续声级 L_{eq}，这是一个常用的噪音量度单位，并通用于国际声学上用作表示噪音的大小。这单位是指在特定情况和时段内，一个所含有的声能与另一个随时间转变的实际声级的声能相同的固定声级。为模仿人耳的听觉特性，在测量工地噪音的仪器中惯常安装滤波器，对不同频率的声音进行一定的衰减和放大。在这情况下，声音或噪音必须以“A”加权标度量度以作识别，因此，“等效连续声级”会写成 L_{Aeq}，来表示量度出的噪音最能模仿人耳的听觉特性。

二、建筑噪音的产生

建筑噪音指建筑工程在施工过程中所产生对附近环境造成滋扰的声音。建筑噪音的来源主要包括以下三个范畴：

（一）机械设备产生的建筑噪音

机械设备产生的建筑噪音的途径有两种，一是由机械本身运作时产生的声音，例如齿轮摩擦，二是由机械设备与其他对象接触时所产生的声音，例如破碎机的机头与岩石撞击而产生噪音（见图 6-1-1）。

1. 一般建筑工地机械设备由齿轮、油压或气压带动，设备内的零件在运作

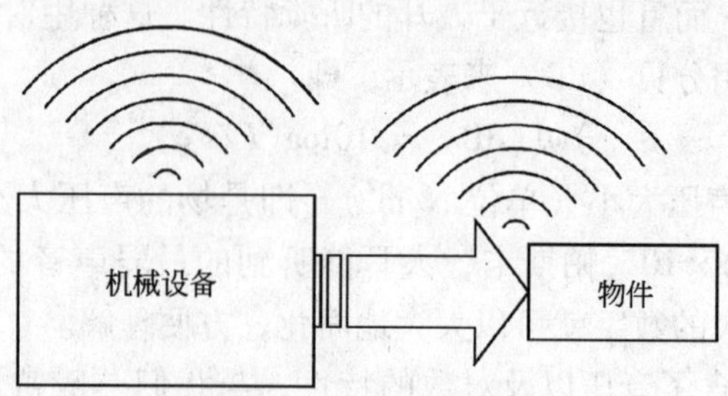

图 6-1-1 机械设备产生噪音的途径

时互相摩擦和撞击，或零件内的气体由一个气压高的位置经由机械零件的空隙走向另一个气压低的位置，产生噪音。虽然由这途径产生的声压相对较低，但当中产生的声音的声频往往相对较高，使人有刺耳的感觉。

2. 据资料显示，机械设备产生的噪音，最大噪声源是来自机械设备在运作时与其他对象撞击所产生的声音，例如打桩机与桩柱撞击、打磨机与墙身摩擦。此类噪音中，声功率级可达 130 分贝（A），不但可造成工人职业性耳聋，青年人脱发，而且因其有规律及持续性的撞击噪音，对环境造成一定的破坏力，为附近居民带来滋扰甚至危害。

香港政府为建筑工地的每种机械设备预设了一系列的声功率级，该机械声功率级是按上述两个途径所产生的噪音之总和，而制定一个参考数值，部分机械声级率的参考数值已于第一章的有关附表中列出。由列表所见，工地上的机动设备的声功率由 88 ~ 130 分贝（A）不等。最高的声功率级（即最嘈吵）的机械设备为气动石钻，及气压锤打钢板桩。据资料显示，130 分贝（A）的噪音，使人感到痛苦、耳聋并会使人产生其他一些不良的生理和心理影响。

（二）处理和加工建筑材料时产生的噪音

工地常用的建材往往较重，例如瓦砾、木板、钢条、棚架等，在人手或机械搬运该等建筑材料时，常因被肆意抛掷而造成巨响，产生噪音。

（三）工人噪音

工人噪音指员工进行工程活动时产生的声音，包括对话、喧哗、叫嚣等，然而相对机械噪音及处理建材的噪音，工人噪音一般影响较少。

三、建筑噪音在传播中的衰减

研究建筑工地所产生的噪音，除了需要考虑有关工地所产生的声压及声频等主观因素之外，有关声源与声音受体之间的距离亦是建筑噪音研究的重要范畴。

声源发出的噪音在媒介中传播时，其声压将随着传播距离的增加而逐渐衰减。造成这种衰减的原因有两个：一是声音的传播力衰减，二是空气对声波的吸收。声波在传播过程中像水面的涟漪般，从四面八方扩展，这现象叫波阵。波阵面随离声源的距离增加而不断扩大，这样通过单位面积的能量相应减少。波阵扩展而引起的声强随距离而减弱的现象，称为“传播衰减”。

建筑噪音的声波在传播过程中除了传播衰减外，还有因为空气对声波能量的吸收而引起的声音的削减。距离愈远，空气的吸声量也愈大。

第二节　建筑噪音的影响

不论是在什么地方产生，举凡噪音皆危害人们身体健康、干扰人们学习、工作和休息。建筑噪音的来源大致分成两大类，一是来自固定音源的建筑工地噪音；一是来自移动音源地的噪音，如施工用车辆等。

建筑噪音除影响市民的听觉敏感能力外，亦损害了工作场所工人的环境权利和身心健康。据资料统计，1997～1998 年度，香港共有 428 名工人因职业原因患上失聪。建筑噪音对人们的日常生活影响和危害是多方面的。分述如下：

一、对人体生理的影响

在噪音的影响下，会使人类诱发疾病。诱发何种疾病，疾病的严重程度如何则与人的体质与噪音的频率和强弱有关。噪音作用于人的中枢神经系统，使大脑皮层的兴奋和抑制平衡失调，导致条件反射异常。这些生理变化，在噪音的长期作用下，得不到恢复，就会出现头痛、脑胀、头晕、疲劳、失眠、记忆力衰退的神经衰弱症的症状。

暴露在噪音环境中的人，易患上胃功能紊乱症，表现为消化不良、食欲不振、恶心呕吐，长期如此，将导致胃病及胃溃疡发病率增高。

噪音会使人的交感神经不正常，导致代谢或微循环失调，引起心室组织缺氧，从而引起心肌损害及胆固醇增高。噪音亦会使交感神经紧张，从而使心跳加快、心律不正、传导阻滞、血管痉挛、血压变化等现象发生。因此，近年来一些医学家认为，噪音可导致冠心病、动脉硬化和高血压。据调查，长期在高噪音环境下工作的人与在低噪音环境工作的人相比，冠心病、动脉硬化和高血压的发病率要高 2～3 倍。

此外，噪音对视觉器官会产生不良影响，噪音愈大，视力清晰度和稳定性越差，噪音影响胎儿的正常发育，对胎儿的听觉器官会造成先天性的损害等。总的来说，在高噪音环境中工作的人，一般健康水平会逐年下降，疾病发病率增高。

二、听力影响

当人们在较强的噪音环境中，逗留一段时间，会感到耳鸣。此时，若到安静的环境中，会发现听力比较衰弱且听不到声音，这种情况持续时间并不长，只要在安静的环境中，停一段时间，听觉就会恢复原状，这种现象叫做“暂时性听觉迁移”，或称听觉疲劳。所谓暂时性听觉迁移，是指在强噪音作用下，听觉皮质层器官的毛细胞，受到暂时性伤害，引起听觉级的暂时性迁移。例如55分贝的声音，出现暂时性听觉迁移时，听起来只有30分贝，等到听力恢复后，又能听到55分贝的声音。

长期暴露在高噪音环境中，听觉器官不断受到噪音刺激，暂时性听觉迁移恢复越来越慢，久而久之，听觉器官发生器质性病变，失去恢复正常的听觉能力，成为永久性的听觉迁移，我们称此现象为听力损失。长期暴露于高噪音环境，导致听觉细胞的死亡，死亡了的细胞不能再生，因此噪音性耳聋是不能治愈的。

国际标准化组织（ISO）确定损失25分贝的听力为耳聋标准；25～40分贝称为轻度声；40～55分贝称为中度声；55～70分贝称为显著声；70～90分贝称为重度声；90分贝以上为极端声；在不同的噪音声级及不同的暴露时间下，耳聋的病发率见表6-2-1。从表中看出，噪音达到110分贝，工作在10小时以上，耳聋发病率将超过55%。也就是说，大部分人在这样的条件下工作，都会患上噪音性耳聋。

噪音性耳聋病发率（单位：%）　**表6-2-1**

等效连续A声级 [dB（A）]	噪音暴露时间（小时）							
	5	10	15	20	25	30	35	40
<80	0	0	0	0	0	0	0	0
85	1	3	5	6	7	8	9	10
90	4	10	14	16	16	18	20	21
95	7	17	24	28	29	31	32	29
100	12	29	37	42	43	44	44	41
105	18	42	53	58	60	62	61	54
110	26	55	71	78	78	77	72	62
115	36	71	83	87	84	81	75	64

当噪音超过140dB，听觉器官发生急性外伤，致使耳鼓膜破裂出血，螺旋体从基底膜急性剥离，使两耳失听，这种一次刺激致聋的，称为暴震性耳聋。

三、对人体心理的影响

噪音会影响人们正常睡眠、妨碍交谈、工作效率低落，会使人出现厌恶、烦躁不安、脾气暴躁等心理现象，久而久之，会导致人类生理功能失调，如头痛、头晕、精神无法集中等均是噪音直接与间接影响的结果。儿童如长时期暴露在高噪音的环境下，会采用一种使自己听不见噪音环境的调适方法来对抗“噪音”，这将造成儿童在吵杂的环境下变得不注意声音讯号的不良习惯，影响儿童学习及认知的发展。

四、噪音影响人们正常工作生活

噪音对工作的影响是广泛而复杂的，很难定量这种影响。人们在噪音的刺激下，心情烦躁、注意力分散、易疲劳、反应迟钝，从而引致工作效率降低。对那些要求注意力高度集中的工作，如驾驶挖土机、塔吊等，不但会影响工作进度，而且会降低工作质量，容易出错和引起意外事故。高强度噪音，还会影响传输音响讯号，使行车安全受到威胁。

第三节　噪音的监管

由于工业及建筑业的发展，使城市环境噪音污染日益严重。根据各国对噪音污染管制的深入研究，结果显示在多个噪音的管理方法中，包括改变施工方案、噪声源管制、阻隔噪音传递等，发现噪音管理的最有效及直接的办法是政府对噪音进行立法管制。

一、香港政府对噪音危害的管制

随着现代工业及建筑业的迅速发展，各机械设备急剧增加，噪音问题日益严重。不同人对同一水平的噪音的反应都不一样。故此噪音统一法规水平是不可行的。因此，一般的国际噪音管制条例均以管制噪音的产生时间作为监管的基础，香港政府环境主管部门——环境保护署在1986年成立时，先在管制噪音发生的时间上下功夫。政府在1989年实施《噪音管制条例》以加强有关建筑噪音的管制，而在后期亦将室内装修工程的噪音管制亦视为建筑工程噪音并加入该条条例的管制范围内（表6-3-1）。

噪音管制条例的简介　　　　**表6-3-1**

噪声源	法例	管制范围	管制当局
一般建筑工程	《噪音管制条例》（第400章）；《噪音管制（一般）规例》；《噪音管制（建筑工程）规则》；《噪音管制（建筑工程指定范围）公告》	凡于公众假期及晚上7:00时至翌晨7:00时，使用（*a*）机动设备作业者；及（*b*）于指定范围进行某些高噪音工程，均需先取得建筑噪音许可证方可进行。许可证由环境保护署署长按照两份有关的法定技术备忘录发出	环境保护署署长及警务处处长
撞击式打桩	《噪音管制条例》（第400章）；《噪音管制（一般）规例》；《噪音管制（上诉委员会）规例》；《噪音管制（修订）条例》	（*a*）严禁在公众假期及晚上7:00时至翌晨7:00时，进行撞击式打桩工程；及（*b*）在其他时段进行撞击式打桩工程，亦须取得建筑噪音许可证方可进行。环境保护署署长将按照有关法定技术备忘录签发许可证	

而在目前的《噪音管制条例》下，所限制的建筑噪音包括三大类：

1. 撞击式打桩；

2. 使用手提型破碎机及风机；

3. 在限制的时间内（星期一至六晚上7:00至翌日早上7:00、星期日及公众假期）不准使用机械设备。但在限制时间范围内申请得到环保部门批准的工序可以进行作业。

《噪音管制条例》是香港政府噪音管制的主要法律依据，法律内容基本涵盖了香港特区内所有工地环境噪音问题。根据工地所产生的声音类别，条例针对性作出检控、《建筑噪音许可证》、《消减噪音通知书》、《测试产品通知书》多种管理制度，用以分别管制不同类别的噪音问题。与国内相比，某部分的法例可能比香港严紧，例如北京在假期的建筑噪音控制比香港严厉得多，在法律管制下，所有建筑工程在考试期间必须停止以减低噪音对学生的影响，但在某些层面上，例如在监控声音功率较大的机械设备方面，香港的噪音管制法例则会比较严格。

在现行的《噪音管制条例》中，凡涉及有关建筑、拆卸及兴建隧道、公路、排水渠、开山造地、疏浚、打桩及填海等工程均受该条例所监管。而《噪音管制条例》所监管的建筑噪音类别包括：

（一）在限制时间内的建筑噪音控制

按噪音管制条例（第400章）的要求，如建筑工地须在限制时间内使用机动设备或进行订明工程，必须先向环境保护署申请。因此，在限制时间内的噪音问题将据签发《建筑噪音许可证》的制度来管制。

1. 如建筑工地需于限制时间内（晚上七时后至翌晨七时及假期，包括星期日）使用机动设备，必须先向环保署递交《建筑噪音许可证》的申请。而如建筑地盘在没有有效的许可证下使用机械设备，则属违反《噪音管制条例》，政府就会根据有关法例的规定，对肇事者和责任人给予处罚和警示。政府会根据《管制建筑工程噪音（撞击式打桩除外）技术备忘录》内所示，评估每一个《建筑噪音许可证》申请的建筑噪音。其计算方法是基于声学原理，以计算所有机械设备发出的声音（经修正的噪音声级）传到“噪音感应强的地方”会否超出技术备忘录所定下的标准（可接受的噪音声级）。而计算经修正的噪音声级如下：

经修正的噪音声级 =（“机动设备”的总噪音声级 - 距离衰减作用 - 屏障的隔声修正系数 + 声音反射的修正系数）

在一般市区而言，这个噪音限制水平在晚上十一时以前和假日整天为65分贝（A）；由晚上十一时至翌日早上七时，则为50分贝（A）。而“噪音感应强的地方”包括居民居住区、酒店、旅舍、学校、医院及诊所。

据一项调查显示，承建商为了在限制时间内开工，约有45%会选用较为静音型的机械设备以减低建筑时所产生的噪音，从而达至环保署根据备忘录标准所定的噪音限制，取得《建筑噪音许可证》。从此可见，透过签发《建筑噪音许可证》制度不单能有效管制承建商在限制时间内可使用的机械设备，亦能令承建商采用更多防音或静音的措施，以减少对居民的滋扰。

2. 位于指定范围内的工地，如需在法例限制时间内使用机动设备及/或进行订明工程（注：订明工程包括：模板或脚手架的安装与拆除；装卸或处理剩余建筑材料；有较强的敲打、撞击声响的工作等工序），亦必须先向政府有关部门（如环保署）递交《建筑噪音许可证》申请。

由于建筑地盘的工人在敲打金属棚架、木模板或掷钢筋时往往会造成很大的噪音滋扰。因此，除在限制时间内管制机械设备外，由 1996 年 1 月 1 日起，这些人手操作的活动若于晚上或假日在指定范围于限制时间内进行，亦会受到《噪音管制条例》严格监管。香港、九龙及新界的人口稠密的住宅区一般都会纳入“指定范围”内，并由《噪音管制（建筑工程指定范围）公告》界定。

图 6-3-1 显示本港的“指定范围”。

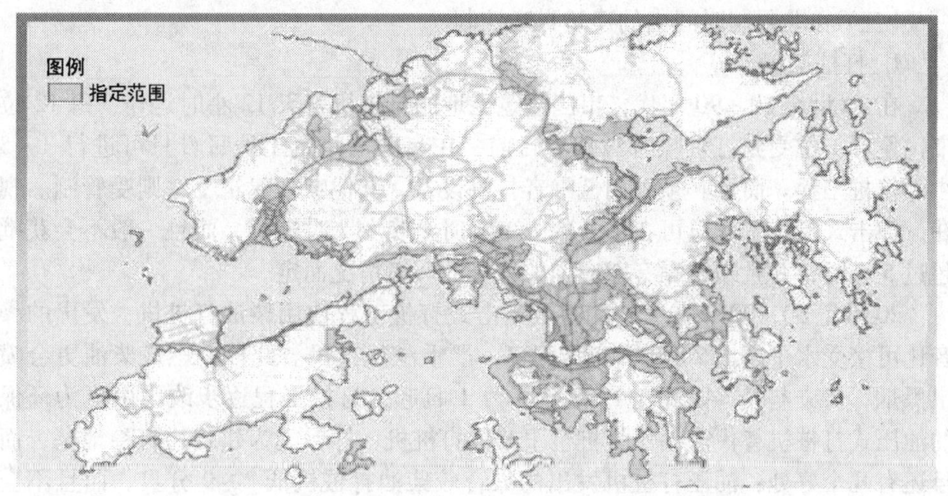

图 6-3-1　噪音管制指定范围（数据来源：环境保护署）

此外，五种最常用的机动设备，包括手提式破碎机、混凝土振动棒、推土机、混凝土搅拌车、卸土车等通常较嘈吵，因此，这些机动设备会受到更严格的管制，以保障市民的安宁。新管制实施后，如建筑工地须进行订明建筑工程及使用指明机动设备（见表 6-3-2），须获发《建筑噪音许可证》后方可进行，否则属违法。

（二）监察及执行

环境保护署会安排人员到地盘进行检查，或会在收到市民投诉后在限制时间内安排特别巡查，以确保建筑工地遵守《噪音管制条例》。根据《噪音管制条例》，首次定罪的最高款项为 10 万港币；第二次或其后再定罪的为 20 万港币。如情况持续，将会每日罚款 1 万港币。

指明机械设备及订明建筑工程　　表 6-3-2

指明机动设备	订明建筑工程
破碎机，手提型，重量≤10 千克	模板或棚架的构筑或拆卸
破碎机，手提型，重量 >10 千克及 <20 千克	装卸或处理瓦砾、木板、钢条、木料或棚架材料
破碎机，手提型，重量≥20 千克及 ≤35 千克	敲击
破碎机，手提型，重量 >35 千克	
推土机	
混凝土搅拌车	
卸土车	
混凝土振动棒，手提型	

（三）在非限制时间内的建筑噪音控制

1. 打桩工程

在 20 世纪 80 ~ 90 年代，市区建筑工地的打桩机每天 12 小时运作，每 12 位市民便有 1 位受到打桩噪音滋扰。目前，在市区的建筑工地每日只可进行 3 ~ 5 小时打桩工程。而且必须采用低噪音打桩设备，其他嘈吵建筑工序则受管制。现在，撞击式打桩工程只可在平日的上午 7 时至晚上 7 时进行，而且一般不会获批超过 5 小时，并且须视噪音感应强的地方的环境情况而定。

20 世纪 80 ~ 90 年代时，约八成撞击式打桩工程使用柴油打桩机，发出的噪音比可接受水平超出 20 分贝或强四倍，严重滋扰市民。此外，燃烧柴油更会喷出黑烟，污染空气。因此在 1998 年 4 月 1 日起，打桩工程逐步改为由更为环保的油压式打桩机替代。油压打桩机跟柴油打桩机一样，能为建筑物打稳地基，而且还有几个好处：油压打桩机发出的噪音较柴油打桩机低 2 ~ 9 分贝，而且不会喷出黑烟，并容易装上抑制噪音的设备，大大降低了噪音和空气污染。

按“管制撞击式打桩工程技术备忘录”内的表一显示，各类“噪音感应强的地方”的“可接受的噪音声级”均不同，现抄录该表（见表 6-3-3）：

“管制撞击式打桩工程技术备忘录”内各类“噪音感应强的地方”的“可接受的噪音声级”（数据来源：环境保护署）　　表 6-3-3

“噪音感应强的地方”的窗户或通风设施	“可接受的噪音声级”（分贝（A））
“噪音感应强的地方”（或部分“噪音感应强的地方”）无窗户或其他洞口	100
“噪音感应强的地方”设有中央空气调节系统	90
“噪音感应强的地方”设有窗户或其他洞口，但无中央空气调节系统	85

总括而言，在人口密集的地方，以后可以少听到震耳欲聋的打桩噪音，对易受噪音影响的地方是一个好消息。

2.《环境影响评估条例》及环境许可证

《环境影响评估条例》在1998年4月1日实施后，所有大型基建发展，必须先经过环境影响评估，及取得环境许可证后方可动工，目的在透过环境影响评估程序及环境许可证的机制，管制大型基建发展对环境的影响，包括日间在建筑时所造成的建筑噪音，例如香港迪斯尼基建发展工程及后海湾干线工程等等，用法律保证有关工程在实施时必会落实有效的噪音缓解措施。在这些大型建筑项目开展前，工程倡议人须聘请有关顾问公司为该项目在进行过程中对环境的影响作出评估，而表6-3-4中的噪音准则适用于建造或解除指定工程项目运作时，在日间产生的建筑噪音。这些噪音准则必须尽可能符合要求和准则。同时，必须采取所有可行的缓解措施，消减剩余噪音影响。

环境影响评估所定下的噪音准则 **表6-3-4**

噪音源 / 噪音准则 / 用途	非星期日及公众假期 7:00～19:00时 L_{eq}（30分钟）分贝（A）	19:00～7:00时或星期日及公众假期任何时候
所有住用处所，包括临时住所	75	见注3
酒店及旅舍	75	
教育机构，包括幼儿园、托儿所及所有其他不需要辅助语言传输设备的处所	70 65（考试期间）	

注：

1. 上述标准适用于靠开启窗户通气的地方。
2. 上述标准需视为从外墙以外1米处的最高许可声级。
3. 按《噪音管制条例》颁布而适用于管制指定范围及撞击式打桩除外的建筑工程噪音技术备忘录所示的准则，可用于规划方面。在限制时间内进行建筑工程，必须取得建筑噪音许可证。

如在环境影响评估当中，顾问公司发现有“噪音感应强的地方”所承受由建筑工程带来的噪音超过上述的噪音准则，顾问公司会在“环境影响评估”报告上将提出有效及相关的噪音缓减措施，如加设有效隔音屏、隔音罩、尽量减少同时使用的机械设备数量等，以将在建筑时所产生的声响减至噪音准则以下。而环保署亦会根据顾问公司提出的报告的内容，予以批核并将有关细节及内容加到环境许可证中，要求工程倡议人及承建商遵守。

另外，环境许可证亦会要求发展商执行环境监察及审核计划内所提出的环境监察及审核要求，发展商须聘请独立的环境小组并根据监察计划所定下的要求，包括监察地点、监察时间表、噪音监测方法（包括噪音量度步骤）等作监察。如遇有超标情况，必须立即调查了解起因，并采取相应的缓减措施，提交书面正式报告，以减少对附近居民的影响。

二、建筑业界自我管制

除法例外，承建商须遵守与业主所定下的建筑合约。而在近年来，政府工程（包括拓展署、土木工程署、房屋署及其他工务局地盘）将控制环境因素定在合约内，包括噪音量度及控制等，要求承建商遵守。因此，业主可起牵头作用，将控制噪音的方法定在合约内，这样亦可加强管制承建商在工程进行过程中所产生的噪音问题。此外，在取得“建筑噪音许可证”后，承建商应遵守及监察是否违反许可证上的条款。

在工地的实际管理及运作上，香港建筑商惯常在施工前订立噪音控制措施，发出指引，要求工地在施工时严格遵守，以减低施工时所产生噪音。以下是其中部分香港建筑界现时采用的噪音监管措施：

（一）混凝土工程

1. 工地在从事混凝土工程时，先要做足准备工作：

（1）在浇筑混凝土前一天，施工员需按总管指示，计算当天所需混凝土的数量、收口位置、浇筑方法与机械数量、作业位置及人手数量等。

（2）与混凝土供货商保持联络，安排供应混凝土的时间及速度。

2. 在可行的情况下，工地应采用电动振捣机及静音机械，施工机械要有适当维修与保养，以保持机械及灭音器状态良好，及正确操作以减少不必要碰撞的声音。

3. 机械在不使用时应尽可能全部关掉，或关掉音量较大的部位，如气阀、振动棒等。

4. 在浇筑混凝土时，施工员应根据实际情况调节混凝土供应速度，如遇到特殊情况不能按计划在管制时间前完成，施工员应在总管或工地负责人指导下尽快安排收口（注：因混凝土不能按技术操作规程要求连续作业而留下的施工缝在香港叫“收口”）。

（二）挖掘、打石及钻孔

1. 工地在整体工程安排上应尽量将产生噪音的工作与活动安排远离噪音敏感地方，如住宅楼宇、宾馆、酒店、临时房屋、医院、诊所、教育机构、教堂、图书馆、法庭及艺术中心等。

2. 如不能避免在噪音敏感地方附近操作如打石、钻孔等，应尽可能安排噪音工序分阶段及时间进行，而产生大量噪音的工作更尽可能安排于周围背景噪音较高的时间施工以减低施工噪音造成的滋扰（如中午时或交通高峰时间等）。

3. 工地打石钻孔机械（空气压缩机）应尽可能使用静音式或低噪音机械，工地在作业过程中使用特别嘈吵的设备如风炮、风钻等，应尽量采用有效的消声器，吸音板或隔音罩以减轻噪音的滋扰。

4. 所有手提撞击式破碎机及空气压缩机须按噪音管制条例规定，向环保署申请有关噪音标签，并贴于机身上。

5. 工地应监督及检查有关机械，保证机械得到适当的保养、维修及在操作时保持机械及灭音器状态良好，机械于不使用时应尽早关掉。

6. 如在噪音敏感地方的作业时间较长，工地应在可行的情况下装置隔音板等以减少对噪音敏感的地方造成的滋扰，隔音板材料的表面密度须为每平方米7千克，工地于施工安排上可考虑在接近噪音敏感的地方先建造有关建筑项目，利用已建造之建筑物作为隔音屏障，以减少噪音滋扰。

（三）塔式起重机及垂直运送物料架的运作

1. 尽量采用低噪音型号的动力装置，或考虑加设有效的隔音装置，如吸音器，消声器，隔音罩（但要保持动力装置的散热能力）。

2. 定期维修及保养机械活动装置部分，如定期加润滑油。

（四）模板装嵌及拆卸

1. 进行木料类模板工程时，应尽量采用低噪音型号的锯机，或以隔音材料罩在产生噪音的机器上，其次是考虑把锯木范围作全部或局部围封以减低噪音的扩散。而在清理混凝土浆的工序上，应尽量采用铲子为清理工具，从而避免锤子敲打时发出撞击声。在较接近噪音感应强的地方，应考虑控制其施工的时间，以减低对附近区域的影响。

2. 进行钢料类的钢模工程时，应尽量避免两件钢模接合时产生碰撞声，维修钢模工作时的敲打声等，更应考虑安排此工序在有遮隔的地方内进行，及控制其工作的时间以减低其滋扰。

（五）脚手架搭建及拆卸（订明建筑工程）

1. 在处理架杆料时应尽量避免抛掷和碰撞而发出噪音，并要尽量利用日间时间清理架杆料。

2. 在拆卸脚手架时要严禁工人把架子料从高空飞掷至地面而发出噪音。

（六）处理瓦砾、木板、钢条、木料及脚手架材料（订明建筑工程）

1. 施工位置应尽量远离噪音感应强的地方，及妥善控制其施工时间，从而减低其对感应强地方的影响。

2. 应尽量避免抛掷上述材料及产生碰撞声。

3. 工地在选用临时垃圾槽的材料时，应尽量采用塑料材料以减轻撞击时产生的声音。

4. 临时垃圾槽应尽可能安装在建筑物内，接驳位必须顺畅，以减少碰撞声。

（七）敲击式工具使用（订明建筑工程）

应尽量把敲击式工作的场地遮隔以减少噪音直接传送。

（八）车辆保养/使用管理（燃油发动）

1. 应定期检查所使用的车辆，如有问题应立即维修。

2. 过于残旧的车辆应尽量予以报废和更换。

第四节　建筑工地噪音控制的一般原理和方法

噪音控制策略有三个方向，选择用哪种策略，必须依据实际状况、噪音严重程度、施工方法、成本效益等各项因素，综合分析后，予以确定。同时可分阶段实施，来达成维护居家环境安宁的目的。

要确定工地噪音的管理方法，先要了解噪音污染的产生途径。声音先在噪声源因振动而发出声音，经空气传播而到达受音者（见图6-4-1）：

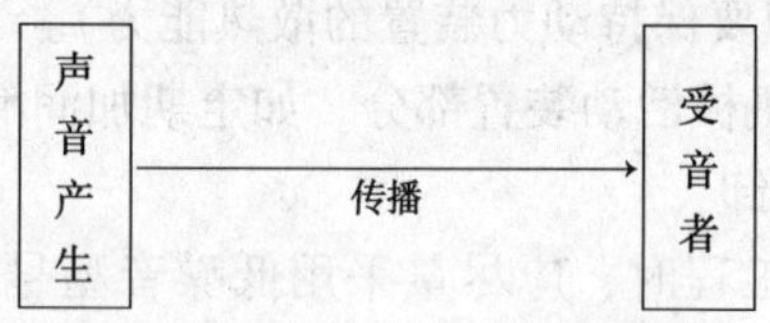

图6-4-1　产生声音污染的途径

故此，在控制噪音方面，可在三方面着手，包括：

- 控制噪声源
- 阻隔传播途径
- 保护受音者

现分述如下：

一、控制噪声源

降低噪声源，是控制和解决噪音污染的最根本方法。一般的方法有两种：一是控制噪声源，如改善设备结构、提高部件加工精度和装配质量，采用合理的施工方法等，从而降低噪音产生的功率；二是根据吸收、反射、干涉等原理，采用吸声、隔声、灭振和隔振等技术及消声措施，控制声源的辐射功率。

（一）改善设备结构及使用静音机械

建筑业除了追求高质量的建造产品外，更需要肩负保护环境的义务。在彻底控制噪声源的工作中，从声源上减低噪音是比较困难的，且受到各种条件和环境限制。因此，一般的噪声源控制方法往往集中对噪声源进行技术改造，例如建筑工地使用较静音型的机械设备。近年来，随着材料科技发展，各种新型材料应运而生，高阻尼合金及高强度塑料生产机器零部件以取代旧式的金属零件，对减低噪音产生起着显著作用。风机配以最佳叶片形状又或将叶片的长度减少，亦有助降低风机噪音，同时，把风机叶片由直片式改成后弯形，可降低噪音10分贝。

关于旋转的机械设备，应选用噪音较小的传动方式。一般齿轮转动装置产生的噪音较大，达90分贝，改用斜齿轮或螺旋齿轮，可降低噪音3～16分贝，若改用皮带转动代替一般齿轮转动，由于皮带能起减振阻力作用，因此可降低噪音

16分贝，对于齿轮类的转动装置，通过减少齿轮的线速度，选择合适的转动比，也能降低噪音。

特区政府在20世纪90年代初颁布有关“噪音标签制度”，目的在于管制在工地上10千克或以上的手提式破碎机及能输送500千帕斯卡或以上压力压缩空气的空气压缩机所发出的噪音。这类高噪音产品必须符合国际噪音标准，使用时必须已有“绿色噪音卷标”，凡制造、进口、售卖或租赁及使用不符合规例所订的噪音标准的指定产品将被检控。

现在，《噪音管制（手提撞击式破碎机）规例》及《噪音管制（空气压缩机）规例》订明，只有符合噪音标准的设备，方可获准输入、制造或供应给本港使用。此外，有关设备在使用前必须贴上噪音标签。生产商如欲获得上述标签，必须提出申请。

（二）改善施工方法

使用较新及较宁静的方法施工，取代传统的高噪音施工方法及设备，可减低在施工时产生的噪音。有关改善施工方法如下：

1. 使用油压式破碎机以代替传统的破碎机进行拆卸工程，以减低噪音。

2. 部分地下公共设施工程，使用较宁静的顶管法以代替明挖法。

3. 使用低噪音的焊接代替高噪音的焊接；

4. 建筑施工时，在考虑施工机械时可选择较宁静的机械，例如柴油打桩机在15m外其噪音达成100分贝，而压力打桩机的噪音则只有50分贝，孰优孰劣，即见分晓。

5. 使用塑料制造的垃圾槽代替金属制造的垃圾槽，减少在倾倒垃圾时产生的声浪和噪音。

（三）机器定期保养

大多数的机器是以马达或引擎作为动力来源，这些动力机件是仪器设备最主要的噪声源，为了防止轴承磨损所产生的噪音，需要定期保养及加上适当的润滑剂来消除刺耳的摩擦音，以降低机械噪音。

（四）设备处理防振

音源的防止中，最难解决的是振动的问题。在设备购买之前必须考虑有关设备产生噪音及振动的问题，应要求制造厂商提供适合该设备的自然频率的防振垫，以收较好的隔振效果。

（五）设备加装防音罩及灭音器

音源管制的另一方式为采取设备防音罩，其主要做法是利用防音板材，将音源围起来，避免声音的传出，其减音的效果是相当理想的。由于整个音源被包围起来，使得设备通风、散热不易，所以必须加装通风风扇及消音箱，而消音箱内往往设有吸音材料，以避免噪音从设备接口传出。

噪声源被包围起来对设备的操作及维护往往会造成不便，因此防音罩在设计及使用上必须预留检修门及安全玻璃窗口。目前，商品化的防音罩大多采用组合式的设计，防音板可重复拆除、安装，以便于设备维修或保养。例如，工地使用的发电机及风机，由于体积较少及音源较为集中，且位置固定，因此可简单地加装防音罩，以达至减低噪音的效果。

二、阻隔噪音传播途径

从传播途径控制噪音的方法包括：合理控制噪音布局、切断噪音传播途径、把噪声源与居民隔离；其中吸声、隔声和消声等利用声学控制技术是噪音控制的主要措施之一。

（一）设置隔音墙或防音屏

在无法对设备做音源的防制的情况下，工地往往以阻隔传播途径的概念减低噪音的滋扰，最常用的方法为设置隔音屏或妥善利用建筑物的遮蔽效果以防止噪音的传递。在声学的原理上，隔音屏障是运用隔声及吸声的特性作为减声效果。隔声的原理是根据噪音的能量入射（即称入射声能）到一个壁面上，在声波的作用下，壁面按一定的方式进行振动，这部分声能称为透射声能。透射声能只占全部的入射声能百分之一，而绝大部分入射声能都被反射回去。故此，在这基础上，吸声则是指当声波在传播过程中遇到各种固体材料时，一部分声能被反射，一部分声能进入到这类材料而被吸收，还有很少一部分声能透射到另一侧。人们常将入声能 E_i 和反射声能 E_r 的差值与入射声能 E_i 之比值称为吸声系数（α），有关的方程式如下：

$$\alpha = \frac{E_i - E_r}{E_i}$$

吸声系数 α 的值取在 0～1 之间。吸声系数愈大，表明材料的吸声性愈好。一般来说，α 在 0.5 以上就是理想的吸声材料。现时，大部分的吸音物料都是多孔材料，分纤维类（包括玻璃棉）或泡沫类（包括氨基甲酸酯泡沫塑料）。

而采用适当的隔声措施如隔声屏障和隔声罩，一般能降低噪音声级 10～50 分贝。但隔声量的大小与构件的结构、性质和入射波的频率有关。同一隔音构件，对不同频率的声音，所发挥的隔声性能可能有很大分别。而一般在建筑工地常用的临时隔音屏，组件主要由不少于 50 毫米厚的吸音衬垫及 10 毫米厚的木板或 1 毫米厚的铁板造成。

隔音屏的作用主要是由于当声波遇到隔音屏时，一部分声波被反射，而另一部分从屏障的上部绕射。在屏障后形成声影区。声影区的噪音明显低于非声影区。隔音屏的效果与声波的频率及屏障的大小亦有关系。低频声波的波长较长，绕射能力强。因此隔声屏对低频声波的隔声效果相对较差。为避免声波绕射，保证形成有效声影区，隔声屏要有足够的高度和长度，尤其是高度，有效高度越高越好。而距离声源越近，所能减少的噪音也就越多（见图6-4-2）。

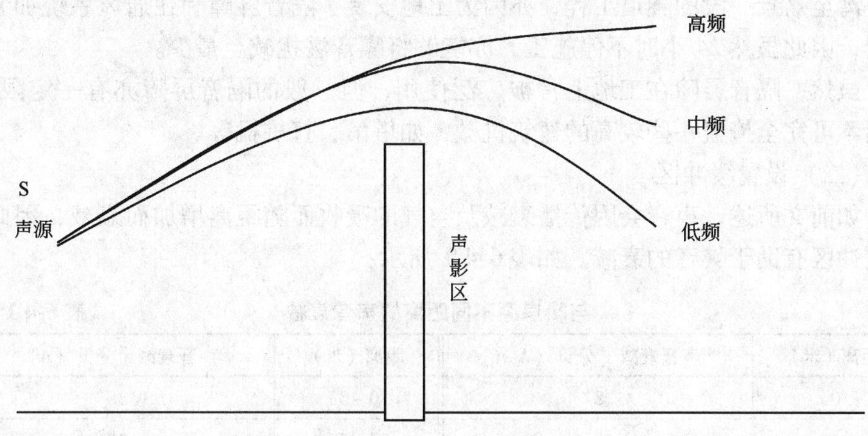

图6-4-2　隔音屏的作用

另外，隔音屏本身须有足够的隔声量，其隔声量最少比入射的声音损失高出约10分贝，故一般使用砖、混凝土或钢板、铝板、塑料板、木板等轻质量多层复合结构。再者在设计方面，由于隔音屏主要用于控制直接传递的声音，为了有效地防止噪音的发散，其形式如二边形、三边形、遮檐式等（见图6-4-3）。

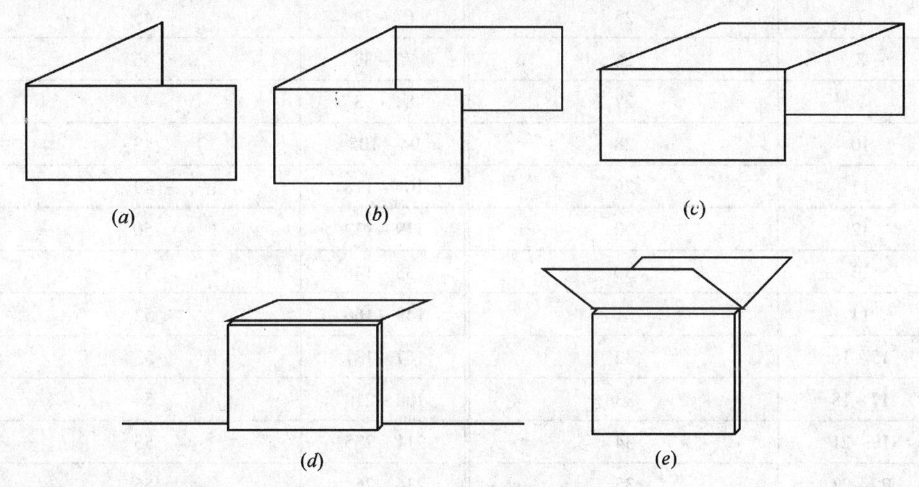

图6-4-3　隔音屏基本形式

（*a*）两边形屏障；（*b*）三边形屏障；（*c*）管道式屏障；（*d*）r形屏障；（*e*）遮檐式屏障

隔音屏障在很多工程上都有使用。举一实例，香港的地铁公司将军澳支线的某路段建筑工程，引用密闭式施工，以免滋扰居民，通风系统亦配套了噪音消减装置。另外，地铁鲗鱼涌站的工程，为避免附近居民投诉，地铁公司施工时加设大量隔音屏，令投诉大幅下降，从1999年的66宗减至2000年的16宗。至于西铁荃湾至荔景一段的隧道工程，亦因为工地安装了隔音屏障和在通风系统加装灭声器，因此虽然24小时不停施工，亦能够将噪音滋扰减至最少。

虽然，隔音屏障在工地上常被广泛使用，但一般的隔音屏障亦有一定限制，包括不可完全掩盖一些较高的建筑机械，如塔吊、打桩机等。

（二）设置缓冲区

如前文所述，声音会因传播衰减及空气的吸收而随距离增加而衰减，因此设置缓冲区有助于噪音的衰减。如表6-4-1所示：

与噪声源不同距离的声音衰减 **表6-4-1**

距离（米）	声音衰减［分贝（A）］	距离（米）	声音衰减［分贝（A）］
0	8	30~33	38
1	8	34~37	39
2	14	38~41	40
3	18	42~47	41
4	20	48~52	42
5	22	53~59	43
6	24	60~66	44
7	25	67~74	45
8	26	75~83	46
9	27	84~93	47
10	28	94~105	48
11	29	106~118	49
12	30	119~132	50
13	30	133~148	51
14	31	149~166	52
15~16	32	167~187	53
17~18	33	188~210	54
19~21	34	211~235	55
22~23	35	236~264	56
24~26	36	265~300	57
27~29	37		

以操作一台声级率为108分贝（A）的手提电炮为例，如操作时跟噪音敏感强的地方相距100m，如表6-4-1所示，噪音敏感强的地方实际只会接收到（108－48）=60分贝（A）。由于此方法相当有效，因此很多建筑工地都会将较

噪吵的工序安排至距离噪音敏感强的地方较远的位置，以减少对附近居民的滋扰。

三、保护受音者

在噪音管制工作的层面上，保护受音者的方案是相对地比较消极的方法。故此工地施工管理人员在考虑灭音方案时，会较少选择以保护受音者为噪音管制的原则。承建商较少用这个方式来处理噪音问题。然而，在香港特区的工程上亦有曾采用上述方法的例子，包括替建筑工程附近的居民安装冷气，令他们关上门窗，以减少噪音，或迁移受音者到别的地方暂避。

事实上，香港市民对环境素质日渐提高，除了要求有一个空气清新的生活环境外，安静的空间也不可缺少的。政府应在环境及发展中取得平衡，除修改及检讨噪音法例外，亦应考虑研究较静音的建筑方法及将噪音标签制度扩展至其他设备等，以保障我们及下一代的身心健康。

第七章　建筑工地的废物及控制处理

随着经济的快速增长，全世界所产生的废物量以几何级数倍增，所引致的环境污染问题，资源及能源利用问题越来越明显，越来越严重。能否对其作妥善处理和解决，是世界各国可持续发展的一个重要条件。

全球的废物问题早已出现，一些依靠堆填为最终处置废物办法的城市，由于世界人口不断激增，经济迅速发展，建筑工地比比皆是，种种因素构成废物产生量不断增加。然而，弃置废物场地逐渐饱和，开发新的堆填区困难重重，使社会面临垃圾包围的困局，情况日趋严重。此外，近年来，发达国家将大量废物，特别是危险废物通过各种途径向发展中国家转移，使废物处理问题动态化、国际化，形势进一步复杂化，这就进一步引起了全世界的关注。社会上的废物问题是最早被联合国所讨论的环保议题之一，反映有关问题的严重性及世界各国对因废物引起的环保问题的极大关注。

本章就建筑工程在实施过程中废物的产生、对人类及环境的危害以及控制处理方法进行专门论述。

第一节　建筑废物的产生

建筑固体废物亦称建筑废物，是指建筑工地在项目施工过程中利用完其使用价值后丢弃的固体状或泥浆状的物质，其中包括建筑垃圾、废弃原材料及半成品以及从废水、废气中分离出来的固体颗粒等等。建筑废物可以划分为多种类型。现分述如下：

一、建筑废物的分类

废物的分类方法，根据不同学术理论有不同的分类方法。

（一）依废物之型态分类，可分为：

1. 液态：废物呈液体状态，如废酸、废碱、废油等。

2. 泥态：废物呈半固体状态，如污泥。

3. 固态：废物呈固体状态，如废纸、木材、灰烬、混凝土等。

（二）依废物之燃烧性分类，可分为：

1. 可燃性：可以焚化燃烧的废物，如废纸、废油等。

2. 不燃性：不具燃烧性质的废物，如灰烬、金属、砂石、玻璃及混凝土等。

3. 难燃性：具有可燃性的废物，但因含水分高或含有其他燃点很高或不燃性杂质，致其可燃度降低而难以燃烧的废物，如食物残渣、污泥等。

（三）依废物之毒害性分类，可分为：

1. 有害性：废物成分中含有重金属氰化物等有毒、有害物质的物质。

2. 微害性：废物中含有微生物滋生，有腐败、致病原之虞者的物质，如粪便、食物残渣等。

3. 无害性：不含毒害物质或有害微生物的废物，如废土、沙泥等。

二、建筑废物产生的来源

废物种类繁多，且其产生源各异，其组成分不同，处理方法亦迥然有别。即使是同一类之废物，其组成成分亦常因时、因地而不尽相同。故欲求有效的处理废弃物，必先对废弃物之组成成分与产生源，作分析及了解。

本章节以建筑业为题，故此，以下集中于建筑工程在施工过程中产生的废物。建筑废物主要包括建筑拆卸物及建筑废料，它们的组成主要是包括拆除建筑物所产生的木材、水管、砖石块、混凝土块、泥砂及其他建筑材料之废料。场地平整、掘土、楼宇建筑、装修、翻新、拆卸及道路等工程所产生的剩余物料，统称拆建物料。拆建物料主要是惰性物料，即一般所说的公众填料。公众填料适合用来填海和平整土地，但只要经过适当物料分类，混凝土和沥青等物料可以循环再用，作为建筑材料。而余下的非惰性物料，如竹、木料、植物、包装废物及其他有机物料。这些废料有别于公众填料，不能用来填海，最终只可运往弃置或处理。

建筑工地产生的废物数量以拆卸及建筑废料为最多，化学废物是其次。化学废物是指那些本质具危险性或对环境有害的液体、半固体及固体废物。在建筑工地常见的化学废料有废白胶浆、废润滑油、废酸及废碱、废有机溶液、石棉、汽油桶和模板油桶、废油漆等。

建筑工地因有工人在作业，生活废物因而产生。生活废物包括纸张、食物残渣、人体排泄物、包装物料等等。

第二节 建筑废物对环境及人体健康的影响

随着人类社会经济的日益发展，建筑业十分兴旺，建筑废物数量亦逐年增加。人类为处理这些固体废物花费了巨大的人力、物力和财力，不仅成为人类社会的一种负担，而且不适当处理和堆放固体废物，会造成对环境的严重污染。固体废物中的化学有害成分可通过环境介质，如大气、土壤、地表或地下水体等直接或间接传至人体，造成健康威胁。图 7-2-1 简示废物影响环境和人体健康的途径。

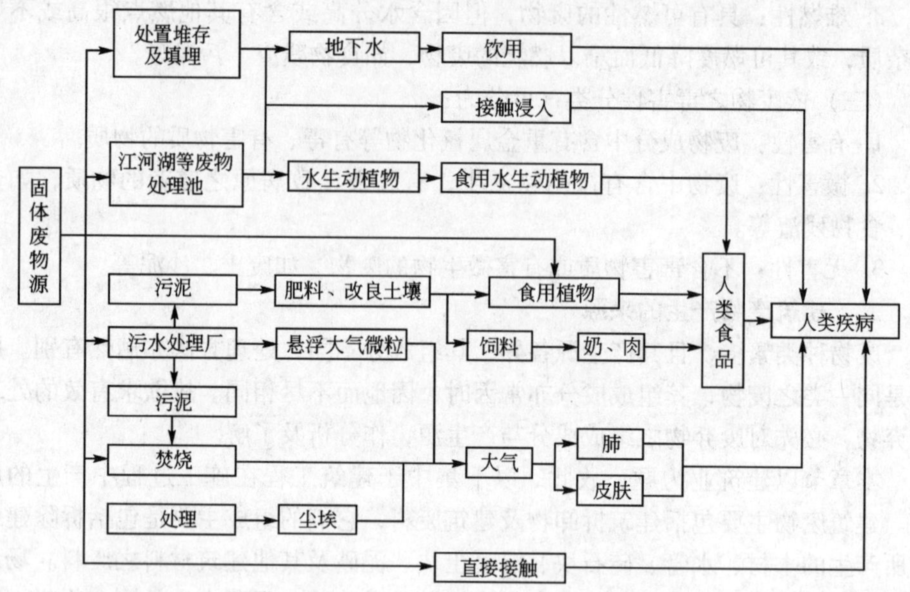

图 7-2-1　废物影响环境和人体健康的途径

一、对土地资源构成压力

土地是人类生存发展的重要资源。然而，建筑废物随着建筑过程而产生，因弃置、处理而占用大量的土地，在地小人多的城市，会出现土地使用上的矛盾。以香港为例，填土区和堆填区严重不足，政府预计，堆填区在未来 10～12 年之间会填满，公众填土区亦会在 2005 年中用完。近年，现存 3 个堆填区接收建筑废料占整体的废物量四成以上，如果缺乏公众填土区，又不推行减废措施，则有更多公众填料运往堆填区弃置，进一步缩短堆填区的寿命。

此外，建造和营运废物堆填区的费用相当昂贵，如废物量日复一日，年复一年地增长，要处理每日庞大的废物量，建造及营运费用是一个城市沉重的财政负担。造成政府的财政压力。

废物需要地方作弃置处理场地，在地方狭小的地区，为拨出土地处置废物而不惜开垦山林原野，使自然生态、风景区和文化遗产慢慢消失，让路予废物处理设施。更有甚者，不法废物处理商亦因贪图便捷，非法倾卸废物等，导致自然环境的破坏，造成损害。

二、对大气的污染

堆放的固体废物中的细微颗粒、粉尘等可随风飞扬，从而对大气环境造成污染。建筑废物与垃圾在堆放过程中，在温度、水分的作用下，某些有机物质发生分解作用，可以不同程度产生有害气体或恶臭，造成地区空气的污染。

另一种有关废物对地区环境的影响是废物堆填区中释放出的沼气（甲烷），

沼气积聚引致空气中的氧气消耗。对该地方植物的生长有不良影响，使其虚弱，抑制生长及发育。

三、对水体环境造成污染

全世界有不少国家直接将固体废物倾倒于河流、湖泊或海洋，甚至以沿海地方作处置固体废物的场所之一。固体废物弃置于水体，使水质直接受到污染，严重影响水生生物的生存条件，破坏生态平衡。此外，雨水渗透堆积的固体废物和废物本身的分解，产生渗滤液和有害化学物质，经过转化和迁移，将对附近地区的河流及地下水系和资源造成污染。

四、改变土壤结构

固体废物、其淋洗水和渗滤液中所含的有害物质往往在土壤中积存，并改变土壤的性质和土壤结构，对土壤中微生物的活动产生影响。这些有害成分的存在，不仅有碍植物根系的发育和生长，而且还在植物有机体内积蓄，通过食物链危及人体健康。

在固体废物污染的危害中，最受关注及最为严重的是危险废物的污染。危险废物包括具有易燃、易爆和腐蚀性等类废物，极需防范及注意其潜在的危险，其中的剧毒性废物最易引起实时性的严重破坏，并会对土壤造成持续性危害，不良影响深远。

根据物质的化学特性，当某些不兼容物相混时，可能发生不良反应，包括热反应（燃烧或爆炸）、产生有毒气体（砷化氢、氰化氢、氯气等）和产生可燃性气体（氢气、乙炔等）。若人体皮肤与废强酸或废强碱接触，将发生灼性腐蚀作用。若误吸收一定量化学品，能引起急性中毒，出现呕吐、头晕等症状。

五、危害人类和动植物健康

为节省处理化学废物所需费用，人们有时宁冒遭检控的危险，非法弃置化学品在路边、渠口、河流、引水道、荒地、农地或鱼塘等地方，这是极不负责和极不道德的行为，因为这些弃置化学品会污染环境和危害公众健康。化学品在空气、水和土壤中扩散，会通过呼吸、饮食或接触进入人体，对人类健康造成实时的和长远的不良影响。化学品也可能流入河流、地下水道或引水道，污染饮用水，干扰污水处理程序。化学品留在土壤中亦会污染土地、危害人类和动植物的健康。

意外泄漏的有毒燃油会实时伤害附近的动植物，对环境带来不可弥补的破坏。要是贮存的地方意外泄漏，或工地机械操作不良而经常泄漏带有汽油味的液体（很可能是油污），污染环境亦会产生。如污染源接近水体，燃油泄漏后有可能沿水体继续扩散，扩大受污染的范围。

油污有毒，动物大量吸入或接触这些有毒物质可引致死亡。专家指出，陆上油污有一半以上最终会流到大海。油污密度比水低，因此会浮于水面，严重威胁水面的生物。油污会覆盖水鸟的羽毛或水中哺乳类动物的皮毛，使它们无法保温且只能浮于水面，间接使它们死亡。假如油污密度比水高，下沉的油污会令海床上的生物如贝壳、珊瑚类窒息至死。

另外，油污也会如骨牌效应般破坏海洋食物链，浮游生物受油污所害而死亡，以它们为生的幼鱼或其他动物也会减少，继而影响食物链中更高层的捕食者，包括人类在内。

第三节 建筑废物的控制及监管

建筑废物管理是各个城市和国家同样面对的难题，而作出的控制及监管手段各有差异，虽然有关问题暂时仍不能永久性解决，但是成效是显著的，甚至立竿见影。就各国地区对建筑废物的控制手段如下：

一、亚洲地区

（一）香港

香港将建筑废弃物统称为“拆建物料”（C&D Waste），并区分为惰性与非惰性两类。惰性物料指不会分解及无臭味的物质包括碎石、混凝土、沥青、建筑物拆除后的瓦砾及挖掘的石头或泥土；而非惰性拆建物料则包括竹子、塑料、木材与其他可被分解的有机物。香港之拆除物料中非惰性拆建物料约占20%，而惰性物料占80%，可用于填海或整平土地工程。其中，大部分拆建物料皆由业主自行监管及分类，经由政府机构发出倾卸泥土执照，由运泥车经陆路运往适当地点卸置。为有效管理拆建物料，自1999年7月1日起，所有香港政府工程合约均开始实行运载记录制度，以有效管理拆建物料。目前运往公众填土区的拆建物料已达到80%，而惰性物料的再利用方式皆以填海或整平土地工程为主。

为了更有效地控制建筑废物的产生，社会各界均认为香港有需要仿效台湾地区、纽约市等地方，以行政及立法手段，向建筑承建商实施堆填区收费。而堆填区收费以“污染者自付”的原则，按有关生产污染物的数量，生产者须缴纳一定的费用作为处理废物之用。香港在全球各国之中是少数没有直接收取废物处理服务费用的城市之一，消费者目前虽然不用个别支付收集和处理固体废物的费用，但有关费用则由政府的财政费用中支取，间接将费用转嫁给纳税人。纳税人单就城市固体废物的收集、处理和弃置等，每年共须支付15亿港元，费用庞大。为鼓励建筑业减少产生废物，政府于2003年草拟征收堆填区收费办法，这样可促使承建商有更大的推动力在建筑工地切实贯彻执行废物管理计划，以减少因堆填区收费给企业带来的成本开支。

目前，香港的化学废物管制是由《废物处置（化学废物）（一般）规例》所监控。而管制计划的目的，在于保证化学废物从其源产地以至最后弃置地点的各方面，均能妥为处置，有关管理计划见图7-3-1。

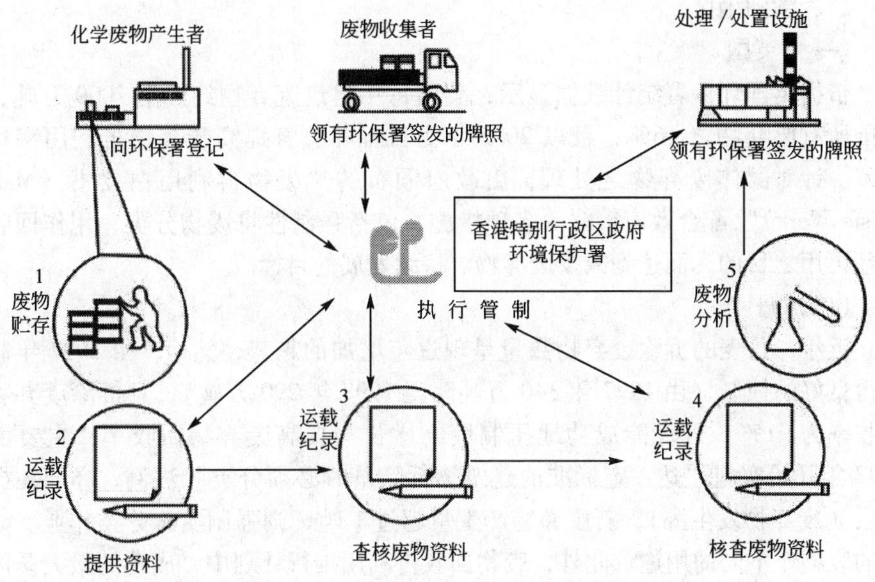

图 7-3-1 “由始至终”的化学废物的管制计划

（择录自香港环保署出版的《化学废物管制计划指南》）

（二）新加坡

依据新加坡环保署于 2000～2003 年的统计资料显示，该城市每年约产生 33 万吨之建筑废弃物，其中约有 63% 回收再利用，其余 37% 则运往堆填区弃置。为此，新加坡政府在考虑过拆除废弃物中，数量最庞大的废物者为废弃混凝土块与砖瓦等坚硬石块。故此，政府将此类废弃物以无偿或低价转让或售予承包商的处理方法，有关弃料建筑商将应用于施工建造之临时道路、施工便道或低地填埋，以此作废物为控制处理手段。

（三）日本

建筑废物的回收再用技术和实施计划在日本是相当成熟的，在 1995 年之废弃混凝土与废砖瓦再利用率为 65%，其中 20% 使用于道路级配料，80% 作为填方。近年该国引用有关信息网络科技作为交换废物的平台，建筑废物交换中心，使不同回收商交换对自身的业务范围有价值的废物。而根据日本“废弃物处理法”规定，废物务必由产生机构自行处理，因此，该国早年已设立“中间处理业者”，意即替有关生产废物的机构，将营建废弃物中惰性物料作破碎处理，处理后的废物造成商品。为进一步将废物利用，日本建设业协会提出再生材料与再生混凝土使用标准建议，并于 1986 年发表再生材料品质基准案，以确保其废物所生产出物品的品质合乎要求，提高产品的应受性，直接培养废物工业。于 2000 年日本全国更达到“最终处置量减半”之目标，为再利用率提升到 90%。

二、欧洲地区

（一）英国

依据英国环保署统计数据显示，英国每年建筑废弃物约产生 7000 万吨，占全国所有废弃物之 16%，且以 2005 年为目标年，将提高废弃物再利用率达到 60%。针对固体废弃物之处理，由政府颁布的“废物再利用白皮书（Making Waste Work）”配合政府策略等多项措施，包括强制性将废物分类，用作回收及循环再用之目的，而达到减少废弃物、持续发展的目标。

（二）丹麦

近年，丹麦的拆除废弃物数量呈现逐年增加的趋势，然而，由 1997 年起已获得良好的控制（由 1997 年 340 万吨降至 1998 年 290 万吨），且拆除废弃物的回收率为 91%。丹麦能成功地压制废物增长与提高废弃物回收率，主要由于 1997 年开始实施“达一定标准的建筑物拆除量时必须分类”法例，亦即在拆除阶段（废弃物发生源），若废弃物产生量超过 1 吨，则强制实施分类作业。分类出的废物作不同的用途。此外，废物回收再利用推行计划中，成功的最大诱因在于“税”，因为回收再利用所产生的利益所得，据法例将不用纳税，另一原因是由于政府对于拆除废物再利用处理进行费用补助津贴的办法。

（三）法国

法国国内新建工程并不多，再加上处理建筑废物的处理场地仍充裕，故此，建筑废弃物所衍生的相关问题，目前尚不严重。至于装修工程所产生的废物，其中混凝土与砖石部分，大多以行政指导方式进行回收再利用，惟废物在现场分类并不完善，多随意堆置等候运出处理，因此再利用成效不佳。而对于建筑废物的处理规定为承包商的责任，但废物被清运出施工现场时，废物处理的相关负责则转嫁于清运公司身上。

（四）荷兰

荷兰每年兴建与拆除的建筑废物数量为 1500 万吨，约占全国固体废物总量的 26%，且每年废物的增加量为 1100 万吨，对于建筑废物的回收再利用，超过 90% 的废弃混凝土块皆运用于道路底层之填充材料与填海造陆工程。荷兰于 1997 年 4 月颁布“禁止倾倒可回收再利用的废物”条例，严禁对可回收再利用废物进行最终处理的行为，仅允许政府认可的破碎场地与分类场地可对无法再利用的废物进行最终处理。另外，还通过构件标准化、延长建筑物使用寿命及提高回收再利用率等方式，达到建筑废物减量与回收再利用的目标。除此之外，还强制性推行各类工程至少应使用 20% 的再生建筑物料。

三、美洲地区

（一）美国加州

根据美国加州政府统计资料：加州每年约产生 1100 万吨的拆除废物，占所有废物总量的28%。其中废弃混凝土块及废砖瓦主要回收应用于道路路基与路肩的施工用途、碎石路的路面铺设或建筑物基底与低洼地区的回填料。而目前并无针对拆除废物所制定的法规，仅以“废物管制条例（AB 939）”管制所有废物。

（二）美国伊利诺伊州

美国伊利诺伊州环保局表示，实施建筑废物再利用之原因是基于经济上考虑，借以节省营建废物之弃置费用。于法例方面并无针对营运废物回收再利用的规定，仅以“伊利诺环境保护法案（IEPA Illinois Environmental Protection Act）”管制所有废物。营建废物再利用项目主要为沥青混凝土与废弃混凝土块，其中废弃混凝土块可应用于洼地、低地的回填料，节省需弃置之处理费用。目前拆除废物回收再利用率约为20%。

（三）加拿大

加拿大将废物区分“施工建造废物”（Construction Waste）与“拆除废物”（Demolition Waste），施工建造废物即所有施工建造阶段所产生的废物，包括废木料、开挖土方、金属、水泥块、混凝土块、砖瓦、玻璃、废电缆、隔热材料、纸类、塑料、纤维等。而拆除废物为所有拆除工程所产生的废弃物，包含废木料、开挖土方、金属、水泥块、混凝土块、砖瓦、玻璃、废电缆、隔热材料、纸类、塑料、纤维、家电、废弃设备、家具、沥青、石膏等。据相关资料统计得知，如多伦多、温哥华，目前废弃混凝土与废弃沥青混凝土的再利用率已达84.8%。最常见的回收方式为破碎后作为路基填料，或作为沥青混凝土的骨料，至于其他地区则仍以弃置堆填处理为多。

第四节　建筑废物的治理方法

一般而言，工地产生的废物有三种，包括生活固体废物、拆建废物及化学废物，这些废物必须以不同方式治理。在治理有关废物的方法中，基本上可分两大类型，第一是减少，第二是处理。

一、治理概念

（一）减少废物

减少废物指在废物问题的根本源头出发，研究措施，以达到消减废物的数量。减少废物分为3个概念：

1. 避免产生废物

避免产生废物意指在生产及建筑过程中，将有可能产生废物的施工步骤加以改善，达到避免产生废物，例如工地上采用组合式预制件，避免产生多余的混凝土废料块。

2. 减少废物量

减少废物量意指在废物的数量方面着手，包括选择产生较少废物的施工过程或产品，例如工地要求供货商提供较少的楼宇设备包装物料。

3. 废物重用、废物复修、废物循环再造

在工地上的废物有部分是可以再用的，倘若该废物是不需加工而可以再用的，被称为“废物重用”；而该废物的部分物料和零件需在加工后再用的，即称为“废物复修”；若废物需要整个分解、破碎，使用其他物料作重新整合，即是“循环再造”。工地上一般常见的重用、复修、再造废物例子屡见不鲜，例如废混凝土粒作铺地面、废木板作临时工人休息室兴建之用等等。

（二）废物处置及处理

废物减量是针对问题根源的治本之道，各国均以此作为优先采用的治理废物方法。可是减少废物措施只能把废物控制在合理水平，绝对不能令废物从此消失，因此有关治理方法必须包括废物处理这个概念。

废物处理意指应用物理、化学、生物处理等方法，将废物在自然循环中，加以迅速、有效、无害地分解处理，以达到“减量化”、“安定化”及“安全化”的目标。故此，环境科学上，将有关建筑废物治理方法的概念划为3种。

1. 无害化：无害化亦称安全化。废物内常有许多生物性或化学性的有害物质，废物的处理安全化，亦即目标之一，是以各种处理方法，将此等有害物质安全化或无害化。例如利用焚化处理的化学法，将微生物杀灭，将有毒物质氧化或分解。

2. 安定化：废物中所含的有机物质，在任何时候不停地腐化分解，产生臭味或衍生成有害微生物。故此，废物处理的最终目标之一是使此类有机质能安定化，不再继续分解或变化。例如，以厌氧性处理工地上的生活废物，使其实时产生甲烷气，而处理后的残余物，亦已完全腐化安定而不再发酵分解。

3. 减量化：废物一般多疏松膨胀、体积庞大，不但增加搬运费用，还会缩短堆填处置场地的使用年限。减量化废物处理是指将固体废物予以压缩，或将液体废物加以浓缩，或以焚化处理将废弃物烧成灰烬，其体积可以缩小至十分之一以下，以利运输或堆填。

二、建筑废物的治理方法

根据以上对有关建筑废物的控制概念，香港政府着手研究有关治理建筑废物的制度及行政手段，并咨询、落实及检讨有关制度，以求达到最佳效果。就香港的情况而言，治理建筑废物的制度可分为两个范畴：

（一）减少废物手段

1. 制定建筑减废计划

制定建筑减废计划旨在鼓励建筑商在施工前对其工地上的废物有周详的安

排，从而减少生产废物及减少废物所带来的环境问题。所有公营建筑项目在投标时及建筑项目开始时完成废物管理计划，订明废物管理和减废的工作模式，对主要的废物类别及减废方法作出研究。而妥善的废物管理计划，一般包括定出主要减量的废物类别（一般而言，应先考虑减少有损环境、体积庞大、有价值、可回收再用或可循环再造的废物）、定下减废目标（就每类指定的废物设定减废目标，例如减废量及再造率的百分比）及就每类指定的废物制定减废措施，包括减废计划、作业程序、指引和程序等。

2. 低废物量的建筑设计及技术

（1）建筑从简

建筑可以从简，但首先是建筑施工项目的设计内容就必须从简，例如使用较薄的内墙和楼板、建造较小的地基等等，有助节省原料，减少废物量。

（2）均衡的挖填设计

地基及土木工程在设计上，可利用挖掘工程的弃土作为回填料，使土石方量达至挖、填平衡。减少产生弃土。假如不可能在工地内保持挖填量均衡时，应安排由其他工地接收弃土，同样，可减少产生弃土。

（3）标准楼宇设计及预制楼宇组件

楼宇设计及间隔标准化，有助使用预制楼宇组件，如外墙、楼梯及半预制楼板等等。建筑构件在工地以外地方预制，可减少浪费原料，此外，经厂房控制的生产工序其产品质量更加可靠，技术和设备亦更先进，对减少原料耗用量大有帮助。

（4）供长期使用、再用和再造的设计

建筑设计应该具弹性，以便楼宇日后可以改建。此外，应鼓励回收砖块、瓷砖之类的拆建物料，循环再用。回收的拆建物料，例如碎石骨料和沥青，可用于新建工程。应鼓励使用煤灰，并以耐用的可再造物料（如金属），代替木料。

（5）拆卸工序

楼宇拆卸工程在设计方面，应尽可能使用可回收再用和可再造的物料。因此，应先考虑以人手进行拆卸和解组工序，然后才考虑使用破碎机、推土机、起重机吊锤及炸药，因为一经使用该等设备，拆建物料只可以循环再造，不能回收再用。如属可回收的物料，例如金属、木料、砖块及瓷砖，应先行拆除，方才动工拆卸楼宇。为免各类拆建物料混杂一起，应按次序、有选择地分阶段进行拆卸工程，以便每次移走指定类别的物料。

（6）原料管理

a. 物料的管制和养护

过早订购原材料或订购量过多的原材料，加上贮存和养护欠佳，往往会引致原材料变质和受损。为免原材料积压，应在适当的时间，订购适当数量的原材料，并且妥善控制和记录物料的流程。剩余的物料应集中一起贮存，同时要采取适当的保护措施（见表 7-4-1）。

b. 物料的使用

不小心处理和使用原材料，加上操作程序不正确，往往引致大量浪费原材料，多余和浪费的原材中部分将会变为废物，形成环境问题。为免浪费，原材料要物尽其用。因此，业者不但要修订现行的操作程序，加入减废措施，更要小心使用原材料；在进行安装和切割工序时，更应如此。即使是破损的物品或碎料，亦可考虑在工程中作片块使用。

原 料 贮 存 表　　　　表 7-4-1

物 料	在有盖的地方贮存	在安全的地方贮存	放在托垫上贮存	加封贮存	特 别 规 定
砂、小石、石块、凿碎的混凝土					放在稳固的基座上贮存，以免物料丢失，造成浪费。如数量颇多，应设间格贮存
抹灰泥、水泥	√		√		避免物料受潮
混凝土、铺面料				√	原装封存，在使用时，方才启封。用车运载时，慎防物料受损
砖块			√	√	原装封存，在使用时，方才启封。用车运载时，慎防物料受损
瓦管、混凝土管			√	√	使用固定及分隔装置，防止管道滚动。原装封存，在使用时，方才启封
木料	√	√		√	确保所有木料不会因雨受潮
金属	√	√			原装封存，在使用时，方才启封
任何室内装置	√	√			原装封存，在使用时，方才启封
骨架外墙	√	√			以聚乙烯包裹，以免刮花
玻璃片、厚玻璃		√	√		保护玻璃，以免玻璃因处理不当或车辆颠簸而破裂
油漆		√			慎防盗贼
柏油毛毡	√	√			通常卷起，以聚乙烯包裹贮存
隔热物料	√	√			以聚乙烯包裹贮存
瓷砖	√	√		√	原装封存，在使用时，方才启封
玻璃纤维	√			√	
五金器具	√	√			
油类		√			视乎贮存量，以加油车、缸或罐贮存。慎防容器受损，避免泄漏油类。应加设挡墙，以防溢漏

续表

物　料	在有盖的地方贮存	在安全的地方贮存	放在托垫上贮存	加封贮存	特　别　规　定
路边石				√	避免物料因车辆颠簸受损，可喷上柏油，减少受损可能
黏土、石板砖		√	√	√	原装封存，在使用时，方才启封
表土、底土					贮存在稳固的基座上，以免物料流失，造成浪费。远离潜在的污染物
预制的混凝土组件					原装封存，远离车辆

（择录自 CIRIA 1997 Waste Minimisation in Construction：Site Guide）

（7）废物管理

a. 回收再用和循环再造

透过回收再用和循环再造，拆建物料可以废物利用，作为建筑材料。可行的方法，包括采用均衡的挖填设计，重复使用围挡、模板、脚手架等物料，并且把金属、混凝土及沥青等物料循环再用。拆卸重建时，拆卸工程的废物，可作为新建筑物的砖块和瓷砖，在原地循环再用。在拆卸工地把混凝土凿碎，亦可提供碎石骨料，用于在原地重建新楼宇。

b. 在原地进行废物分类

废物分类，对回收再用和循环再造十分重要。为方便把废物分类，应预留地方，指定作废物分类用途。此外，应以合适的箕斗，暂时贮存已分类的物料，例如金属、混凝土、木料、塑料、玻璃、弃土、砖头和瓷砖等等。即使地方有限，不足以把废物详细分类，亦应把废物分为惰性及非惰性两类。

（8）教育及培训

适当的教育及培训，有助提高业者的减废意识。此外，工地管理人员亦应在开展工程项目之前，与分包商及工人讨论废物处置的规定，并加以必要的培训，最好展示清楚易明的标志和说明文字，阐述减废计划。

（二）废物处理

废物处理是指通过采用一定的技术手段将固体废物转变成适于运输、利用、贮存或处置的过程，对于工地产生的废物而言，常用的处理技术包括物理处理、化学处理。

物理处理是通过浓缩或相关变化改变固体废物结构，但不破坏固体废物的物理性质的一种处理方法。

化学处理是采用化学方法破坏固体废物中的有害成分，从而达到无害化，或将其转变成为适于进一步处理、处置的形态。不同的固体废物，其处理技术不尽相同。在香港，有关应用在工地上的废物处理方法集中在堆填，焚烧两方面。

1. 堆填

利用坑地堆填固体废物是一种既可处置废物又可覆土造地使用的保护环境的措施，它是从传统的堆放和填地处置发展起来的一项最终处理技术。这种方法投资少，且简单易行。适于处置多种类型的废物，填埋后的土地可重新用作停车处、游乐场、高尔夫球场等，目前已成为一种处置固体废物的主要方法，也是固体废物的一种最终处理方法。

世界各国包括香港，乐于使用这种方法处置部分工地垃圾及其他固体废物。堆填区的设计和建造内容主要包括：废弃物区、雨水集排水系统（含浸出液体集排水系统、浸出液处理系统）、释放气处理系统、入场管理设施、入场道路、环境监测系统、飞散防止设施、防灾措施、管理办公设施、隔离设施等。其技术关键是填埋区的防渗漏系统，以保证将废物永久安全地与周围环境隔离。用堆填方法来处置垃圾，不仅操作简单，施工方便，还可同时回收甲烷气体，产生的甲烷经脱水使预热，然后去除二氧化碳后可作为能源使用（见图 7-4-1），所以虽然堆填方法费用高昂，但其方法已在全球多个地方得到广泛使用。

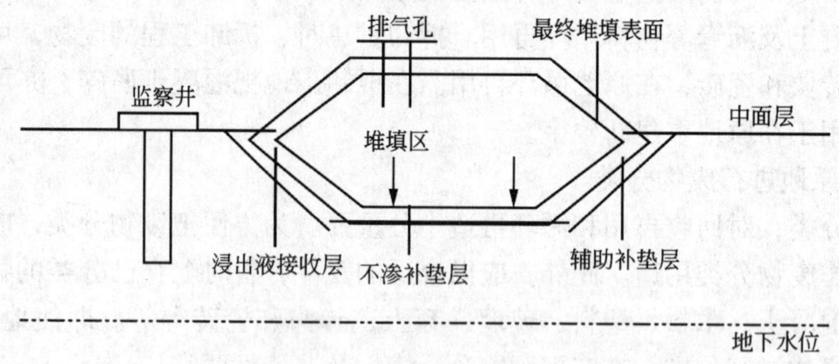

图 7-4-1　堆填区示意图

2. 焚烧

早期香港以焚烧方法处理废物，后来渐渐少用，改为以堆填处理方法处理废物。由于近年来堆填区出现饱和迹象，政府又着手研究有关焚烧方法在港再次使用的可行性。

焚烧法是对固体废物高温分解和深度氧化的综合处理过程，是对可燃性固体废物进行的一种无害化处理方法，也是有机物的深度氧化过程。固体废物的焚烧是处理可燃固体废物时，同时实现减量、无害和资源化的一种重要处理方法。固体废物的物理性质和化学性质一般来说相当复杂，其组成、幅度、形状、燃烧状况等均随时间和区域的不同而有较大的变化，同时焚烧后产生的剩余气体和灰渣也会随时改变。因此，固体废物的焚烧设备要求适应性强，操作弹性大，并有一定程度的自动调节功能。

焚烧方法的优点是可以回收利用固体废物燃烧产生的热能，大幅度地减少可燃性废物的体积（一般可减少 80% ~90%），彻底消除有害细菌和病毒，破坏有毒废物，使其最终成为化学性质稳定的无害化灰渣。它的缺点是只能处理含可燃物成分高的固体废物，否则必须添加助燃剂，使处理费用提高；而且容易造成二次污染，特别容易产生二恶英，为了减少二次污染，要求焚烧设施必须配置控制污染的设备，这亦进一步提高了设备的投资和处理成本。

第八章　可持续发展策略

从原始社会到现代文明，人类与自然界之间始终存在不可分割的互动关系，这关系流传至今，生生不息，由最初的人类利用自然，发展至人与自然界共同演化，互惠互利，形成可持续发展（Sustainable Development）的原始雏型。但是，进入工业时代以来，人类的发展对自然和社会环境造成的影响越来越大，越来越深远。主要表现在人类对自然资源的无序消耗和过度消耗上，人类在生产生活中，对地球环境造成的严重污染，致使自然环境的再生能力和净化能力大大减弱，进而使得人类的生存和发展受到严重威胁。1987 年联合国环境发展委员会上，首次提出有关可持续发展的概念，并首次对“可持续发展”的定义作了诠释，即满足今天人类的需求和发展同时又不损害子孙后代的需求和发展的一种能力和发展模式。换句话说，可持续发展包含了“长期可行性”和“维持质量”两个概念。这里的“长期”可以理解为 500 年、1000 年、一万年甚至“永远”，“维持质量”的时间含义亦是今天和“永远”。“可持续发展”就是保持人类的可持续未来。强调要是现今社会大兴土木，开拓地方，人类务必考虑其工程不损有关未来子孙需求和发展。该概念得到广泛讨论及认同，并纷纷成为世界各国追求和推行的国家政策之一。

为落实有关可持续发展的政策，两个新概念应运而生，包括可持续建筑及环境影响评估，科学地为各种城市建设安排整个项目的环境计划，有效地平衡工程建设与环境保护之间的协调关系，达到现在及将来我们所拥有的环境质量不受破坏，世代相传。

本章将着重就可持续建筑的概念、内容和实施，环境影响评估、监察与审核，社会行为与责任等题目进行阐述。

第一节　可持续建筑

可持续建筑、绿色建筑或生态建筑等，虽说法不同，然而其基本内涵相同。可持续建筑是指在建筑的整个周期内，包括规划、设计、建造、运营、拆除、再利用等，通过先进技术的研究开发予以集成应用，降低资源和能源的消耗，减少废物的产生和对生态环境的影响，为使用者提供健康、舒适的工作与生活环境，最终实现与自然共生的建筑。

一、可持续建筑的发展

（一）建筑在建造期或运作期造成的问题

世界人口不断膨胀，可耕农地迅速减少，全球正处于城市化高峰期，因建设而消耗资源总量增长迅速，以中国为例，在46种支持性资源（例如粮食、石油等）中，到2010年，只有20种资源能够自给，到2020年，只有6种资源能自给，其余需要进口。

建筑业的发展对国民经济作出了重要贡献，但部分国家的建筑行业科技处于低水平，仍属于高消耗、高污染的发展模式。据统计，部分国家（包括中国），建筑业消耗的物质占全国物质消耗总量的15%左右。每年房屋建筑的材料消耗量占中国消耗量的比例约为：钢材占25%、木材占40%、水泥占70%、玻璃占70%、运输量占8%。建筑材料消耗的矿产资源约50亿吨/年，生产能耗约1.6亿吨标煤/年，占中国能源生产的13%；建筑能耗约占全国的28%；由于普遍使用实心黏土砖建房，每年因烧砖毁田约10万亩，50年来人均耕地面积从3.88亩减少到1.58亩，土地资源减少形势严峻。

建造业既创造了美好的生活空间，也因其施工过程，对环境产生了严重影响。建造业对环境的影响是内在的和多方面的，这些影响可以是直接的或间接的、有益的或有害的、清晰的或含糊的，其中是最常见的负面影响有以下几项：

1. 空气污染。施工工序如挖掘、翻土、钻孔和机械破碎等，如没有采取适当的防尘措施，便会产生大量尘埃，对附近居民造成滋扰和影响健康。另外，工地机械所排放的废气令空气的质量下降，废气中的二氧化碳还会引致温室效应，令全球气温上升。

2. 产生噪音。施工过程无可避免需要使用机动设备，而这些设备所产生的噪音会对附近居民造成滋扰，纵使采取噪音消减措施，建筑噪音亦不可能完全避免。

3. 水污染。建造工程，特别是大型灌注桩工程，在施工过程中产生大量的污水，如没有经过适当处理就排放，便会污染海洋、河流或地下水等水体，直接危害水中生物。若污水中的重金属或其他毒素沿食物链积聚时，最终会危害人的健康。

4. 产生废物。工程施工过程中每日均产生大量废物，例如泥砂、旧木板、钢筋废料和废弃包装物料等，部分可循环再用或运往公众卸泥区作填海用途，但这些物料往往与其他废物混合一起并运往堆填区弃置。这样，不敷应用的堆填区用地，便被一些可作有益用途的废物所占用，进一步缩短了堆填区的使用期。另外，工地亦需弃置废机油、用剩的有机溶剂等化学废料，对生态环境造成影响。

5. 化学品及危险品污染。工地使用的汽油、柴油、香蕉水、模板油和机油等化学品/危险品若发生泄漏或爆炸时，便会造成空气、水和土地等污染。

6. 耗用天然资源。建造工程需要使用大量木材、钢材、水泥和砂石料等，这些都来自天然资源，为提供有关资源而进行的伐木、采矿等更会给附近环境留下长久才能复原、甚至无法复原的印记和痕迹。对于不可再生的天然资源，例如石油和非再生林木，影响更为深远。

7. 消耗能源。建造工程消耗大量能源，如工地施工机械和运输车辆所耗用的油料，及工地办公室的电器、工地照明系统和其他工地电动机械所使用的电力等。

8. 使用土地，破坏景观和生态系统。所有建造工程无可避免需要占用土地，包括占用地面或地底的空间，这将限制土地未来作其他发展用途的可行性，甚至破坏生态系统。施工过程中产生负面视觉影响，破坏景观。

因此，在建筑领域，遵循可持续发展战略，将对人类实现永续发展产生极其重要的作用。

（二）可持续建筑的实施及作用

20 世纪 70 年代石油危机后，工业发达国家纷纷开始注重建筑节能的研究，80 年代开始研究建筑环境问题。90 年代当可持续发展成为全球发展战略后，可持续建筑由理念到实践，成为国际建筑业发展的重点。例如：美国的绿色建筑协会（USGBC）制定的能源与环保设计导则（Leadership in Energy and Environmental Design），并在此指导下建设了一批示范工程：加拿大的绿色建筑挑战行动（Green Building Challenge），采用新技术、新材料、新工艺，实行综合设计，使建筑物在满足功能的基础上消耗资源、能源最少，对环境影响最小；日本颁布了《住宅建设计划法》，强调住宅生态设计的重要性；德国 90 年代开始推行适应生态环境的住区政策，切实贯彻可持续发展战略；法国在 80 年代进行了包括改善住区环境为主要内容的大规模住区改造；瑞典实施了“百万套住宅计划”，在住区建设与生态环境协调方面取得令人瞩目的成就。可见，可持续建筑已经成为全球建筑可持续发展的大趋势。

二、可持续建筑的原则

对于可持续建筑技术方法分类众说纷纭，如日本建筑中心在《建筑要领》一书中提出生态技术 55 种，环境共生的建筑方法 77 种，比较有影响的 1991 年布兰达·威尔和罗伯特·威尔（Brenda and Robert）合著的《绿色建筑——为可持续发展而设计》和 1993 年美国出版的《可持续发展设计指导原则》对绿色建筑方法都作了不同的归类和阐述。1993 年 6 月国际建筑协会在芝加哥会议上通过的《芝加哥宣言》，对可持继续建筑提出了多方面的相关观点包括节约能源、材料与能源的循环利用，却没有提出某项确切的技术支撑。对可持续建筑，各学派有不同见解，这也正反映出可持续建筑方法应该是多样性，凡是以绿色建筑为目标的方法理应包括在内。从可持续发展理论出发，建筑创作与绿色方法选择，应该从以下四个基本原则出发：

（一）加强资源节约与综合利用，保护自然资源

通过优良的设计，优化技术和采用适宜技术、新材料、新产品，改变消费方式，合理利用和优化配置资源，尽力减少资源的占有和消耗量，提高资源、能源和原材料的利用率，积极促进资源的综合利用。

（二）以人为本，创建健康、无害、舒适的环境

社会一直强调高效节约不能以降低生活质量、牺牲人的健康和舒适性作为代价。建筑物的一个主要目的是为生活、生产活动提供健康、无害、舒适的环境。创造优美的外在空间环境，改善室内环境质量，提高舒适度，降低环境污染，满足居民生理和心理的需求。

（三）保护自然环境

充分利用项目周边的自然条件，保留和利用地形、地貌、植被和自然水源，保持绿色空间，保持历史文化与景观的连续性。减少对自然环境的负面影响，例如减少有害气体、二氧化碳、相关废物的排放，减少对生态系统的破坏。

（四）高效

通过技术和经营管理方式，提高建筑业的劳动生产率；提高建筑工业化、现代化水平；积极发展智能建筑，提高设施管理效率和工作效率；通过建筑规划设计、适宜的建筑技术和绿色建材的集成，延长建筑整体系统的使用寿命，增强其性能及灵活性。

三、可持续建筑的内容

随着世界建造业所面临资源消耗及环境污染问题日益突出，最近一两年来，致力于建造业自然资源和环境保护的有志之士在可持续发展这一宏大领域中引申发展出了可持续建筑的新领域。略加留意可以发现，在西方，尤其是北美有三个让人迷惑的可持续建筑术语，即 Sustainable Construction Sustainable Building and Sustainable Architecture 。从词意上讲，Building 泛指建造业，包括建筑艺术和建筑行为。Construction 意味着建筑活动或建筑方式。而 Architecture 则是一种建筑艺术。但实际上，从至今的所有研究项目及所发表的论文可以看出，无论哪个词被用于文中，其所讨论的可持续建筑的内容几乎完全相同。大体来说，可持续建筑的内容主要包括以下几类：

（一）可持续设计（Sustainable Design）

一向被视为工程建设核心环节的工程设计，内含着至关重要的资源及环境保护的职业责任。建筑工程实施过程中，一切行为、理念、方法均来源于规划和设计，所谓“照图施工”更是建筑行业的行为“圣旨”，所以规划、设计部门对可持续建筑的实施起关键作用。一个好的设计师可以挽救自然环境，节省大量的自然资源。近来在可持续设计方面发展较快，主要表现在下列几方面：

1. 太阳能利用：为节省能源消耗，设计太阳能取暖及热水设备，以及通过新颖的门窗方向和大小合理设计来提高室内保温功能，从而减少能源消耗。

2. 屋顶花园：为增加都市植被覆盖度以及节省能源消耗，在建筑物顶部设计人造花园或草地。日本的研究表明，屋顶花园在夏季可将屋内温度降温至20℃左右。

3. 延长建筑物寿命：为减少资源和材料消耗及建筑废料，提高建筑物的设计与使用寿命。

4. 使用可回收再用部件：为减少资源消耗及建筑废料，设计可移动性隔墙及可再用门窗。

5. 设计和推行预制拼装式房屋：由于预制件可集中在工厂成批生产，可减少对环境的负面影响。有些装拼式房屋，还可多次拆除、迁移，再安装多次重复使用。

6. 更新设计理论和设计观念：建筑师们为追求外观华丽将住宅的玻璃窗户设计得越来越大，写字楼外墙采用全玻璃进行围护的所谓玻璃幕墙。但这些设计并未给采光带来任何好处，几乎所有办公大楼在白天的上班时间仍全部灯火齐明，为了避免太阳照射在人的身上和室外景象影响员工工作，大部分窗户在上班时间还拉下窗帘；住宅内白天除老年人和佣人留住外，并无其他人士需要在住宅内学习和办公，为了隐私的需要，而大窗户白天还需打下窗帘。如此种种，窗户面积设计越大越造成冬天不御寒，夏天不隔热，需大量使用空调机，加大了能源的消耗。

当前，由于市场经济的快速发展，市场行为的商业化趋势越来越浓厚，部分建筑设计师逐渐走进无原则地满足消费者的欲望和追求（设计师自己）个性最大化两个误区，阻碍了设计师们在设计过程中充分考虑环境保护和节约能源两个环节。为了可持续发展战略的实施，建筑师们应该根据可持续建筑的原则，认真梳理我们的设计理论和观念，统一到可持续发展和可持续建筑这个关系到全人类的生存发展的大原则下，设计出更节能更环保的建筑作品。

7. 节省淡水资源：包括设计饮用水及卫生用水分离设施以及废水的回收、处理、再用等。

（二）可持续建筑材料（Sustainable Construction Material）

工程建设消耗大量自然资源，尤其木材、钢材、石、砂及淡水资源等，与此同时有些建筑材料本身就是环境污染物或污染源。尤其用于室内的装饰材料，如油漆、墙粉等含有大量可挥发性气体及致癌物等危险品。由此可见，选用可持续环保建筑材料不但可以减少资源的过量消耗，而且对室内及地方性环境保护具有重要意义。北美及欧洲一些地区，把当代所用的建筑材料就环境污染和资源消耗方面的影响做了详细评估，根据污染程度大小把所有建筑材料分为“A”“B”和

"C"或"好""中等"及"坏"等不同等级。督促承建商选用"A"或"好"类型的建筑材料，并迫使生产商逐渐淘汰那些"C"和"坏"类的建材。同时也出台了一系列有关环保建筑材料的软件模式，最流行的有 LEED（Leadership in Energy and Environmental Design），BEES（Building for Environmental and Economic Sustainability）[2]等利用这类计算器模式可很快地选择最佳环保建筑材料及费用。近年来可持续建筑材料的发展较为迅速，尤其在以下几方面最为突出：

1. 节省木材：受可持续林业和可持续生态领域的带动，主要围绕着联合国等机构发起的减少硬木消耗以保护热带雨林生态环境的全球研究计划，大力推广以人工材料、铝制材料以及非热带雨林的软木材料来代替硬木消耗，以保护世界可贵的硬木资源及热带雨林生态系统。

2. 大量研发仿真材料：所谓仿真材料，就是自然资源的代用材料。一些西方发达国家（如美国、加拿大）他们虽然地大，人口少，森林（木材）资源丰富，但他们在研发和使用仿真材料方面成绩明显，效果显著。作者有幸参加香港迪斯尼公园基础设施工程和主题公园工程的策划、组织和实施工作并多次应邀去美国迪斯尼公司参观学习，他们在建设迪斯尼公园过程中大量采用仿真材料，尤其是大量仿真木材。这些材料多数是用无毒、耐腐蚀、不变形、可分解的高分子化合物原料研制而成，对保护自然资源、节约能源、减少污染有明显的正面作用。

3. 废料回收再用：这方面的研究与应用主要围绕着减少资源消耗和建筑废料，同时将建筑废料回收经过分类、处理、加工后重新使用，减少对自然资源的消耗。如，利用非污染的拆除废料做工地平整的填料，利用粉煤灰代替部分水泥等方面有较好的发展[17~18]。

4. 生态油漆及环保墙粉：由于传统的油漆和墙粉含有大量致癌物质及毒性气体，如铅及各类可挥发性气体。所以近年来在这方面的改进发展较快，许多国家和地区的建筑标准与规范都在不断提高对含铅量和可挥发性气体的材料与产品使用限制和要求，如加拿大和美国已规定了含铅量为零的油漆及可挥发性气体小于20%的墙粉才可用于住宅和办公楼等建筑物。

（三）可持续施工（Sustainable Construction）

任何工程建设的施工过程都是环境保护及减少资源消耗的关键所在，实际上狭义的可持续建筑就是可持续施工或绿色施工。世界许多国家与地区对此都很重视。从工程的可行性研究到施工以及使用等阶段的各项环保措施，包括环境影响评估、工地环保计划、监测与审核等都是为了达到可持续施工或绿色施工的目的。这方面的发展主要包括：

1. 环境影响评估：环境影响评估主要是预测施工过程中的负面环境影响，并提出切实可行的缓解措施，以确保工程的施工过程对周围环境的负面影响减到最少。香港自1998年《环境影响评估条例》生效以来，对所有的指定工程都要求进行环评研究并取得环境许可证才可开工建设。世界其他地区，尤其欧美国家对所有工程建设均要求进行环评研究。这一环保措施已成为工程建设的主要组成部分之一。

2. 工地环保计划及其管理：这一环节是可持续施工的最关键所在。在香港，任何工程项目在开工初期都要做好工地内外的环保计划，包括污水处理、径流排放、噪音控制措施、灰尘及机械排放控制，废料管理等等。项目经理必须提供足够的人力及财力资源来从事环保管理，建立环保工作机构，编写环保计划书等。在施工过程中必须全面实施环保计划和环境影响评估中提出的缓解措施，并实施全面的环境监测与审核计划。确保将工程建设所造成的负面影响减到最少。完工后的初期使用阶段仍要继续监测工程运作对环境系统的影响。如发现问题，要实时补救。施工过程中的环保管理与监测在世界许多国家和地区已成为工程管理过程中的主要组成分之一。

四、可持续建筑实例

走可持续发展之路，实践可持续建筑，是整个世界的共同选择，也是惟一选择。要是根据可持续建筑的原则，所兴建的建筑物，在建造时或运作时必须符合一定的要求，落实措施，减少能源或资源消耗，其中建筑项目必须至少达到节能、节地及节水的目的。有关可持续建筑的例子，在全球比比皆是，包括德国法兰克福银行及清华大学超低能耗大楼。

德国法兰克福银行利用中部三角形露天中庭与每边间隔的空中花园，不仅有效地解决了通风与节能问题，而且也为工作人员提供了方便的休息场所，使绿色自然环境渗透到生硬的建筑之中，形成融合具有科学性和人性的工作环境。

清华大学超低能耗大楼集中了世界上多种先进的绿色建筑技术，充分体现了节能和环保特色。钢结构和高性能玻璃幕墙，使地面以上建筑材料的可再生利用率超过80%。建筑物内部设灵活隔格，可根据不同使用要求极其方便地改变空间布局。其智能化的围护结构设计能够根据不同的环境条件自动改变其性质。在春秋季节时，通过太阳能收集热力窗和可开启外窗实现有组织的、可调节的自然通风。在四层北部设置的生态大楼，将绿色植物引入室内，缔造了自然接触的人性化空间；在建筑东南侧利用回收的雨水形成生态池，可改善建筑生活气氛。这些新技术的运用，将使整个建筑物的总能耗控制在常规建筑能耗的三分之一以下。

第二节　环境影响评估

除“可持续建筑”之外，可持续发展所引申出的另一个社会策略是环境影响评估（Environmental Impact Assessment），在国内称之为环境影响评价，概念上同出一辙，惟在作业程度上稍有分别。

一、环境影响评估类别

环境影响评估是在一项“政策”或“工程项目”实施前，以科学、客观、综合的调查进行预测、分析及评定有关“政策”或“工程项目”如实施后对环境可能造成的影响分析、预测并找出预防及减轻对环境的不良影响的对策和措施以及跟踪监测的方法与制度。环境影响评估可分为以下两类：

（一）政策性环境影响评估（Strategic Environmental Impact Assessment 简称 SEA，下同）

政策性环境影响评估又称策略性环境影响评估（SEA）。该评估内容及范围包括所有政策形成阶段，亦即在政策（policy）、计划（plan）、方案（program）阶段进行环境影响评估工作。例如对工业政策的工业区设置，土地使用政策的高尔夫球场设置，交通政策的重大铁路等。

政策性环境影响评估对一个国家（或地区）的影响是巨大的、深远的，所以评估必须认真、严肃和慎重。比如，一个国家（或地区）可以还是不可以建高尔夫球场。如可以，则标志着部分人将有一个新的体育娱乐场所和体育娱乐项目。但是，由于要修建高尔夫球场，标志着要占用大量土地，要改变或破坏一定的自然形态，可能将破坏土壤结构和引起水土流失等等。一系列社会、环境问题将跟随发生。政策性环境影响评估，就需要从一个国家（或地区）的经济、政治、文化和环境的状况出发，全方位、深层次地对建与不建高尔夫球场的利与弊，尤其是对环境的影响及自身（包括社会、环境和人民）的接受程度出发，认真科学的按可持续发展的原则进行评估，从而得出一个结论。其他方面亦然。

（二）工程项目环境影响评估（Project Environmental Impact Assessment）

工程项目环境影响评估，是针对性研究单一工程项目的有关环境问题。例如兴建一个机场、货柜码头、发电厂、污水厂、废物贮存设施等。当工程规模与范围到达一定标准以上，例如超过某面积的填海工程，则须依从有关环境影响评估要求及范围，评估有关项目在施工及运作时对环境的影响。

以下将详细阐述有关两类的环境影响评估。

二、策略性环境影响评估

尽管各国采用的定义有所不同，一般均同意策略性环评是一个有系统的程序，用以评审建议发展政策、计划或活动在决策过程最早阶段所造成的策略性环境影响，以便在政策、计划或活动的制定过程中考虑环境因素，策略性环境评估在多个国家均有采用。

（一）策略性环境评估的目的及重要性

1. 实现可持续发展

各国普遍同意，在作出决策之前考虑社会、经济及环境因素，是实现可持续发展的重要一环。策略性环境评估通过提供合适的环境数据来开展有关工作，尤其涉及对社会可能造成长远影响的政策、计划及活动。

联合国在1992年的环境会议（即“地球问题首脑会议”）上，通过《二十一世纪议程》及《里约宣言》。《里约环境与发展宣言》清楚指出，为实现可持续发展的目标，须把环境保护纳入并成为发展程序中一个必要的组成部分，不能孤立看待。故此，策略性环境评估成为把环境考虑因素纳入政策、计划及活动的重要工具，并提供预测及评估环境影响的架构，以便在政策、计划及活动制定的初期阶段纳入环境考虑因素。

2. 重新选择实施方案以便采用可持续实施的解决方法

部分建议如采用传统方法可能会造成环境问题。订立政策在初期阶段通常有较多解决问题的空间，如所选择方案从可持续发展的方向处理，该环境问题则可避免。在作出重要决策后方进行环境评估，解决问题的空间将会大受限制，结果只可在后期集中于采取缓解措施，而非采用能实现可持续发展的方案。

3. 及早考虑替代方案

由于策略性环评在决策程序的初期阶段进行，因此可让决策者在作出任何不可改变的决策前，评审并比较不同方案。换言之，相关人士可考虑一系列不适用于个别工程项目的替代方案，因而有较大的机会达到环境目标。与此同时，及早考虑替代方案可确保选取的建议是正确的，减少在较后阶段实施补救措施的需要，从而改善效率。

4. 减少累积影响

按照制定中的政策、计划或活动的整体架构或策略，不少重要的政策、计划及活动需连续开展多个工程项目。尽管单一项目环境影响评估可缓解个别项目对环境造成的影响，但要在这个阶段处理多项工程项目引起的累积影响（即多个项目的环境影响总和），或建议明显偏离审议中的工程项目的替代方案，则该工程项目的实施就存有困难，因不符合环境影响评估的原则，不能实现可持续发展的目标。

5. 尽量提高环境效益

政策、计划及活动可同时对环境造成正面效益及负面影响。如未有妥善考虑这些环境影响便作出决定，可能会错失改善环境质量的重要机会。因此，我们须遵循以下原则，进行环境影响评估和决策。

（1）建立和完善环境影响评估的基础数据指标体系，这些数据指标应具有先进性，准确性和可操作性。

（2）环境影响评估必须客观、公开、公正，为决策提供科学依据。

（3）应组织有关企业、专家和社会人士以适当的方式参与环境影响评估工作。

（4）在决策时应注重科学，注着可持续发展的长远目标，避免过多的行政干预和少数人说了算的现象。

（二）策略性环境评估的作业时间

为使策略性环境评估取得成果，有助环境持续发展，而非只是流于一项学术研究，相关政策部门必须在最早阶段就开展策略性环境评估，与制定政策、计划和活动的重要决策阶段互相配合。

工程项目倡议人必须是负责制定政策、计划或活动的相关人士，因而有关的策略性环境评估程序则可以作出同时研究，互相配合。否则，有关方案便无法真正完全结合环境因素进行研究和实施。为实现可持续发展目标，工程项目倡议人应准备多种方案，从中确定哪个方案会同时带来经济、环境和社会效益更高。

（三）策略性环境评估的做法与程序

策略性环境评估并非一个单向的程序。在整个过程中，某些步骤或需反复进行。而策略性环境评估的进行过程和最终的研究结果，同样重要。在过程中，可让建议者或决策者充分了解建议的目的和建议所带来的环境问题，在衡量各方面的因素时，务求跟环境作出协调。

现时并无适用于各类建议的统一策略性环境评估程序，这项程序会视建议的性质和需要而各不相同。尽管如此，在一般情况下，有关程序涉及以下一系列的基本步骤。

步骤1：了解建议的性质和目的

进行策略性环境评估的方法和技巧可视建议的性质和目的而各不相同。因此，在此决定采用什么程序和方法来开展策略性环境评估之前，必须先了解建议的性质和目的。

步骤2：设计或选用适当的评估程序和方法

所设计或选用的评估程序和方法应视建议项目的目的而定，并应根据特别的情况加以修订。比方说，进行策略性环境评估的对象是一些紧急政策建议，程序就必须相应简单快捷，以确保能在特定时间内完成。

步骤3：筛选和划定评估范围

政府必须筛选相关政策和决定是否需要进行策略性环境评估，同时确立研究什么项目。故此，筛选及划定范围是非常重要。

1. 筛选

现时有多类方法可用来进行筛选，包括核对清单、初步的环境评审、合资格的专业机构的专业意见等。无论采用了什么方法，筛选的主要目的是确定哪些政策、计划和活动对环境会有长远的重大影响和效益，让有关方面在了解真实情况后作出决策，既可避免出现重大的环境问题，又可顾及工作效率和质量，免得开展无谓的评估程序，浪费人力，物力和时间。

筛选为协助工程项目倡议人提供评估建议的环境影响内容，以香港的情况而言，香港政府于1998年发出技术通告，内附一页核对清单（图8-2-1），借以为

政策局：				政策标题：		
政策或策略的范围：						
政策范围的检查	市民、立法会或环咨会之前曾提出的环境问题	与行政长官施政报告及有关环保的白皮书中的环保措施以及香港特别行政区的国际环保承诺的联系	先前进行的环境研究或咨询	与政策相关的变动	与环境的相互关系	环境管理
1. 政策或策略 □ 新的？ □ 对现行政策作出修订？ 2. 政策最终会否涉及实质的基建发展？ □ 不会 □ 会 这些发展是什么？ ____ ____ 3. 政策或策略是否有可能为环保政策或措施来改变？ □ 可能 □ 不可能 □ 现阶段未能确定	4. 有没有收到市民或申诉专员公署就与政策或策略有关的环境问题提出的投诉？ □ 有 □ 没有 如有，是什么值得关注的环境问题？ ____ ____ 5. 立法会环境事务委员会或环咨会是否有讨论过有关的政策事宜？ □ 有 □ 没有 如有，是什么值得关注的环境问题？ ____ ____ 6. 区议会或市政局／局域市政局是否会就前述事宜讨论有关的政策或策略？ □ 是 □ 否 如有，是什么值得关注的环境问题？ ____	7. 政策或策略的课题，与行政长官施政报告中定下的各项环境目标有没有关系？ □ 有 □ 没有 如有，有关政策或策略会否及如何加强或违反这环境目标及措施？请说明 ____ ____ 8. 政策或策略的主题，与对抗污染白皮书定下的环境措施或行动及其后的检讨有没有关系？ □ 有 □ 没有 如有，是什么？ ____ ____ 9. 有关政策或策略与香港特别行政区在粤港环境保护联络小组、亚太经合组织及其他国际协议中作出的环境承诺有没有关系？ □ 有 □ 没有 如有，是什么？ ____ ____	10. 有关课题是否曾经是任何研究的对象？ □ 有 □ 没有 如果是，研究在何时进行？关注的主要环境问题或找出的解决方法是什么？ ____ ____ ____ ____ 11. 是否有就政策或策略咨询会？ □ 是 □ 否 12. 其他研究有没有涵盖有关政策或策略在环境方面的问题？ □ 是 □ 否 如有，请说明其他研究在环境方面的结论或结果？ ____ ____ ____ ____ 13. 行政会议之前有没有就有关政策或策略，指定须研究的环境问题或须符合的环境条件？ □ 有 □ 没有 如有，是什么？ ____ ____ ____ ____	14. 政策会为下列方面带来改变： □ 土地用途／房屋供应／重建计划 □ 工业结构（规模、类别、地点及技术的改变） □ 基建如道路、铁路及填海的规划 □ 乘客、货车或货柜在运输模式或路线方面的选择 □ 对生态易受破坏地区或渔业资源带来损失或破坏 □ 污水收集、处理及处置的设施 □ 收集的废物及垃圾（例如家居废物、化学废物、禽畜废物、建造废物、医疗废物及辐射废物） □ 废物收集及处置设施（例如堆填区、倾物入海及焚化） □ •化学品及垃圾或其他废物的生产／进口／出口 □ 电力及燃料的选择（例如燃气与燃煤的取舍） □ 能源消耗量或需求的管理 □ 有潜在危险的装置 □ 如上述皆不是，请说明： ____ ____ ____ ____	15. 政策改变可能会引致下述结果： □ 土地用途改变引致土地用途不协调（/学校 产生污染的用地，例如工厂及公路） □ 土地用途及运输规划令运输模式改变（例如交通流量／结构／路线），对环境造成影响 □ 因排放或填海而引致海水、内陆水域及饮用水的水质改变 □ 对受运输路线发出的交通／铁路／飞机噪音影响的地区带来人口改变 □ 对受车辆及其他工业源的空中排放废物影响的地区带来人口改变 □ 对废物处置设施如堆填区、公众倾卸场及焚化炉带来改变 □ 对生态易受破坏地区带来影响，或引致植物、动物、野生、水生及海洋环境的损失 □ 能源效益下降／提升 □ 因温室气体如二氧化碳的排放而引致全球气候及大气改变 □ 对香港以外地方或地区造成环境影响 □ 如上述皆不是，请说明： ____ ____ ____ ____	16. 政策已包括或会包括： □ 策略性环境评估或环境影响评估或其他环境研究，以及可能进行研究的时间 ____ ____ □ 政策包含环境措施即： ____ ____ □ 提供环境基建 □ 在详细的规划及设计阶段提供措施以缓解对环境造成的不良影响 □ 设有监察及审该计划 □ 设有机构环保管理计划 □ 为环境研究或措施提供资助 □ 受《环境影响评估条例规定的事宜》 □ 上述皆不是 □ 不适用 17. 核对表填写人的数据： 姓名： ____ 职位： ____ 电话号码： ____ 传真号码： ____

图 8-2-1 就提交行政会议的政策或策略进行环境评核核对清单

（资料来源：前规划环境地政局的技术通告第 10/98 号划定范围）

非环境专业的工程项目倡议人提供数据，协助有关人士以有条理和有系统的方式确定环境问题，以及确立政策或策略性建议与环境影响之间的关系。举例来说，使用者依据核对清单审核有关建议会否影响交通、电力供应和用量、主要土地用途和基建发展、生态会否受破坏，或是有关建议是否会引起市民提出环境反对建议或其他意见等。除了核对清单之外，环保署也就策略性环境评估的其他事项为工程项目倡议人提供意见。

2. 划定范围

划定范围是指按照建议的性质、类别划定需要评估的范围，例如检讨环境资源、环境压力及背景数据，为协助工程项目倡议人划定范围，进行策略性环境评估。在一般情况下，政府往往按每项策略性环境评估研究的特定需要而拟订研究概要作为指定研究范围，为评估作出清晰的指引。

步骤4：汇集相关的基础资料或背景研究

为更了解现有的环境情况，相关的环境基础资料或背景研究须作详细审阅，以确定出环境敏感地区的保育价值，使这些地区免受发展破坏。

步骤5：找出相关的策略性环境事宜及联系

按照步骤4汇合的结果，应找出有关环境的限制、事宜、机会及联系，按需要为下一步骤提供数据。

步骤6：找出可行方案及其他可行方法，并研究其可能造成的环境影响

经考虑步骤5所取得的数据后，列出推行建议的所有可行方案及同样能达到目的的其他可行方法，以供初步考虑及甄选。随后找出并探讨建议方案所涉及的主要环境事宜，并仔细研究各种可行方案及项目，以删除在环境上不可行或不能接受的方案。以合适的环境表现指标、准则、模拟技术进一步探讨经甄选的方案，比较每个经甄选方案可能对环境造成的影响。

在过程中需考虑的环境影响，应包括对环境及环境的可持续发展所造成的直接、间接及累积影响，尤其确定找出一些具体的环境问题如不良的环境特征及有问题的地方。按照个别建议的范围而定，经济及社会的可持续发展亦可能成为需要探讨的事宜，一般来说，应至少考虑其总体发展。

整体环境表现的定义常采用综合评分法来展示，按照各种环境问题（即噪音、生态及水等)，利用加权或不加权方法给予或递加分数，把建议的整体表现以定量形式展示出来。

如发现有关方案将产生严重的环境影响，有关部门则需研究代替方案，以达到相同的建议目的和目标；如在评估中发现有关方案并不会产生不良的环境影响，有关部门则会寻找一个影响评估更为可取的方案出来。

步骤7：找出并评估较可取的方案

经过评估有关方案的环境影响后，项目倡议人需要确定一系列的缓解措施，

在执行主要缓解措施或作出应有的修订后，每个可取的方案中所构成的最终环境影响作详细研究。随后确定较可取的方案，并指出其主要优点及缺点。

步骤8：确定跟进行动及监察规定

策略性环境监察及审核架构用作找出有关较可取方案的环境问题或主要缓解措施，以供在工程项目的实施过程中，尤其是较后阶段采取跟踪和监测行动。

步骤9：与相关人士建立联系

工程项目倡议人与相关人士保持沟通，以期缔造“双赢”局面，并遵从有关的技术通告、行政程序及指引，以部门之间的咨询形式，交换意见。

步骤10：修订策略或建议及制定行动计划

以上10个步骤可简化成图8-2-2流程图所示。

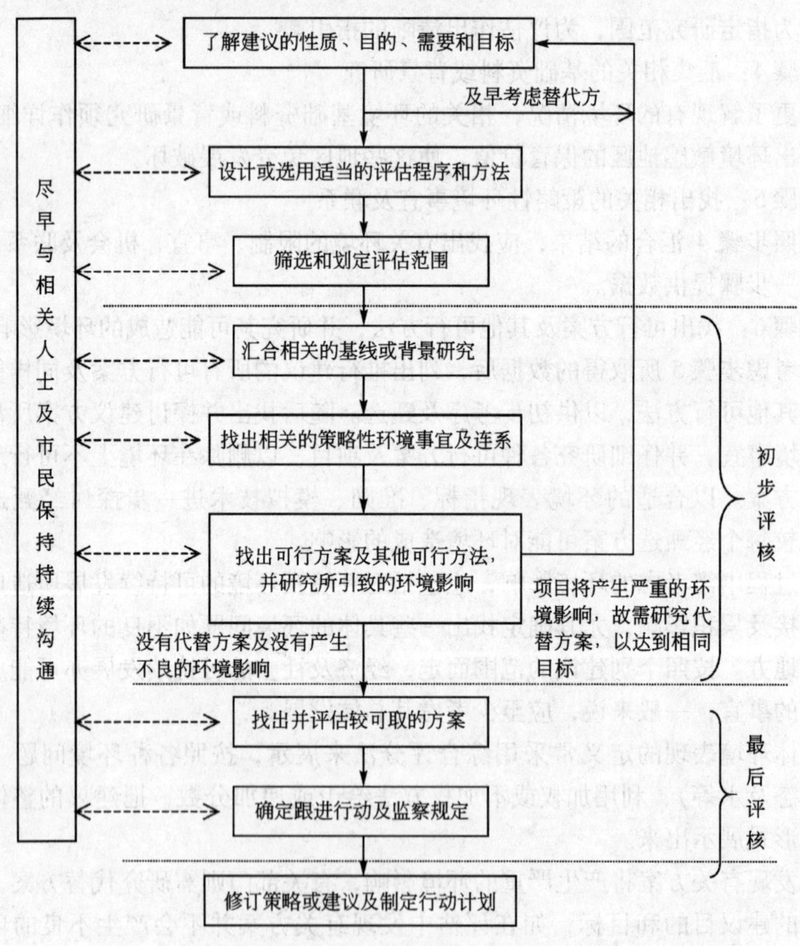

图8-2-2　策略性环评实则做法流程图

经过以上步骤，最后把策略性环境评估研究中各方承诺推行的各项措施，转化为具体的政策或行动。策略性环境评估内的各主要变量均涉及大量假设，以涵盖各个可能的情况。所涉的假设可涉及多方面，包括人口增长、房屋需求、本地生产总值的增长或交通流量等。由于某些主要假设日后可能出现变化，因此，行动计划和经复核审查后应作出必要的修订，使之可以涵盖不同的情况和配合有关变动。

（四）策略性环境影响评估的实例——第二次铁路发展研究的策略性环评

香港第二次铁路发展研究旨在鉴定铁路发展方案及改善方法，以符合直至2016年的运输需求，并改善铁路网络的效率。研究于1998年3月开始，并于2000年6月完成。

有别于工程项目的环境评估，第二次铁路发展研究的策略性环境评估试图与其他研究结合，在铁路策略发展的不同阶段加插资料，务求制定既能满足运输环境需求又能符合财政能力和经济发展要求的"双赢"策略（见表8-2-1）。

就1993年铁路发展研究进行策略性环评所得的经验　　表8-2-1

1993年铁路发展研究

主要环境成效及影响

1. 确认了环境限制及不可发展铁路的地区
2. 考虑了不同的策略方案
3. 考虑了其指示性且必须进行的缓减措施

策略性环评的类别

对各铁路发展方案作出策略性环评。

建议的性质及范围

为香港这全球最繁忙的货柜港利用铁路发展货运及客运进行策略性研究。

策略性环评规定的基础

在提交最高决策机构（行政会议）的文件中，必须提供有关环境影响的数据。对于从政策及建议引申出来的工程项目，必须进行更详细的环评。

与决策的关系

为"全港发展策略检讨"提供数据，供选择铁路发展策略时考虑。

评估过的替代方案

审议了超过90个铁路方案

方法和技巧

1. 使用简化的评估方式评估不同方案。
2. 采用概括的噪音模拟技术来确定各项限制及避免出现严重的噪音问题。

最新情况

政府已决定进行多项优先铁路项目，如西铁第1期及地铁将军澳支线的工程已经完成。

为制定可持续发展的铁路方案，在不会对环境造成重大影响的前提下，策略性环境评估制作环境限制地图，指出部分不可能作大肆兴建的地方，为规划工作提供数据，同时，为符合财政能力和经济发展要求，策略性环境评估尝试说明铁路发展及其他路面交通潜在及外在的环境成本与效益，并比较道路与铁路的环境，以证明铁路工程项目较为可取。这项比较说明了采用铁路而非路面交通所造成的潜在环境效益，并确定就对环境影响而言，铁路较道路优胜。

策略性环评提出了一些在进行策略评审时发现或得出的主导原则，供日后参考及跟进。例子包括在铁路车站提供适当设施，以提高铁路用量；一般选取对环境较佳的地下铁路方案，以及提倡运输及土地使用规划的更理想配合，以尽量提高效益及避免不良影响。

三、工程项目环境影响评估

一般来说，工程项目环境影响评估被简称为环境影响评估，省却了前面“工程项目”四字。早于1979年，香港开始根据发展需求及本地社会的特色，制定有关评估行政程序，以迎合当时多项公营工程项目的发展需要。

环境评估（下简称“环评”）在香港有一个清晰的定义：正式、有系统兼全面的程序，用以评估“指定项目”所造成的环境影响，并按评估结果综合公众的诉求来制定缓解措施，在减少污染的同时，让经济发展及环境资源运用取得平衡。

（一）指定项目

并非所有工程项目有进行环评的需要，部分对环境造成显著环境影响（Significant Environmental Impact）的项目，才会被要求按拟定程序进行有关评估，该工程项目在香港的环评法例中被称为“指定项目”。

在这些指定工程项目内，大型发展项目包括基建工程项目的建造及经营，以至重工业设施的解除运作；而较少型的项目若在易受污染影响的范围内，亦同样重要，包括宪报刊登的郊野公园、自然保育区、海岸公园或海岸保护区、具有特别科学价值的地点及文化遗产地点。指定工程项目已载于附录II。

（二）环境影响评估程序

就香港的情况而言，法定的环境影响评估的做法是项目倡议人先向政府提交有关工程项目的简介，政府就有关的工程项目所构成的潜在环境影响而向项目倡议人发出研究概要，指出业主必须对哪几个环境范畴，例如水质、陆上生态，进行评估及提出舒解措施，以科学化的研究方法预测环境情况，确保因施工时及营运时而产生的环境影响减至最少。

倘若政府考虑过有关研究及相信有关工程对环境的影响程度是可接受的，政府（环境保护署署长）将就有关项目发出环评许可证，确定工程可以正式展开。在一般情况下，环境保护署署长在许可证中明确规定有关施工程序及要求承建商在施工时必须进行环境监测及审核（Environmental Monitoring and Audit），以定时了解工程在施工时或营运时是否合乎环保要求。法定的环境影响评估程序如图8-2-3：

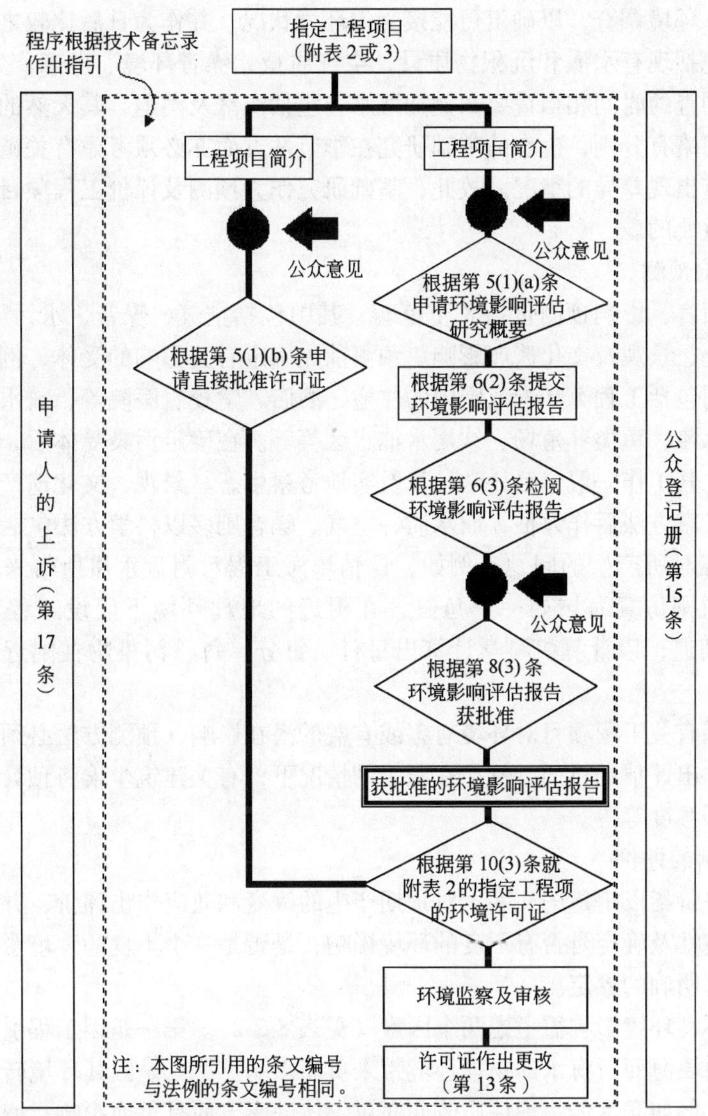

图8-2-3　法定的环境影响评估程序

(三) 环境影响评估取向及方法

世界各国采用的环境影响评估方法各有不同，然而，一般较为广泛接受的是研究未施工前的环境状况，继而使用评估方法了解项目施工时及运作时的环境影响，按照法定的环境可接受程度，作出影响评价，对相关影响在报告中提出缓解措施。有关评估方法的关键步骤如下：

1. 施工前的环境描述

对施工前的环境特征作充分了解，确定和预测对环境影响，进行基础

(Baseline) 环境调查，以确定可能接受的环境状况，并作为日后比较之用。描述范围一般包括现有水质和沉积物质量、空气质量、噪音环境、生态、文化遗产。选择基础调查的时间相当重要，例如海水，包括潮涨及潮退，其天然的水中物质因不同时间略有分别，生态的基础研究在季节性方面亦必须考虑有关植物及动物在不同季节出现差异的情况。故此，基础研究作为预测及评价工程项目所造成影响是相当重要的。

2. 影响预测

一般而言，影响预测包括 8 个范畴，其中包括空气、噪音、水污染、废物、生态、渔业、景观及文化遗产影响。预测前先确定有关影响的受体，例如空气污染的受体则包括工程 500 米范围内的住宅、酒店、学校、医院等，或水体污染的受体包括泳滩、鱼类养殖场、饮用水抽水区等等。在确定污染受体后，则正式预测及展开，其工作一般包括科学计算及实地考察生态、景观、文化遗产等，评估惯常使用考察方法后作评估，而水质、空气、噪音则多以科学方法包括仿真方法来预计施工时所产生的问题，例如，评估填海工程对附近水质所带来的污染问题，计算机则仿真海域如一个鱼缸，在附近的地理环境下假设工程释放污染物，潮涨潮退，以计算机科学计算出每日、每分、每秒污染物在附近水域的分布等。

为确保有关工程项目对环境有害或有益的潜在影响，预测方法必须达到以定量的文字作出评估的目的，例如在施工的情况下，有关建筑尘埃将预计提升到某个悬浮粒子浓度等等。

3. 影响的评价

影响评价指以定量的文字，对预期产生的改变和效应作出评价，并预测有关影响的严重性及确定是否有不良的环境影响，是否是一个不良的环境影响，在环评要求下有明确的界定。

构成不良环境影响需考虑两个因素（见表 8-2-2）。第一是因工程引致环境转变，例如因填海而对海水的物理环境带来负面影响。第二是因其环境转变造成的最终影响，例如海水的物理性质改变而对人体健康方面有负面影响，增加死亡率或发病率。由第一个因素牵连第二个因素，则完全构成一个不良环境影响。相反，如果一项工程只构成上述中的环境转变而没有构成在右栏内任何一项的影响，则工程没有构成不良环境影响。

4. 影响的缓解措施

经研究，在了解有关影响的严重性后，必须提出相关的缓解措施及界定剩余环境影响（Residual Environmental Impact），即在实施缓解措施后余下的净影响。防止环境因工程实施后而恶化。

确定不良的环境影响的考虑因素 **表 8-2-2**

环境转变	因环境转变造成的影响
a. 对生物物理环境的质量及/或数量的负面影响，包括海水、表面水、地下水、泥土、陆地、空气、海底沉积物 b. 散发、排放或释放到环境中的物体，包括持续及/或有毒化学品、沉积物、生物或微生物作用剂、营养物、农业废物、家居或工业的液体/半固体/固体废品、电磁场、噪音、气体、粉尘、气味、热能 c. 对植物及动物及/或生境的威胁，其损失或损毁，包括令生境零碎 d. 乱食物网 e. 对生物群包括植物及动物的健康的负面影响 f. 从环境中取去资源物料 g. 降低初级或次级生产运作时的生产力 h. 改变目前景观 i. 阻碍野生生物的迁徙或其信道 j. 文物保护方面的负面影响	a. 对人体健康方面的负面影响，包括增加死亡率或发病率，及/或减少个人健康 b. 扰乱正常学习、睡眠及沟通 c. 降低底康乐机会、康乐设施或可感知的景观的质和量 d. 商业物种，可更新或不可更新的资源的损失或损毁 e. 终止使用或生产未来资源 f. 减少有关地点/地区生物的品种多样化及/或使生物绝种 g. 对人命造成损失构成危险 h. 沉积物对物料的影响，物料的腐蚀及损毁，包括滋扰及不适，能见度减少 i. 中断社会活动 j. 使休憩用地临时或永久失去 k. 因排放污染物而对生物群造成急性或慢性的有毒影响 l. 生物群中有毒物质的生物累积及扩大，特别是对商品食物供应的影响 m. 对生物种群的大小造成的长期或短期改变，包括死亡率、生殖能力、成熟程度及分布 n. 因环境改变而造成的时间与空间方面的累积影响

（四）环境影响评估的实例成果

在香港，众多的环境影响评估在完成后，均预计到有关的工程对环境构成不良影响，然而，为减少其影响，在施工前，有关方面均努力研究相关的缓解措施，在过去的数年间，大大小小的缓解措施被正式落实，成效显著，有关个案如下。

个案一：北大屿山竹篙湾香港迪斯尼主题公园及有关主要基础建设

工程项目说明

这个占地 180 公顷并划分 5 个不同主题范围的世界级主题公园——香港迪斯尼乐园，预计于二零零五年落成。这个国际/地区旅游景点及有关的主要基础建设包括筑填 290 公顷土地、建造 9 公里道路、3.6 公里铁路、15 公里排水道，以及设立 1 个水上康乐中心。预计主题公园每年可吸引 2 000 万名游客到访，并提供超过20 000个就业机会。

缓解措施及成效

1. 限制挖掘/填土作业的速度及所采用的设备。

2. 设置4 350立方米人工鱼礁，建设海洋生物生存环境，以增加鱼群集结，并为海洋环境中较低层次的食物链提供食物资源。

3. 在建造工程期间保存数种稀有及受保护的植物品种（包括猪笼草），并在昂船凹栽种6公顷补偿林地。

4. 利用1 300万立方米公众填料来筑填土地，以提倡循环再用建筑废料及保存本港的珍贵堆填资源。

5. 在主题公园的设计图内纳入6公里长的景观美化土堤，分别使愉景湾及坪洲25 000名及11 000名居民免受视觉及噪音影响。

6. 按照环评研究的建议，把扒头鼓陆岬（当地地名）及附近水域划为自然保育区，以保护生态易受破坏地区。

7. 采用明渠设计，以保存2公里长的天然海岸线。

8. 采用护面石砌斜面海堤设计，以方便潮间及潮后在硬面海堤上集聚的生物重新繁殖。

不同种类的混凝土制鱼礁

放置轮胎制的人工鱼礁

猪笼草

个案二：清除长沙湾鱼类养殖区海床淤泥工程

工程项目说明

长沙湾鱼类养殖区位于大屿山海岸对开的芝湾半岛附近。养殖区下面的海床淤泥，多年来堆积大量有机物质。这些有机淤泥对邻近的海洋生境、有关的海洋生物及鱼类养殖区的生产量，均有不良影响。

为改善海洋环境，当局建议以挖泥方式清除鱼类养殖区的海床淤泥。养殖区范围及挖泥范围分别为214 200平方米及228 000平方米。拟议挖出的淤泥量约为147 000立方米，平均挖泥速度为每小时175立方米。清除缺氧的淤泥及释放所含的大量营养物，有助改善本地水质，并减低本地出现的赤潮及含有缺氧和有毒气体的水流上升的风险。

有关的环境许可证（编号EP-008/1998）已于1998年11月9日发出，内载的条件亦已执行。在建造工程及工程项目竣工后的监察工作期间，有关人员均有进行实地视察。挖泥工程于1998年11月20日展开，并于1999年1月20日完成。

缓解措施及成效

1. 于整段挖泥过程期间，挖泥工地及临时迁移鱼类地点之间，以及在距离挖泥作业不超过100米的工地范围内，均装设淤泥挡板。

2. 为缩短挖泥作业对鱼类养殖区及四周环境造成滋扰的时间，有关工作于两个半月内迅速完成。

3. 在整段挖泥作业期间使用机动抓斗，以避免淤泥溢出，及在抓斗升起时密封。

4. 趸船及抓斗式挖泥船须装设紧密的封口。

5. 趸船上保持足够的出水高度，以防止泥料散入海内。

采用密封的机动抓斗，以减少淤泥溢出

在鱼类养殖区旁得挖泥土地装设淤泥挡板

个案三：钢线湾数码港发展

工程项目说明

建议的数码港发展计划将建成世界级的设施，供信息科技公司设立办事处。发展项目包括建造办公楼宇、干路、1座污水处理厂及1条300米长的海底污水渠，并会在港岛西部钢线湾的26公顷填海土地上兴建住宅大厦。

建造工程已于1999年9月展开，预期于2007年完成。

艺术家笔下的数码港发展

缓解措施及成效

1. 装设约2.9公里的路旁隔音屏障，使5 600人免受过量交通噪音影响。

2. 建造1座污水处理厂，除妥善处理碧瑶湾现时6 000人口所产生的污水外，也处理数码港发展计划 23 000 规划人口所产生的污水。长远来说，这座污水处理厂可改善南区多个宪报公布的公众泳滩的水质。

3. 数码港发展内所有住宅楼宇的设计均可达到既定的交通噪音准则。

4. 利用趸船运送附加物料，以免大量陆路运输造成环境滋扰。

5. 按评估结果所确定提供足够的缓冲区，隔开临时混凝土配料厂，以免碧瑶湾住户在配料厂营办期间受到产生的尘埃及噪音影响。在工地进行混凝土配料，有助减少陆路运送混凝土物料的需要、有关的交通问题及环境滋扰。

6. 工地工程展开后，已实施环境监察及审核计划，以积极监察工程是否符合环评的建议，并在可行的情况下尽快实施补救措施。

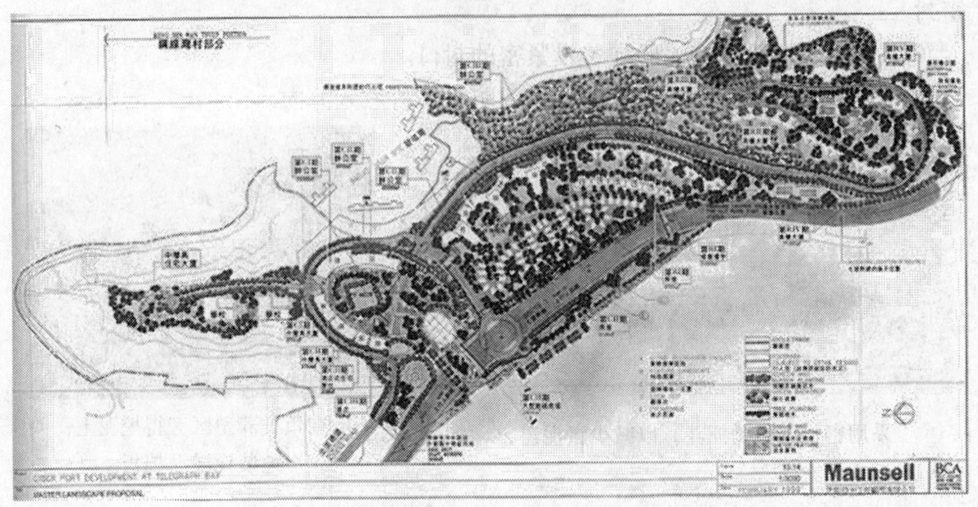

数码港环评报告的主要环境成效

个案四：拆除青衣发电厂的五座烟囱

工程项目说明

已解除运作的青衣发电厂的五座烟囱于 1998 年 11 月 15 日进行拆卸工程。这工程项目须拆卸及除去与旧燃油发电厂相关的所有烟囱构筑物。中华电力有限公司会把部分厂址交还政府，并保留余下厂址。采用定向拆除法拆卸五座烟囱，方法是把炸药放置在烟囱底部，以控制构筑物的减除情况。

缓解措施

1. 环境许可证的主要条件包括：

- 把埃索香港有限公司三个石油气球缸的存气量减至少于 200 吨；
- 使所有石油气运载车（空车除外）驶离油库；
- 划设相当于三座烟囱高度的限制区，以防喷出物或碎片击中周围的人；

- 在拆除工程进行期间，把最接近的美孚油缸放空。

2. 保持工地湿润，减少碎片产生的空气排放物。

3. 邻近受保护的居民合共 1 899 人。根据环评程序，风险评估内考虑的居民合计 8 208 人（日间）及 7 156 人（夜间）。

五座发电厂烟囱各阶段拆除工程

个案五：启德机场北停机坪的除污工程

工程项目说明

随着 1998 年 7 月于赤立角新建的香港国际机场启用，已停用的启德机场约 160 公顷土地将重新发展成为住宅房屋、办公室、公园及社区设施，供约 115 000 名居民使用。由于启德机场北停机坪的 3 个热点合共约 11 公顷土地遭飞机燃料渗漏污染，必须在重新发展前清理。这次除污工程是本港进行的同类型工程中规模最大的。

有关工程项目的环境许可证已于 1998 年 9 月 23 日发出，并于同年 10 月 26 日动工，主要项目包括机场用地的除污工程、清拆建筑物及工地预备工作。工程项目将于 2001 年完成。

缓解措施及成效

1. 采用空气分布法及土壤蒸汽抽取法原地处理污泥，以免进行大规模挖掘，使有关的气化污染物散逸于空气中。

2. 挖出严重受污染的泥土，并以生化堆方式处理—泥堆表面及底层均铺以防渗漏胶布，供污染物进行生物降解，以免气化污染物散逸及造成渗滤污水径流。

3. 利用管道网络把空气分布法、土壤蒸汽抽取法及生化堆系统接驳至催化焚化炉，以燃烧经提取的土壤蒸气内的污染物。

4. 采用这两个方法妥善清理污泥可保护约700 000人，当中包括工人及附近的居民，以免受到其他须进行大规模挖掘工程的清理方法所造成的过量空气污染物及噪音影响。

5. 在工地采取良好的内务管理方法，包括：

- 订定挖掘工作的时间，避免在雨季期间进行，以减少产生地面污物径流的可能。
- 使用较宁静的设备，以减少建筑噪音的影响。
- 在拆卸工程期间洒水，以减少尘埃散逸。
- 所有废物，包括化学废物及油，均须由持牌的化学废物承办商收集。

处理污泥的生化堆

采用空气分布法及土壤蒸汽抽取法原地处理污泥

解除运作前的启德机场

个案六：九广东铁支线——大围至马鞍山

工程项目说明

马鞍山支线工程项目涵盖建造及营办大围至利安共约11.4公里长的铁路。建造项目包括9个火车站（大围、砂田头、砂角街、第一城、石门、富安花园、恒安、马鞍山及利安）、1个位于大围的车厂及2个变压站。

缓解措施

1. 整段铁路沿线须装设多种隔音屏障，包括沿高架桥段使用多重送气系统，以保护约100 000人。

2. 沿所有高架桥段及高架火车站进行美化环境工程，以减轻对周围地区所造成的视觉及景观影响。

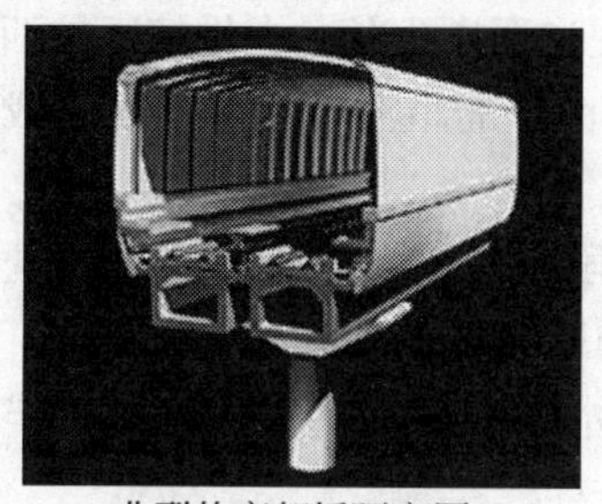

典型的高架桥隔音罩

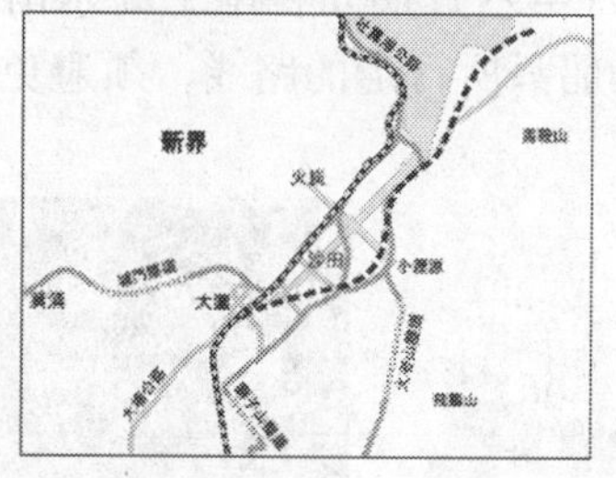

大围至马鞍山一段路线

美化环境后的马鞍山火车站

个案七：南丫岛扩建厂址的一座 1 800 兆瓦燃气发电厂

工程项目说明

香港电灯有限公司（港灯）致力提供可靠而符合成本效益的电力供应，以应付南丫岛及港岛现时及未来的电力需求。为配合需求，港灯须于 2012 年前完成发展一座 1 800 兆瓦的发电厂。发电厂共分六组，每组 300 兆瓦，而第一组须于 2004 年开始投产。

选址研究结果显示，如各组采用较环保的天然气，取代煤作为燃料，南丫岛是扩建发电厂较可取的地点。选取天然气为燃料，是因为可分阶段改变基本负载运作，由现时的燃煤发电厂改为新的燃气组，减少对空气质量造成不良影响的可能，而 2012 年的发电总量亦将较 1990 年上升 2. 57 倍。

基于这次选址研究的结果，港灯进行了一项环评研究，以确定扩建南丫岛发电厂的建议在环境的可接受程度。

缓解措施及成效

1. 把基本负载由现时的燃煤组改为新的燃气组，到 2012 年，可避免产生的二氧化碳排放物总量将达 650 万吨。即使发电量增加，预计 2012 年每单位电力所产生的温室气体排放量会较 1990 年的水平低 37%。

2. 减少排放 61% 二氧化硫及 40% 氮氧化物，因此到了 2012 年，本港的空气质量将较 2002 年有改善。对整个区域而言，新的发电厂可把珠江三角洲的酸雨沉降量由 2002 的 3%，减少至 2012 年的 1%。

3. 放置不少于400立方米的人工渔礁可促进珊瑚生长。在堆填区的西端及西南端筑建超过3 000平方米的石堆海堤，以便南丫岛填海工程可能损害或影响的软珊瑚及柳珊瑚重新繁殖。

4. 使用淤泥屏障及在潮汐周期的某些阶段减慢挖泥工程的速度，既可保护海洋生态资源，又防止对水质造成不可接受的影响。

5. 在工地地台回填工程展开前建造高于水面的海堤，以免在填砂作业期间有大量细砂流失于水中。

6. 为免对江豚造成不良影响，不得于四月至六月期间在南丫岛东南面以喷射方式敷设气体管道。所有与建造工程有关的船只所行走的路线，须避免滋扰南面水域的江豚。

未来发电厂的鸟瞰图

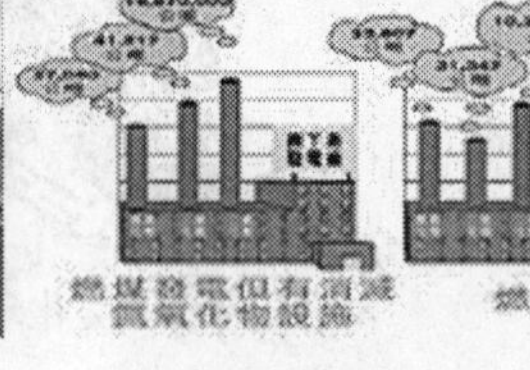

燃煤及燃气方案比较

南丫岛发电厂

第三节　环境监察及审核

环境监察及审核是环评程序中不可或缺的一环，有助核证规划阶段所作的各项假设，以及监察施工期间执行的指定缓解措施的成效，从而确保每项工程能达预期承诺的环保成效。

环境监察的对象是反映环境情况的各种自然因素、对人类活动与环境有影响的人为因素和对环境有危害的各种污染因子。环境监察涉及的专业面宽、知识面广，不仅需要分析化学知识，还需要物理、生物、生态、气象、地质和工程等多个学科的知识。所以，环境监察工作是一个多学科紧密结合的系统工作。以下介绍几种常用的方法。

一、监察方法

（一）物理监察方法

当环境中的噪声、电磁辐射、放射性等物理因子超过人体的忍耐限度时，就构成了物理污染。物理污染监察的内容很多，目前主要的物理监察有噪声污染和放射性污染监察等。

（二）化学监察方法

化学监察方法包括化学分析法和仪器分析法。化学分析法是以物质间的化学反应为基础的监察方法。如测定大气中的悬浮物质、水中的悬浮固体等的重量分析法和测定水体化学耗氧量、酸碱度等容量的分析法。仪器分析法是利用特殊的仪器，通过测定物理或物理化学性质来确定物质组成、含量和结构的监察方法。按照监察的物理或物理化学性质，一般将其分为光学分析法、电化学分析法和波谱分析法。

（三）生物监察方法

环境中的生物学变化与环境中的物理、化学变化是相互联系的。因此，可以通过生物的变化来监察环境情况。与物理监察方法相比，生物监察具有多种优点。生物监察的结果能更直接地反映出环境情况对生态系统的影响。

二、环境监察的目的

环境监察是运用科学的方法，监视和检察代表环境情况及其变化趋势的各种依据的全过程。它的目的主要有：

（一）确定污染物的浓度、分布现状、发展趋势和速度，以追究污染物的来源途径，并判断污染物在时间和空间上的分布、迁移和发展规律。

（二）确定污染源造成的污染影响，掌握污染物作用于大气、水体、土壤和生态等系统的规律性，判断浓度最高和潜在问题最严重的区域所在，以确定控制和防治的对策，评价防治措施的效果。

（三）为研究污染扩散模式、做出新工程建设项目对环境污染可能影响的预测评价及环境污染的预测预报提供数据和资料。

（四）判断环境现况是否符合法例要求，并搜集和积累环境的长期监察资料，为制定和修订环境标准、研究环境容量、实施总量控制提供数据。

三、环境监察

环境监察是透过一连串重复的量度工作，有系统地收集环境数据，以探测工程引致的参数的转变，用环境监察数据解释环境情况。若有不符合标准的情况，以环境监察为基础，采取补救措施或建议环境管理及操作。在展开监察工作前，必须确定有关监察目的，从而制定方法，包括监察地点、频率及方法。有关监察方法大概可分为取样、样板保存、定性检测及数据分析等四个步骤，监察在不同的参数条件下，使用不同的监察方法，用监察的结果与要求的水平作比较，以厘定有关环境情况是否合乎标准。环境质量表现的规限通常以行动及极限水平表达。行动水平的定义是指这类水平若被超越便会出现周围环境质量转坏的现象，可能需要采取适当的补救行动，以防止环境质量超越极限水平，构成不可接受的情况。而极限水平是指这类水平订明于有关的《水污染条例》。本技术备忘录或香港规划标准与指引，或应根据是项特别工程项目由环保署署长所设立的其他适当标准。在未有适当的补救行动前，包括严格地复核机械及施工方法，工程不得进行。有关整个环境监察的工作流程见图 8-3-1。

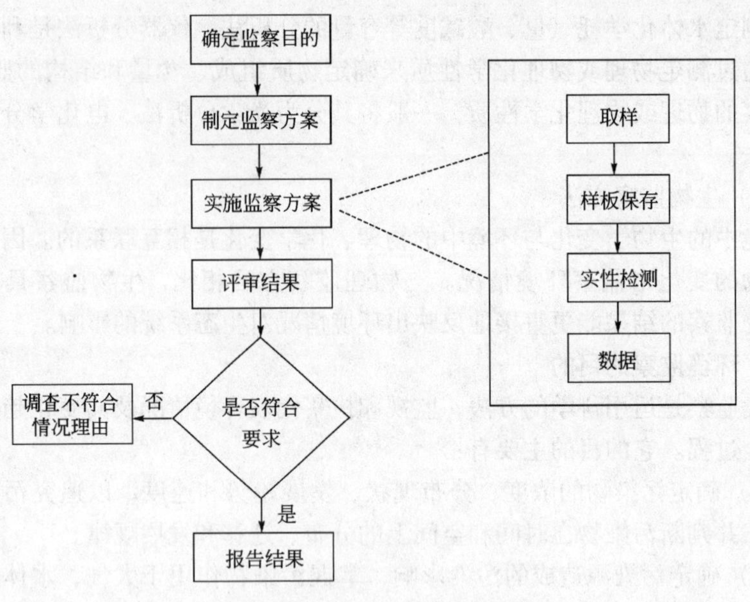

图 8-3-1　环境监察的工作流程

四、环境监察项目

环境监察项目种类繁多，下面重点对空气、水质、噪声三类的监察项目做简要介绍。

（一）空气质量监察项目

一般可在施工场地范围外和邻近的居民处设置测点监测。在不同的施工阶段分别安排一次或多次监测，每次监测连续3～5天，每天至少在06:00、10:00、14:00、18:00；进行4次采样，监测因子为粉尘等，如果施工过程有大量的路面铺设，还应增加沥青油烟等特征污染因子。

空气污染物的监察项目各地区均不相同，香港的常见监察项目有SO_2（二氧化硫）、NO_2（二氧化氮）、CO（一氧化碳）、O_3（臭氧），挥发性有机物（非甲烷烃）、颗粒物（TSP、PM_{10}）及其他组成（硫酸根、硝酸根、氯离子、铅及其他微量金属）、Bap（苯并芘）、能见度；连续自动监测仪TSP（悬浮颗粒物）、SO_2（二氧化硫）、NO_x（氮氧化物）、CO（一氧化碳）、O_3（臭氧）等项目。

（二）水质监察项目

如果施工废水和施工人员的生活污水就近排入附近的地表水体，则应对纳污水体进行水环境监测。监测断面的布设及监测频次可结合地表水环境现状监察的原则来确定，分别在施工前、施工期间和施工结束时进行采样监测。监测因子一般可选取COD（化学需氧量）、SS（悬浮固体）、BOD（生物需氧量）、氨氮、石油类、溶解氧等。

香港水质监察常规项目包括 BOD_5（生化需氧量$_{(5天)}$）、COD（化学需氧量）、pH（酸碱值）、油和脂、悬浮物、氨氮、重金属等；日本水质自动站的常规监察项目是水温、pH（酸碱值）、DO（溶解氧量）、湿度、电导、COD（化学需氧量）、总氮、总磷、叶绿素等；前苏联的水质常规监察项目包括水温、悬浮物、矿物质、色度、pH（酸碱值）、DO（溶解氧量）、BOD_5（生化需氧量$_{(5天)}$）、有机物、重金属等。

（三）噪声监察项目

一般可在施工场地外四周及运输车辆经过的道路旁进行设点监测。如果附近有居民点，则还应在居民点处增加测点。在不同的施工阶段，如地基打桩、地面平整、厂房建设、设备安装等，应分别安排一次或多次监测，每次监测包括日间和夜间的测试，监测因子为连续等效 A 声级。

第四节 社会行为与责任

可持续发展战略从环境和资源两个方面分析人类生存的危机，提出战略性发展策略，即保护环境和节约资源，保持经济、社会的可持续发展。虽然世界各国为此订立了许多“宣言”、“办法”和“条例”，著名的“京都条约”已于 2005 年 2 月 16 日在全世界正式执行和实施，但笔者认为要认真全面推行这一发展战略，必须将节约资源，保护环境，实现可持续发展战略，通过行政、法律、道德、舆论等全方位的办法和手段，唤起全人类的“觉醒”，引起全社会的“共鸣”，变为全社会的责任，更应该是全社会的一致行为。否则，环境污染，滥用资源的现象仍将普遍存在、普遍发生，而人类作出的保护环境、节能资源的各种努力的效果与滥用资源、环境污染的行为比较起来微不足道，可持续发展战略的推行和实现也仅存于纸上、口中。节约资源、保护环境，实施可持续发展战略，时至今日，相信已是全社会的共识。但在“社会责任”的内涵中，各级政府部门的责任尤为重大和关键。各级政府部门在深刻理解自身的“社会责任”的同时，更主要的是通过各级政府有效地执政，将这种“责任”变成“社会行为”，有力推动可持续发展战略的实施和实现，才可以实质性地承担这一关系人类的生存和发展的“社会责任”。这就是作者在本节中欲表示的观点和内容。在本节中，作者将根据现实情况和本身的认识就社会行为与责任的命题分三个方面阐述。

一、发展循环经济，建设资源节约型社会

资源问题和环境问题是 21 世纪全球经济和社会可持续发展的主要障碍。随着人类生产力和自然科学的迅速发展，人类从对自然的恐惧，变化为不断地对自然展开“征服”改造，肆意向大自然索取资源，过度消耗和严重浪费资源，环境污染越来越严重，结果是加剧了人类生存条件的危机，生存环境的恶化。

(一) 发展循环经济

发展经济，离不开各种生产活动，生产活动多数情况下，是以消耗自然资源为手段的，由于知识的贫乏和人类行为的盲目性，人类在消耗资源时，长期存在重复性、简单性和一次性，造成资源浪费严重。受自然界动物的食物链形成规律的启发，近几年，人们提出了“循环经济”的构想。自然界一切动物赖以生存的食物追溯到起始状态，就是植物。即：植物（草）向食草动物提供食物，而食草动物向肉食动物提供食物，食肉动物彼此之间互为食物，所以地球上千万种动物，生存和繁衍的条件归根到底就是植物。

“循环经济”的基本原则是“减量化，再利用，再循环”。生产环节要求尽量减少资源消耗和产生污染物，产品要求可以多次使用、维修、再利用，延长使用期，从而节约自然资源。

1997 年日本通产省产业结构协会就提出了循环经济构想并认为，发展循环经济将使日本环保产业创造近 37 万亿日元产值，提供 1400 万个就业机会。2000 年，日本政府颁布《推进形成循环型社会基本法》，进一步提出“环境立国”战略，把创建循环型社会列为国家目标，实施“谁生产销售，谁回收利用”的法规。2003 年，日本回收家电 900 余万台，空调资源循环利用率为 78%，电视机为 73%，冰箱为 59%……，今后的目标是力争资源回收率达到 100%。在日本、德国、美国对循环经济立法的影响下，欧盟和北美国家相继制定了产品回收、绿色包装等法律。

1. 减量化

在经济发展过程中，一切生产活动所消耗的自然资源的量应尽量减少。地球的资源分为可再生和不可再生两大类，不可再生的资源消耗一点就减少一点，总有一天就会消耗殆尽，我们尽最大可能减少消耗量，就是延长这些能源的使用年限，就是延长地球的寿命；可再生资源，他的再生能力和速度也是受到许多条件限制的，大大滞后于人类对自然数据的消耗速度，我们尽量减少这些资源消耗量，不仅可以延长这些资源的使用年限，也可增强这些再生资源的再生能力。

2. 再利用

由于科学技术的滞后和人们观念的落后，我们在进行各种生产活动时消耗大量的自然资源，而且许多消耗是一次性的，是低质量的，造成大量资源浪费。再利用就是让自然资源多次利用，或使其一次使用的副产品，通过一些科技和生产手段再利用，提高利用质量和利用效率。有关产品亦可以多次维修，保养和再利用，延长使用周期，从而节约生产资源。

3. 再循环

自然资源在加工生产过程中，生产出产品的同时，亦会产生附产品，有些副产品可以实时用于其他用途，有些副产品可以经过一些物理、化学手段，进行再分解，再加工，生产成另类产品，用于生产生活过程中，这种行为可以进行多次，使产品循环再造，循环使用，可大大降低自然资源的消耗，从而节能生产资源。

（二）建设资源节约型社会

越来越多的人清楚知道，地球上的资源是有限的，而且大部分自然资源是不可再生的。为了给我们的子孙后代留下生存空间和发展空间，我们现代人惟一可以做的就是“节约”，节约自然资源，节约能源，节约一切可以节约和应该节约的东西。“节约”不是一个人的事，是全社会的事；节约也不是某一企业，某间公司的事，是全社会的事；节约更不是一个国家，一个地区的事，是全人类全社会的事，所以，建设资源节约型社会是实施可持续发展的战略不可缺少的社会力量。“节约”不仅是一种行为，更是一种责任。中国在2004年起已向全面建设“节约型社会”迈进。在控制全社会的固定资产的增长，控制某些资源和能源高消耗行业的发展，治理和整顿某些高消耗，高污染低产出行业的经营行为等方面采取了强而有力的措施，取得显著成效。

要真正建设一个“节约型社会”，应从几个方面着手：

1. 加强全民的生态道德观念建设

一切经济、社会活动的起始和终结都是人的行为和活动的体现，欲建立起节约型社会，应首先建设全民的生态道德观，一个国家和政府应利用自己的行政管治权威和法律强制手段，通过全民教育、学习培训、宣传造势等各种形式使保护环境和资源节约活动逐步变为全体公民的责任意识和自觉行为。

2. 适时立法

人的行为往往需采取适当的强制手段，才可以予以规范和拨正。建立相应的促进节约型社会的建设和经济发展的相关法律法规，使之有法可依，执法必严，违法必究，这是当今促使社会行为规范化、秩序化的必要手段。

3. 充分发挥科学技术的核心力量，依靠科技创新，建立各行业的资源节约保障体系，把建立节约型社会落实到实处。

首先，应加大科学研究的投入，利用高新技术手段防止、处理各类环境污染问题，使环境污染的处理改善效果更佳，成本更低，自然资源的再造能力更强。

其次，是利用科学手段，研究发展各种代用品，减少自然资源的消耗。

第三，运用现代先进的管理科学手段再造和重组新的工艺流程，新的生产方式，新的组织管理模式，减少因重复建设、重复投入而造成的自然资源的重复消耗，减少因工艺流程落后、管理方式落后而造成的资源高消耗、能源高消耗的状况。

二、更新消费观念，提倡全民勤俭朴素风气

随着国民经济的飞跃发展，人民的生活水平快速提高，但是任何一个国家或地区个人财富分配不均是普遍存在的现象。有的国家（如美国）20%的人占有国家80%的财富，这小部分的人生活奢侈、纵情消费。他们的消费观念和消费模式影响整个国家乃至全社会。我们提倡全民劝俭朴素的消费风气，就必须：

（一）树立正确的消费观念，减少自然资源的浪费

人的消费内容概括起来，就是衣、食、住、行、乐。我们要教育广大人民群众从社会的长远发展和子孙后代的福荫着想，在消费内容的各个环节，尽量选择少消耗自然资源，尤其是不消耗再生能力低的自然资源的生活方式和生活内容。比如，不用稀有动物的皮作衣；不以稀有动物或濒临灭绝的动物为食品；在居所内，尽量采用自然通风，自然采光等。政府和全社会应该用必要的行政手段，进行广泛地宣传和教育，使广大市民理解其真谛，把减少自然资源的消耗变成自觉地实际行动。

（二）树立勤俭节约光荣，铺张浪费可耻的社会风气。

不断地追求新的更高的生活标准和生活质量，这是人类的天性。但当今社会一切以商业规则运作，“先用未来钱”的超前消费，“今朝有酒今朝醉”的实时盲目消费，成为一种不良的消费风气，在这种风气的驱动下，人们争相攀比，讲排场，摆阔气，追求一些离奇古怪的消费方式。我们的社会学家，营养学家，心理学家们应在这方面充分发挥各自的专家特长，从各个不同的角度去剖析人的真正需要，从教育、引导着手，拨正这些不良的消费行为，不提倡一切消费追求“最好”，提倡“刚刚好”。这样于人于己于社会均有利而无一害。

我们还应去宣传教育，大力提倡和树立起勤俭节约光荣，铺张浪费可耻的社会风气。

三、强化政府功能是实现可持续发展目标的保障

在确立和实施可持续发展战略的过程中，政府功能的充分发挥是至关重要的。政府功能包括行政指引，政策规范，法律保障，宣传教育四个方面。

（一）行政指引

政府部门的指引，体现政策导向。我们需要以一个国家乃至全世界范围为着眼点，以可持续发展战略统领全局，对科研方面，产业方向，市场方向通过有效的行政方式予以指引。

1. 科研方向

由于可持续发展战略的提出是针对自然资源消耗过快和环境污染严重两大问题为前提依据的，所以对研究减少污染、再生能源的学科和科研单位，对于循环经济、节能能源，迭代产品，无污染产品的研究和开发的领域和行业，政府应予鼓励、支持和提倡，并在资金、人材政策上给予倾斜，由于政府的指导和提倡，就会引导全社会在科研、开发和生产的各个领域和行业朝这方面转移，形成一股强大的社会力量。

2. 产业方向

对于节约资源、减少污染、循环再造的产业和行业，政府应给予政策和资金上的支持，同时政府带头推销这些产品，使用这些产品，使以节约资源，减少或杜绝污染为目标的产业迅速发展、壮大，整个社会形成一个庞大的产品迭代市场，让那些高资源消耗、高污染的行业逐渐萎缩直至关闭，这样经济发展和环境保护之间就可达至一个良性的平衡，可持续发展战略才可真正落实实处。

3. 市场方向

市场方向就是通过政府的行政指引，逐步让那些节能、环保产品和无毒、无害、实用的迭代产品和循环再造产品占领市场，让社会形成一个健康的消费行为。

（二）政策规范

政府指引，仅代表政府的倾向和未来的规划，但对于一些具体的行为无约束和强制作用，所以政府还需通过制定各项政策，为可持续发展战略鸣锣开道。比如，对一些有明显节能环保的产品，政府应强制推广使用，对一些高资源消耗，高污染的产品强制取缔、不准使用等。对于一些明显节能和环保的企业单位，政府在资金上应予以扶持和奖励，对于一些高资源消耗，高污染的企业单位限期改进，甚至取缔等，更主要的是政府的这些行为应该是持久和全方位的。

（三）法律保障

国家还须通过立法，为推行可持续发展战略而制定的一系列政策给予法律保障。

立法应体现强制性和惩罚性两个方面。强制性就是一切有关节约资源，减少污染的政策、法规、法例必须强制执行，一切有关违犯既定政策的人、事和行为必须受到制裁和惩罚。在全社会形成一个鲜明的标记，就是推行可持续发展战略是不可逆转的，更是全社会共同的行为和责任。

（四）宣传教育

宣传教育，是将政策和行为变成全民行为的一种很好鼓动方式和手段。

节约资源、保护环境，实现可持续发展战略，还必须通过宣传教育，让其成为全社会的一种行为。首先，通过宣传教育，让广大人民群众了解：人与自然的紧密关系，人与自然和谐“共存”的重要性，人的行为造成资源的无节制消耗和环境污染的严重后果等，从而加深广大人民群众在环境问题上的危机意识，激发他们保护环境、爱护环境的责任感和紧迫感；其次，鉴于多数人对“环境”的不良行为是在无知的情况下发生的，所以我们要通过教材，广播、电视、报纸等形式广泛、深入地进行自然、环境、人三者之间的关系方面的基本知识的普及教育，尤其需将这方面的正确行为和知识编成教材，纳入中、小学的教学课程内容，让我们的下一代，从小就认识和掌握这方面的知识，通过几代人的努力，就可大大提高全民的环境保护意识；第三，有关保护环境的法律和规范，是强制性阻止人类破坏环境、滥用资源的不良行为发生的一种有效手段，我们应通过广泛的宣传教育，让广大人民群众加深对法律、法规的认识和理解，明白违法就是犯罪，守法遵纪是一个良好市民应具的起码的品德；最后一点，就是要通过各种形式的宣传教育，培养广大人民群众良好的生活习惯，如节约、讲卫生、不乱抛垃圾、保护环境和爱护大自然等。

人们都在说，如今是信息化的时代。的确，由于IT技术的快速发展，媒体以百花齐放的形式出现在人们的眼前，客观条件为我们提供了宣传教育的多样化手段，只要各级政府重视，要做好宣传教育工作相信不是难事，难的是把爱护环境、保护环境的宣传教育工作长期做下去，坚持不懈，直到永远。

第九章 建筑工程环保工作实例

世界建筑业的管理水平及技术发展不断进步，为人类提供前所未有的多样性的舒适生活环境。地球上最早的建筑工程可追溯到远古时代有巢氏在树上构木为巢，避免野兽侵袭，发展到现在建造高达101层的上海环球金融摩天大楼，反映人类智慧在建筑领域的无限延伸。

香港由最初小渔港成为今日世界的国际级城市，建筑工程在其社会发展过程中发挥重要的促进及支持作用。香港政府早于20世纪40年代开始大兴土木，如兴建九广铁路、公共屋村、国际机场以致即将落成的迪斯尼主题公园，建筑工程将香港经济和社会发展推上历史的新高峰。然而，这光辉背后，随着都市建筑项目数目与日俱增，建筑工程所产生的各种环境问题渐渐突显出来。为此，工地上的环保工作由过去常被漠视，发展到现今各工地有相对完善的环保管理系统及相关设备，而且由以往强制性执行有关环保工作以应付法例要求，现今进步到工地在施工过程中的自觉行为，反映业界在环境保护工作方面的工作与时俱进，勇于承担。

第一至八章已将建筑工程在实施过程中产生的环境问题及其监控改进措施作出阐述，本章的第一至四节将笔者在香港主持、策划、组织和实施的部分工程项目在施工过程中工地所进行的环保工作及管理——介绍，与读者分享。

第一节 彩云道及佐敦谷发展场地平整及相关的基础设施工程

一、引言

1997年，长远房屋政策检讨报告当中，香港政府就房屋发展项目进行深入研究，结果发现预计在十年间有关楼宇需求将大增，于是，为满足有关需要，香港政府订立出长远房屋政策和建屋方案，其中一项政策就是要增加土地供应，以满足建屋需求。

1997年8月，香港政府工务局属下——土木工程署就有关房屋政策对彩云道及佐敦谷一带地区作为发展区域进行规划及工程可行性研究（合约编号 CE19/97），结果确立该地区为可发展的地区，道路工程和房屋建设均可延展至该处，接着，一个以开山造地为目标的土木工程就陆续展开。

二、工程概述

（一）工程范围及性质

彩云道和佐敦谷附近的发展方案乃由三个高度不同的住宅发展用平台组成，

分别为规划区1、2和3（见图9-1-1），另附加两个基建用平台，包括规划区4，作淡水库和咸水库和学校之用，规划区5则作兴建两所学校之用。落成后，发展可供应约一万多个住宅单位，配套设施包括政府、团体、社区用途建筑物及分区休憩用地。发展项目包括连接对外交通网络的道路工程、排水、排污及饮用水供应的基础设施改善工程，以满足因发展增加流量之需。此外，平台平整工程所挖掘的泥、石，规划订用于填海工程或相关用途，包括作为竹篙湾香港迪斯尼工程之种植土的原料等。表9-1-1列出该工程项目的用途和面积分布表。

用途和面积明细表 **表9-1-1**

用　途	工地面积		入住人数
	公顷	%	
1. 住宅			
公共房屋	5.38	14.9	21 386
私人房屋	3.65	10.1	13 680
总住宅用地	9.03	25.0	35 066
2. 教育	4.97	13.8	
3. 政府保留用地	1.47	4.1	
4. 机构及社区用地	0.20	0.6	
5. 地区休憩用地	3.29	9.1	
6. 美化市容地带	6.35	17.5	
7. 绿化地带	5.59	15.5	
8. 道路预留土地	5.21	14.4	
总发展用地	36.11	100	

工程于2001年11月动工，预计于2005年11月竣工，有关平整工程的业主为香港特区政府土木工程署，承建商为中国建筑（香港）有限公司，工程合约总额为13.38亿港元。

（二）施工项目

由于该发展项目中的房屋项目部分仍在规划中，故本章节将集中阐述有关该项目的平整工程部分，此合约工程主要包括在佐敦谷爆破及开挖约900万立方米之泥石，开山造地为未来房屋发展之用；由于所生产出的泥石形状大小不同，故工地安装轧石机和筛分系统，将开挖出来的泥石加工达到指定的粒径，并建造一条1.6公里的密封式运输带，把经轧石机及筛分处理后的泥石运至旧启德机场堆放或送走，有关堆放泥石的安排是为了有待业主进一步研究最终用途。部分可运走的泥石乃从旧启德机场运送至跑道尾端的临时码头，再装卸到趸船运走；另外，合约亦包括开山造地后的场地挡土墙、雨水渠及污水渠排放系统、排洪箱函、水管、公共事业设施、马路、行人路及行人隧道。

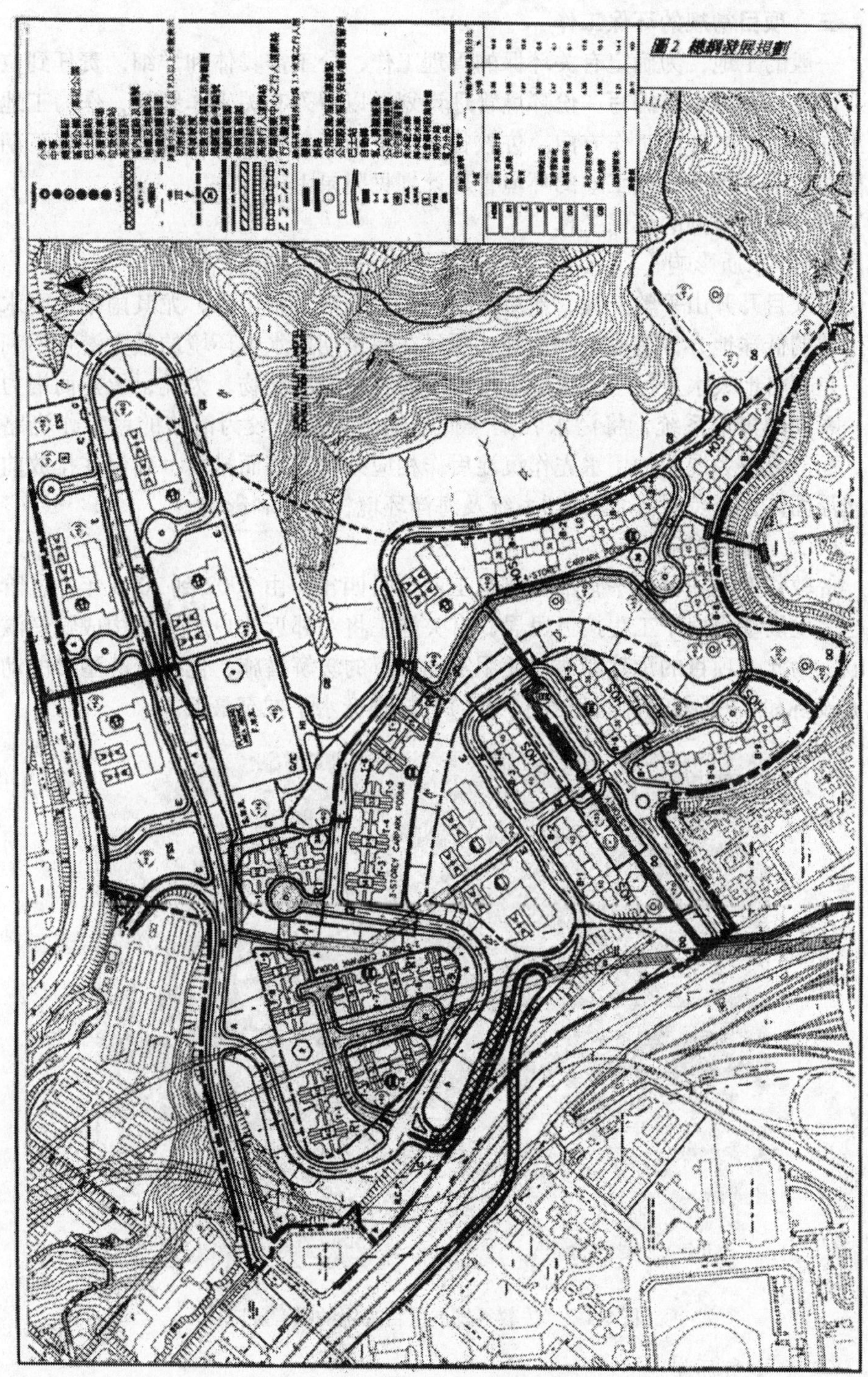

图 9-1-1　总纲发展规划

三、项目常规的环保工作

一般的工地，为确定有关环保的管理工作，分工需具体和详细，责任到位到人，因此，在施工前编写一份环境管理计划，以罗列有关工作细节，作为工地上员工在施工时的环保工作方向。佐敦谷在开工前已筹备好有关计划并在施工期间严格执行有关细节，该工地的环境管理计划见附录1。

四、项目特别的环保工作

（一）水质影响

该项目乃开山平整工程，地势关系，往往积存大量山水，尤其雨季，雨水积在工地的低洼地方，造成水浸情况。项目在建筑期对水生环境的最大潜在不利影响，是来自地表水及污水干渠系统排放出的含淤泥沉淀物。为此，承建商竭力安排一系列的集水系统，将污水收集于低洼地方，部分较为清洁的用水作浇路之用，而部分较为混浊的用水先作沉淀后作相应处理，继而排放，确保在排放前剔除悬浮固体，避免对排水/排污系统及海洋环境构成不利影响。

（二）噪音影响

佐敦谷发展项目的平整部分建筑工期为时四年，由2002到2006年，各阶段进行之发展项目由于工程接近民居，有关施工将对邻近住户之居民构成噪音滋扰影响。为此，项目的承建商透过使用实际可行的缓解措施，包括宁静型号的动力机械设备和临时隔音屏障（见图9-1-2），将噪音水平减至最低。

图9-1-2　佐敦谷发展项目采用的噪音屏障

（三）空气质量

该项目的特别之处在于使用爆破方法开山并将有关泥石运送到海边码头作储

存或送走。因爆破或运送物料时所产生的尘埃问题，在施工前，有关承建商已有相当周详考虑。有关环保工作包括爆破工程在施工期内只限于每日的部分时间，在爆破的周边范围以屏障作围封，并以足够的水作喷洒降尘（见图 9-1-3）。根据施工前有关对空气质量影响评估，相信施工时不会对空气敏感受体和附近环境构成严重尘埃影响。故此，承建商于施工时实施常规的尘埃缓解措施，以符合有关的法例要求。运送泥石方面，工地现行设置密封式输送带，将堆填材料运往启德场堆填区作储存或运走。有关运输带见图 9-1-4。

图 9-1-3　爆破屏障

图 9-1-4　佐敦谷密封式输送带

（四）生态影响

该项目处于山谷，由山顶至山脚均被列为发展的范围之内，该项目的范围内存有造林区、高灌林地、矮灌木和草地、农地、沼泽和溪涧。项目在陆地上的生态影响，包括失去十多公顷造林区、四公顷高灌林地、五公顷矮灌木和草、大约一公顷农地和二公顷沼泽，成为项目的最大直接陆上生态影响。然而，根据研究，该地方所录得植物品种的普遍程度只属一般，没有罕有植物存在，故此，即使移走有关的植物，生态资源上的损失是很小的。然而，业主为弥补有关损失，锐意落实缓解措施以减少有关对生态的影响，其措施包括在较平坦的山坡上作种植，以补偿有关失去的品种及在已完成的堆填区上兴建生态公园，占地面积约4.5公顷，增加绿化。

由于项目并不涉及海岸工程，而且排放污水受严格监管。有关项目对海洋生态的影响，在本项目中并不显著。

（五）环境监测及审核

为不断了解工地在施工期间的环境情况，彩云道及佐敦谷发展项目，工地定时作环境监察及审核，对空气、噪音等各方面进行检验，务求达到良好的环境情况。

第二节　中环填海三期工程

一、引言

中环填海计划第三期工程，为填海约18公顷土地，将中环填海计划第一及二期所填得的土地连接起来。该工程将为中环及湾仔绕道和地铁香港站延展列车隧道提供所需用地。部分中环填海计划第三期、湾仔发展计划第二期、中环及湾仔绕道工程同期展开，在2003年3月至2007年3月同期施工。图9-2-1所示为湾仔发展第二期和中环及湾仔绕道工程与中环填海三期的相对关系。中国建筑工程（香港）有限公司伙拍礼顿建筑有限公司作为该项目的总承建商。合约总金额为37.9亿港元。

二、工程概述

（一）工程范围

整个中环及湾仔填海发展计划涉及约77公顷新造土地及部分重新开发的现有土地。第三期施工期间，中环填海计划第一、二期，均已完成，第三期填海工程范围介于中环填海计划第一期及湾仔发展计划第二期之间，填海范围从西面的邮政总局到东面香港军人辅导会附近的龙景街。新填海区的西面将与一期连接，南边环绕二期（即添马舰填海区），东面则与湾仔发展二期相连。

图 9-2-1

（二）工程内容与性质

中环填海三期工程的主要目的是为地铁香港站延展列车隧道以及中环及湾仔绕道提供所需土地。中环及湾仔绕道从中环填海三期伸至湾仔发展二期，为港岛东西向交通提供直接通道。工程范围内的地铁港岛线的铁路将与中环填海三期同时兴建，有关安排可避免日后在各项目兴建时对新造土地和新建的基础设施造成重大干扰。相关主要基础设施工程及未来的土地用途见图 9-2-2。

（三）施工方法及工程要求

1. 挖泥要求及方法

经考虑有关在填海区所造土地上将建造的建筑物性质及它们所承受的主沉降和次沉降的能力，中环填海三期最终决定采用全面挖泥填海方法。

2. 填海施工

（1）施工阶段划分

填海施工的顺序安排受各种因素所制约，主要的制约是在新的设施落成之前需保持现有设施的正常运作，例如现有码头。故此，填海施工被分为四个部分进行，意图将工程所造成的滋扰分散及减至最低。

工程于 2002 年 8 月在西填海区展开，于施工期间，由于现存的码头尚未搬迁，故此施工安排必须保持一条航道在该区，容许船只往来。此外，填海区的填海工程计划是以延伸现有海岸线的形式进行，以确保保存原有的潮浪方向，并将施工所引起水质的影响减至最低。工地附近原有的冷却用水的进出口及抽水站须迁移到此新造土地上（详见图 9-2-3）。另外，东面填海区工程完成后，渡轮码头将会立即迁移，冷却水抽水系统将会重新设置。有关东面填海区完成后，西填海区的工程立刻展开。在填海造地工程结束后，承建商开始建设中环及湾仔绕道隧道和地铁香港站列车隧道以及设置暗渠和配套设施。

在中环填海三期施工期间，承建商将兴建若干个沿岸设施，其中包括一个渡轮码头（8 号码头），公众登岸台阶（两个公共码头），及一个特为中国人民解放军驻港部队使用的专用码头。渡轮码头和公共码头均为桩承结构，而军用码头则与海堤连为一体（详见图 9-2-3）。相应安排，使得在填海工程完成后，新建设施将不会影响港口内的水流。

（2）填料及其来源

估计中环填海三期工程约需 351 万立方米的填料和 65 万立方米填石。海沙填料和公众填料（即平整土地工程挖出的多余填料）合约规定可用于该工程的填海用料。大部分填海区所用的填料均由公共堆填区填料提供。

三、项目常规的环保工作

有关该工程的常规性环保工作与第一节所提及的佐敦谷环保工作相若，在此不再重复。

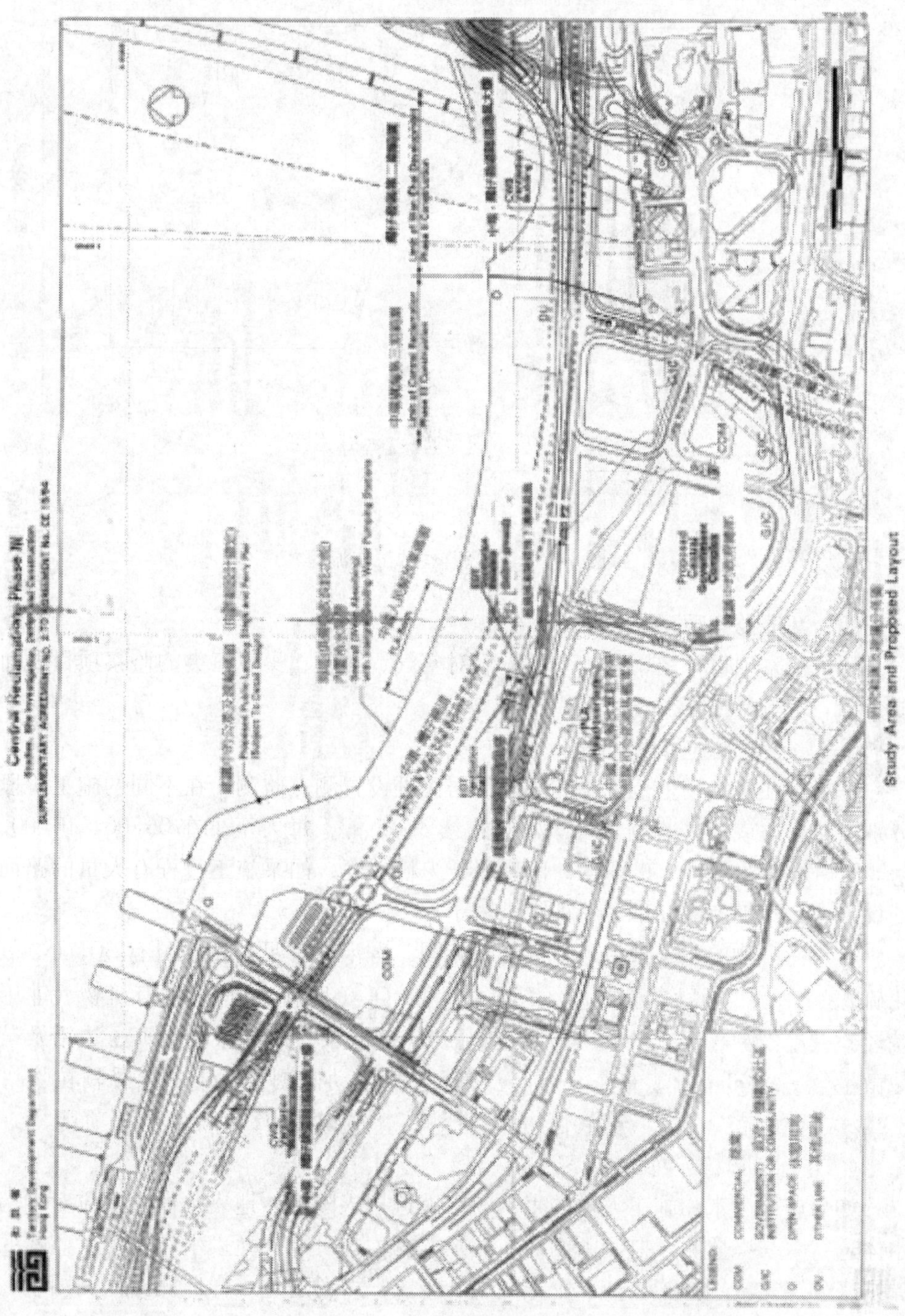

Central Reclamation Phase III
Study Area and Proposed Layout

图 9-2-2

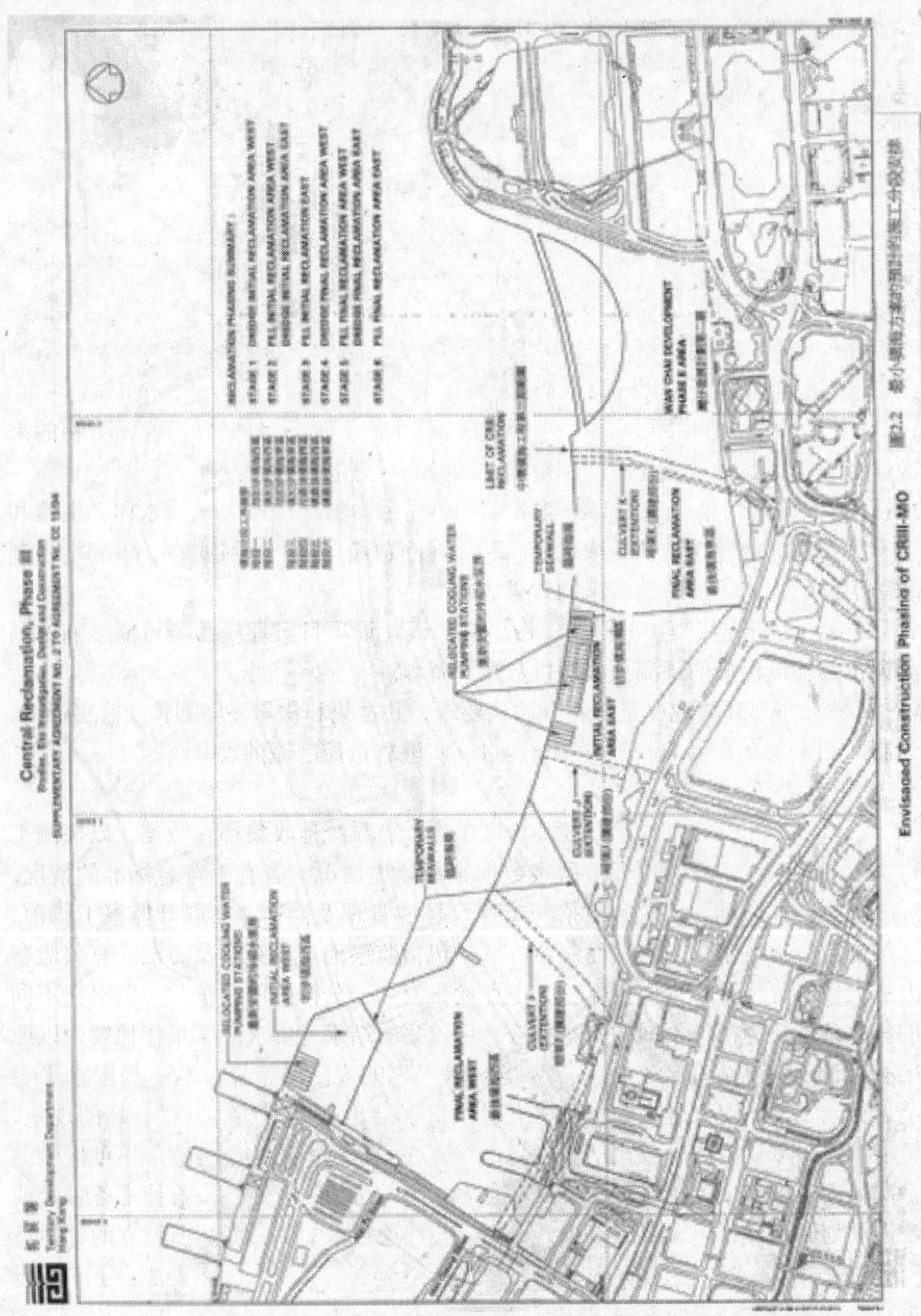

Central Reclamation, Phase III
Envisaged Construction Phasing of CRIII-MO

图 9-2-3

四、项目特别的环保工作

（一）水质影响及环保工作

在中环填海三期的施工区域内存在多个海水抽水站及相连的进水口。这些设施为中环多幢重要商业大厦，包括香港上海汇丰银行总行的空气调节系统提供所需用水（冷却水和循环水）。对于中环填海三期地区在海上进行的挖泥和填埋工程活动有十分严格的要求和规范。施工前，承建商已清楚知道在工地附近的水域内，悬浮固体因有关工程开展必定有所增加。如没有落实任何环保措施，有关的冷却水进水口处，悬浮固体含量将增加至每公升68微克，在最近的水务处所属的进水口处，该含量可增加至每公升2微克。承建商考虑到冷却用水进水口位置与挖掘位置太近，而且所挖掘淤泥是受污染的海泥，为确保将环境影响减至最低，承建商在施工时决定采用密封式抓斗以挖抓海泥的方法进行作业，并禁止在现场堆存挖出的物料，密封式抓斗挖泥是以一个全密封式的抓斗作为抓出海泥的施工方法，其顶部有密封式设计，有别于一般的抓斗挖，可防止淤泥在上载时散落四周。密封式抓斗挖泥机见图9-2-4。此外，对位于中环填海三期水域内或附近的海水取水口，承建商采用带框的土工布淤泥过滤网，以其减低挖掘过程对进水口的影响，见图9-2-5。采用这样的过滤网可过滤大部分水中悬浮固体，减少水中的混浊度，确保进水口所吸取的水质达标准。

图9-2-4　密封式抓斗挖泥机

为确保中环填海第三期工程对施工阶段所构成的水质影响有透彻的了解，承建商在施工前已进行基本环境测定及建立审核计划，以取得施工前的基本水质数据，便于施工时监测施工阶段的水质变化，并评估所建议的缓解措施的功效。从现场施工的分析结果显示，在施工期间，中环填海三期附近的任何水域均没有明显的水质恶化。

图 9-2-5　土工布淤泥过滤网

（二）噪音影响及环保工作

由于中环填海三期施工工地位处中环、湾仔口市市区，多个对噪音感应强的地点和设施均处于附近，包括香港演艺学院及其露天音乐厅、香港大会堂和中环军营。该设施的地点见图 9-2-6 所示。

在施工阶段，承建商了解到施工将产生噪音，在大会堂所承受的噪音量可升至65 分贝（A）至 93 分贝（A）之间，在中环军营的噪音介乎 62 ~ 94 分贝（A），相当嘈吵。故此，为减低这种噪音影响，承建商在不同的施工阶段采用低噪音机械和设置隔音屏障，最终在环境评估证实下，噪音量在大会堂和中环军营可降低到分别为 64 ~ 78 分贝（A）及 61 ~ 79 分贝（A），更加上所有受影响的大厦均装有空气调节系统，所以噪音影响可降至一个相当低的水平。

（三）空气质量影响

在中环填海三期工程施工区域的附近范围内，承建商已确定多个对空气质量敏感的设施（Air Sensitive Receivers 简称 ASRs），这些 ASRs 包括大会堂、恒生银行大厦、艺术中心、演艺学院等工地在施工期间的环境情况，中环填海三期工程定时作环境监察及审核，对空气、噪音等各方面进行检验，务求达到良好的环境情况，见图 9-2-6。在中环填海三期工程的施工期间，空气污染主要由悬浮粒子造成，由于大量的施工活动和工地太接近 ASRs，在某些施工阶段，尘土的影响较大。尘土主要来自货车在未铺砌的泥路上行驶、材料搬运、推土机运行、堆存物料的风化及各种基础建筑工程。资料显示，施工期间在大会堂所录得的一小时悬浮粒子总量，最大浓度可达每立方米为 2668 微克，在 24 小时的监察中最高浓度每立方米为 1389 微克。为减少尘土的影响，承建商采用以下的环保措施：

1. 将工地现场的货车车速严格限制在 1 小时 8 公里以下，并向工地运料路径洒水，保持其润湿状态；

2. 当天气及施工工地干燥时，对正在进行施工的工地洒水，一日两次；

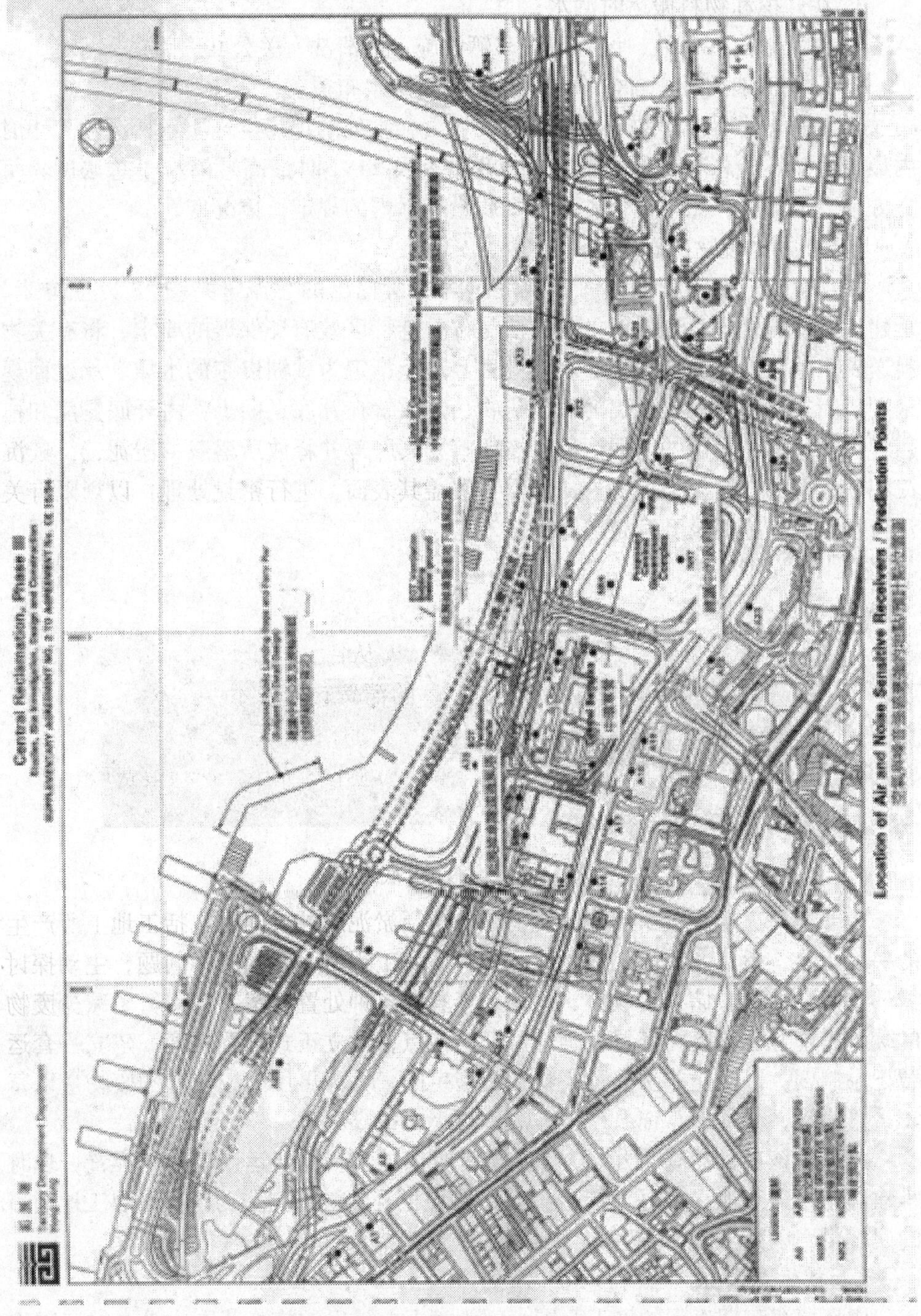

Central Reclamation, Phase III
Location of Air and Noise Sensitive Receivers / Prediction Points

图 9-2-6

3. 在开挖和物料搬运时洒水；

4. 在工地出入口处，设置清洗车辆设施，并清洗有关公共道路；

5. 来往工地的载有含尘物料的车辆均用防水布覆盖。

经采取上述所推荐的环保措施后，在大会堂处的现场空气质量情况为1小时内最高悬浮粒子总浓度为每立方米348微克及24小时最高悬浮粒子总浓度为每立方米221微克，完全符合香港空气质量指标内的规定，情况良好。

（四）固体废物的管理

中环填海三期工程在填海和筑堤过程中所挖出的总泥量共约58万立方米，承建商须妥善处理，现时的处理方法是按香港特区政府环保署的要求，将有关物料送到工地以外的海域丢弃，承建商丢弃地点指定为砂洲以东的水域。承建商现采用封闭式抓斗挖泥机挖出海底沉积物，并放置在开底趸船上，由开底趸船和拖船将沉积物运到指定的卸泥区后，趸船打开其底部并释放所盛载的淤泥，待其沉淀在卸泥区的洼洞后，以清洁的海泥再覆盖其表面，进行密封处理，以规限有关污染物扩散，拖船及开底趸船见图9-2-7。

图9-2-7　拖船和开底趸船

中环填海三期工程所产生的废物，除包括淤泥之外，同时包括工地上所产生的一般废物，承建商在施工前考虑到中环填海工程所引发的废物问题，主动探讨循环再用、处理、储存、收集、运输及弃置的各种处置方案，并实行了减少废物的缓解措施，包括废物弃置在有许可证的地点，设立正式弃置程序，建立一套运载记录制度，以防止非法弃置废物；所产生的、循环再用的或弃置的废物量以每车重量为计，必须保存记录；工地清理垃圾，每日一次。

此外，该项目约有5万立方米从陆地挖出的物料需要运出工地作弃置，现时承建商与另一工地（湾仔发展）配合，将该批弃置的物料作为湾仔发展工地项目的回填料，以减少废物产生。

（五）生态资源

中环填海三期工程的施工范围大部为海上，陆上的施工范围为沿岸的市区地方，没有丰富的动、植物生态存在，因此，在施工前，有关工程的生态研究只集中在海洋生态方面，经研究，证实维多利亚港内的水质和沉积物状况低劣，以及有关工地原本的海岸线均为人造的混凝土表面，天然海岸线的缺乏，已导致施工前工程范围内的海洋生态已处于恶劣环境。能生存的海洋生物只局限于一些已适应受污染环境和一些能栖息于人工地基（如码头桩柱、混凝土墙及海堤）的生物物种。实地观测数据证实，所兴建的填海区范围内海床因缺氧而不能维持大型动物群生存。目前海港内尚有一些本栖鸟和季候鸟，但城市的发展已导致岸边的天然栖息地不断减少，往来的船只亦不断干扰有关生物的生息环境。故此本项目的填海区并不会对这些鸟类造成生态影响。

由于本项目范围内并无特殊物种或应予受关注保护的生态资源，该工程暂时没有对相关方面采取环保工作。

（六）环境保护工作的成效

中环填海三期工程在施工期间，为确保把有关空气质量、噪音、水质、废物等各方面影响降低至可接受的程度，承建商竭力落实各环保工作。结果表明，在采取这些环保工作后，所存在的影响大为降低，工地上的环境情况是相当理想的，下列表9-2-1重点简述未受缓解和经缓解后的影响水平。

环境保护工作成效 **表9-2-1**

环境参数	落实环保工作的影响水平＊	主要环保工作	环保工作实施后的影响水平	采取后存在的影响
空气质量	最大一小时悬浮粒子浓度为每立方米2668微克 最大二十四小时悬浮粒子浓度为每立方米1389微克	• 定时间施工现场洒水 • 降低和限制车行速度 • 在开挖或物料交接时洒水 • 置备洗车设施 • 遮盖带尘物料	最大一小时悬浮粒子浓度为每立方米348微克 最大二十四小时悬浮粒子浓度为每立方米221微克	悬浮粒子浓度符合空气质量指标
噪音	大会堂处65～93分贝（A） 中环军营处62～94分贝（A） 香港演艺学院露天音乐场56～81分贝（A）	• 使用低噪音的机动设备 • 使用噪音屏障	• 大会堂处64～78分贝（A） • 中环军营处61～79分贝（A） • 香港演艺学院露天音乐场50～70分贝（A）	受影响的大楼设有空调系统，不依赖开启窗户通风，故此有关的影响将大为减少
水质	在冷却水进水口处最大悬浮固体为每升68.3毫克 于水务处所属的进水口外最大悬浮固体为每升2毫克	• 控制挖泥的规定包括使用屏障及密封式抓斗 • 控制海上物料处理和砂填料的规定 • 收集漂浮垃圾 • 控制暗渠出口处排泄措施 • 施工排放水控制措施	因缓解措施前水质指标并无超标准，缓解措施的水质指标未有确定	未超出水质标准
废物	不可定量	• 废物分离处理 • 废物储放、收集及运输的控制措施	不可定量	并无预测到不良影响

注：＊有关未落实环保工作时的影响水平乃取录于中环填海三期环评报告。

（七）环境监察及审核

为紧密观察有关中环填海三期工程的施工期间所产生的环境影响，承建商在该工程施工全过程中定期进行监察与审核，并按环保署要求，建立一份《环境监察及审核手册》，列明有关项目的监察与审核的程序，有关详情如：

1. 水质

为了解该区施工前水质的恶劣情况，以便在日后证明所引用的环保控制工作是适当的，在动工前，对该区的水质进行基础监察。另外，在海上工程进行期间，在指定的监察站进行水质监察；每周三日，每日在退潮及涨潮的中期，各进行一次，以便作出分析。

2. 噪音

在任何工程动工前，在指定的监察站上进行连续两周的基本噪音监察。监察时，在监察站附近不许有任何施工活动。另外，当工程展开时，在指定的监察站进行每周一次影响监察。

3. 空气质量

为了解施工场所附近的地方在工程动工前的一般空气质量状况，承建商在指定的监察站上进行1小时及24小时的悬浮粒子基线监察。24小时的基线监察是指在24小时持续进行监察量度，而1小时基线监察是指在1小时内持续量度空气质量。

在施工活动进行时，每六天在指定站进行一次1小时及24小时悬浮粒子总量取样。

4. 固体废物

在整个工程动工前，承建商拟定一份全面性的固体废物管理计划，包括有关废物的生产、储存、运送及记录等工作安排，并进行定期审核，以确定废物是否被有效管理。这些审核工作，按照认可的步骤进行；着眼于各个废物管理层面，包括废物的产生、储存、循环再用、处理、运输及弃置等各方面。审核工作在建筑工程动工前进行一次，然后于每季进行一次。

结果表明，与中环填海三期工程有关的环境状况长期符合所有的法定及相关标准。

第三节　落马洲至皇岗新跨界桥工程

一、引言

1989年启用的落马洲跨界通道一直是香港特区与深圳之间的一条主要连接道路。现时落马洲与皇岗之间的跨界桥，提供来往方向各两条行车线。为实施交通管制及进行出入境检查，其中一条行车线指定供货车专用，而另一条则供载客车辆使用。由于近年过境交通需求大幅增加，货车专用行车线在繁忙时间已达饱和，故此香港政府灵活开放载客车辆专用行车线供货车共享。然而，此举令载客车辆受到不必要延误，因此当局决定不以此作为长期舒缓货车挤塞的措施。

为解决有关问题，香港政府决定兴建新的行车桥横跨深圳河，以连接皇岗交汇处及其管制站。该条新行车桥不单能应付货车及载客车辆的未来需求，同时亦改进交通管制安排及方便日后临时封闭行车线，以进行桥梁维修工作。

新跨界桥横跨深圳与香港特区之间，香港特区政府负责兴建特区范围以内的路段，双方政府合作，共同解有关设计及兴建期间的各项问题。

二、工程概述

落马洲至皇岗新跨界桥工程于现时的落马洲及皇岗管制站范围内进行，并在现有桥梁东面兴建横跨深圳河的新桥梁。两条建于地面的新双线道路以南面为起点，并从落马洲管制站外的地方向北走至现有跨界桥梁的东面。两条道路途经现有的落马洲管制站桥梁办事处，再经一段双程双线进口斜路，连接横跨深圳河的新桥梁通道。斜路的结构形态、其支柱落马洲至皇岗新跨界桥及地基的设计会与现有构筑物相若。工程计划的工地位置的俯瞰图及工程范围（如记号所示）载于图9-3-1。

落马洲至与皇岗新跨界桥工程是一条双程双线分隔三跨的混凝土桥，位于现有桥梁的东面，其结构形态及支柱的位置将与现有桥梁相同，以保持外观一致及减低对环境的影响。桥梁到达河岸的另一边后，连接现有的皇岗交汇处及其管制站。

落马洲至皇岗新跨界桥工程计划所涉及主要工程包括兴建长约95米位于特区范围以内的新桥梁，提供双程双线分隔行车道横跨深圳河。每条行车道包括两条3.65米宽的行车线，两旁设有0.5米宽的路肩，在慢线行车线旁兴建2.0米宽的行人路，并在两旁外围兴建0.9米高的混凝土纵向护栏。另外，工程须拆除现有的落马洲管制站桥梁办事处及把桥下的引水道接驳至另一边的新田东部主要排水道。

本工程的业主为香港特区政府路政署，中国建筑工程（香港）有限公司与中国建筑工程总公司联营为该项目的总承建商。有关工程的动工日期为2003年，竣工日期则为2005年。现已竣工并交付使用。

三、项目常规的环保工作

有关该工程的常规性环保工作与第一节所提及的佐敦谷环保工作相若，在此不再重复。

四、项目特别的环保工作

（一）水质污染及缓解措施

施工期间与水质有关的主要事宜乃在深圳河进行钻孔灌注桩工程，有关工程

图 9-3-1

产生的污水可对深圳河构成水质污染。深圳河是深圳及特区新界西北部的主要排水道，是潜在水质敏感受体。现时由渠务署与内地的治理深圳河办公室共同管理。假如悬浮固体的水平增加，深圳河的水质及附近鱼塘很可能会受影响。后海内湾是深圳河下游的最终接收地，其水质的好坏受上游深圳河的污染物所影响。为此，该项目在施工前已订定一系列的环保计划，并在施工期严格执行，有关水质影响缓解工作包括装设渠务设施以控制工地排放（隔沙井及隔油井），实施工地管理以防止泥石及有害物料流入水体的排水设施，提供足够厕所设施，以及由认可废物处理公司适当地处置污水。

（二）噪音污染及缓解措施

施工前，业主已对该项目所产生的噪音进行预测。预测结果显示，在没有缓解工作的情况下，日间部分活动将令部分噪音敏感受体（NSRs）包括附近村落，出现噪音滋扰。这些活动包括使用重型起重机或进行钻孔灌注桩工程及开动其他动力机械设备。为此，承建商在施工前已计划妥当有关噪音环保工作，包括采用低噪音建筑设备及可移动的隔音屏障控制较高噪音水平的活动，把建筑噪音控制在噪音标准水平内。施工时，有关噪音水平在配合相关噪音缓解工作后，被证实为由 85 分贝（A）减至 72 分贝（A），达到令人满意的水平。

工程活动大致在星期一至六的日间（上午 7 时至下午 7 时）进行，以外时间进行均需向环境保护署申领建筑噪音许可证，为达到申请许可证要求及减少对附近居民的噪音滋扰，工地现实施良好的工地工作方法及噪音管理，有效减低工地活动对附近噪音敏感受体的影响，部分具体的管制措施如下：

1. 工地使用保养良好的机械设备，在施工期间作定期保养；

2. 间歇使用的机器及设备（如货车）在每段工程时间之间关闭或停用，或把机器及设备的运作速度减至最低；

3. 动机械设备远离噪音敏感受体；

4. 若机械设备向同一方向发出巨大声浪，调整机械设备的方向，以便令噪音远离附近噪音敏感受体；

（三）使用宁静机动设备，并减少在同一时间运作的数目。

五、空气污染及缓解措施

该项目所构成的空气质量影响主要由建筑机械设备及车辆引致。在施工期间，部分易受空气污染影响的地方因工地清拆、挖掘、削土、物料处理、堆存物料，以及因兴建大桥及与其相关的道路工程而行驶的工程车辆，令尘埃水平升高。为此，承建商遵照《空气污染管制（建造工程尘埃）规例》订定的尘埃抑制措施，管制工程引致的建造工程尘埃影响。该管制措施包括在所有工地出入通道处实施工地车辆速度限制，并设置车轮清洗设施；在起卸或运送物品前立即向所有易生尘埃物料洒水，以保持易生尘埃物料湿润；在弄碎石头/混凝土时，应洒水以抑制尘埃产生。在工地处理挖掘物料时向该物料洒水；以清洁的不透水布完全覆盖车辆上的物品，以确保易生尘埃物料不会漏出车外；及向外露地面浇水或覆盖外露地面，并实时修复工地。

（一）废物管理及缓解措施

落马洲至与皇岗新跨界桥工程施工期间所产生的废物包括剩余及挖掘的惰性物料、拆除废料、化学废料及普通垃圾。承建商已有一套完备的管制废物的缓解措施，其中包括采用内务管理方法，分拣废料以便再用及处置，与土木工程署议定在公众填土区预留地方处置挖掘物料，以及划设指定路线供废物处置车辆使用。

（二）生态影响及缓解措施

落马洲至与皇岗新跨界桥工程地区范围内的生态环境包括鱼塘、林地、植林区、草地及农田。由于鱼塘是水鸟觅食的生态环境，因此其生态价值较高。而其他生态环境由于尚未成熟及已经改变，故生态价值较低。工程地区内并无受保护植物品种存在，然而区内雀鸟种类繁多，但其他动物，例如蜻蜓、蝴蝶、鱼类、两栖类、爬虫类及哺乳类等动物则为常见的普通品种。故此有关工程对生态的影响是生境损失。

落马洲至与皇岗新跨界桥工程将会占据大约0.4公顷的未成熟植林区，在该区范围的植物大部分为木麻黄及黄槿，这两种树木均为本港常见的普通植物，故此有关所损失的生境的生态价值不高。

然而，业主为减少工程对生态的影响，在计划概念及设计阶段，作出多项考虑，通过避免及减少影响的方式，减少对生态影响。有关措施如下：

1. 选址——新桥位处现时的九铁工地范围内，故可避免对其他敏感生态/具重要生态价值地区，例如区内的鱼塘造成额外影响；

2. 所需土地——桥梁的设计尽量减少新桥梁所需的地方，以减低潜在生境损失；

3. 定线 ——桥梁毗邻现有桥梁，并与其平行，故可避免对深圳河的水流构成潜在影响，以及对其他生态易受破坏的地方造成影响；

4. 施工计划时间表——工程会与区内现有工程活动同期进行，以减低对该区的整体影响。

（三）环境监察及审核

为不断了解工地在施工期间的环境情况，落马洲至与皇岗新跨界桥工程定时作环境监察及审核，对空气、噪音等各方面进行检验，务求达到良好的环境情况。

第四节　竹篙湾发展基础建设合约一和二

一、引言

1999年，香港特别行政区政府与美国华特迪斯尼公司合作，决定在香港大屿山竹篙湾兴建一个国际性主题公园。香港国际主题公园有限公司将负责主题公园的施工和营运，以及酒店、零售、餐饮和娱乐区等消闲渡假设施的发展。香港政府土木工程拓展署则负责兴建其中有关的基础设备以配合香港迪斯尼乐园的发展。在整个基础建设合约中，中国建筑工程（香港）有限公司承办两个极其重要的合约，包括竹篙湾基础建设合约一及二，分别于2001年10月及2002年8月展开工程，合约总金额为34.69亿港元。合约类别均为土木工程，主要兴建主题公园周边的交通道路网络及公共配套设施。图9-4-1所示为竹篙湾发展的完成图。由于工程牵涉范围广大，施工期间所引起的环保问题比较多而复杂。

图9-4-1 竹篙湾发展的完成图

二、工程概况

工程范围涉及在竹篙湾填海所得的280公顷土地及收回的旧财利船厂约19公顷的用地，共计约300公顷土地。在该土地上兴建香港迪斯尼乐园的主要基建设备和各类主题公园。工程项目各具特色，主要工程项目包括：

- 利用海沙及公众填料在阴澳填海10公顷，并兴建所需的海堤；
- 在竹篙湾及阴澳填海土地上兴建基础设施及相关工程，包括雨水排放系统、污水抽水站、灌溉设施、供水系统和公用设施；
- 清拆及移走旧财利船厂各项现有建筑结构和各种废置的仪器、装置、设施和废物；
- 挖掘旧财利船厂内已受污染的泥土，并在工地内或运送至倒扣湾工地处理；

- 装设及操作位于工地内和倒扣湾的处理厂及处理厂最后的清拆工程与工地复原；
- 于旧财利船厂背后进行斜坡改善工程；
- 兴建下列各条道路：长 1.5 公里的一段竹篙湾连接路，从现有的阴澳交汇处连接至竹篙湾回旋处；一条长 4 公里的主要干路，即道路 P2；一条长 3.5 公里，围绕主题公园的地区干路，即游览大道；
- 兴建一个面积达 32 公顷的水上康乐中心，其中包括一个 12 公顷的人工湖。

三、项目常规的环保工作

有关该工程的常规性环保工作与第一节所提及的佐敦谷环保工作相若，在此不再重复。

四、项目特别的环保工作

于香港特别行政区政府宣布主题公园兴建计划的同时，也同时就对整项工程进行深入的环境影响评估。在 2000 年 2 月所发表的环境影响评估研究报告指出，工程可能对环境造成不良影响，若能在施工期间实施相应的缓解措施，工程所引起不良影响将可减低至可接受的程度。

本工程的其中主要项目是收回一间旧船厂（其名为“财利船厂”），将其用地纳为公园的一部分地方。于 2002 年 2 月发表的政府报告显示原船厂用地范围内地下泥土内含有有害物质，并建议了一套全面、有效，并且与国际间做法一致的除污及清理计划，以确保在该土地的使用者的安全及健康。

（一）土地污染

1. 泥土污染

相信是由于以往财利船厂运作的关系，船厂土地内发现有不同类别及程度的泥土污染。区内的泥土大部分受到金属和总石油碳氢化合物或半挥发性有机化合物的污染。而部分区域更受到二恶英的污染。二恶英是一种强烈致癌物质，所以对二恶英污染土的处理倍受香港市民和全社会关注。污染的泥土体积估计大约共 8.7 万立方米多。污染泥土分类见表 9-4-1。

受不同污染物污染的泥土的估计体积　　表 9-4-1

污染物种类	估计体积（立方米）
只有金属	48 000
总石油碳氢化合物/半挥发性有机化合物	700
金属及总石油碳氢化合物/半挥发性有机化合物	8 300
二恶英、金属及总石油碳氢化合物/半挥发性有机化合物	30 000
估计的总体积	87 000

2. 补救方法

泥土污染消除和补救的方法是包括选用合乎效益及成熟的方法进行除污工程，目的是借以配合整个工程的发展时间；除污工程进行期间如挖掘、建造及营运须减少对环境的影响，及保障工人的健康。

基于不同方法的应用限制和费用，混凝土凝固法（图9-4-2）被选为受金属污染的泥土补救方法。混凝土凝固法是以固定的方法应用于处理受重金属污染的泥土。处理过程中，受污染泥土会与适当分量的混凝土和水混合，待混合物凝固，泥土内的重金属便会锁存于固体混合物内。这样，泥土中的重金属经固化后是不能透过沥滤污染环境。

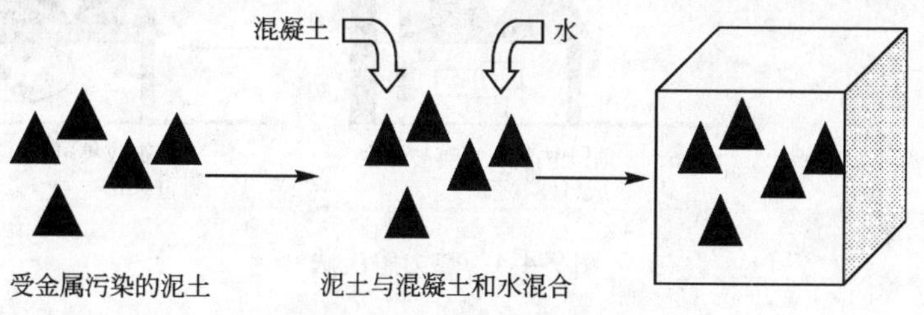

图9-4-2 混凝土凝固法

生物堆积法（图9-4-2及图9-4-3）为受总石油碳氢化合物及/或半挥发性有机化合物污染的泥土补救。生物堆积法是利用微生物降解泥土中的总石油碳氢化合物/半挥发性有机化合物。在进行生物堆积法的时候，受污染的泥土会被堆成独立堤垒，然后把空气输入泥土，帮助泥土内的微生物把碳氢化合物分解为水及二氧化碳等无害元素。

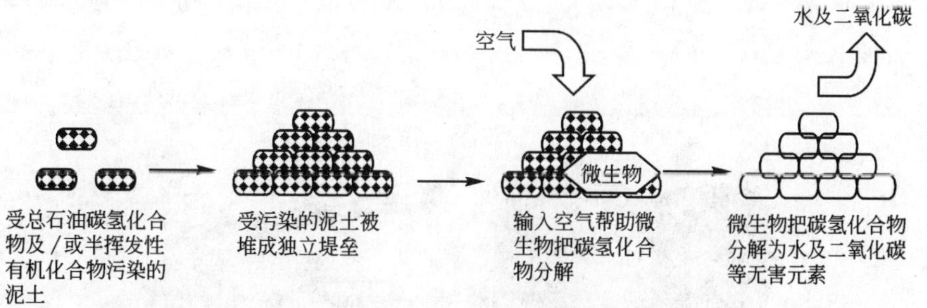

图9-4-3 生物堆积法

受二恶英污染的泥土补救方法则是以非直接热力解吸法处理（图9-4-4、表9-4-2）。热力解吸法是一种封闭式的分解过程，用非直接的热力处理受污染的泥土。透过非直接的热力，泥土内的污染物（包括二恶英）会被蒸发成气体状态，气体会被收集再加以凝结，及在化学处理中心焚化。

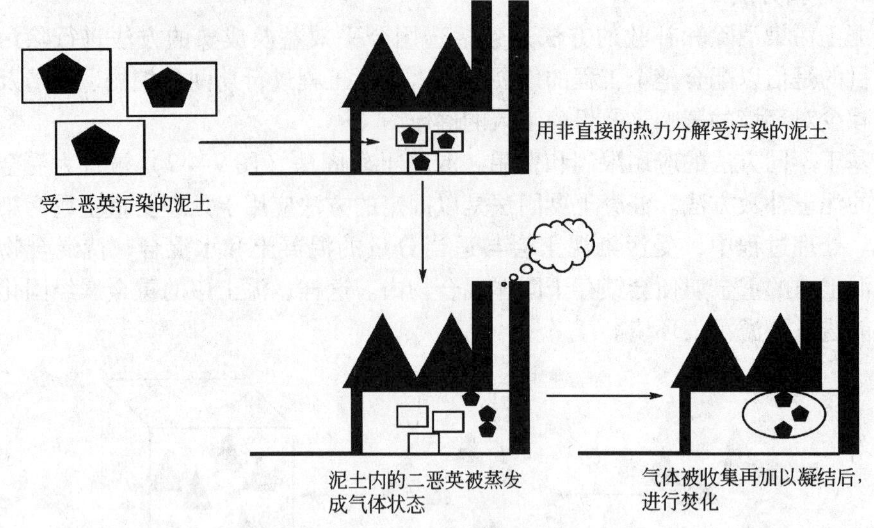

图 9-4-4　热力解决法

泥土污染的建议补救方法　　**表 9-4-2**

泥 土 污 染 物	建 议 补 救 方 法
只有重金属	混凝土凝固法
总石油碳氢化合物/半挥发性有机化合物	生物堆积法
重金属及总石油碳氢化合物/半挥发性有机化合物	生物堆积法，然后用混凝土凝固法
二恶英、重金属及总石油碳氢化合物/半挥发性有机化合物	热力解吸法，然后用混凝土凝固法

图 9-4-5　混凝土凝固处理厂

图 9-4-6　生物堆

图 9-4-7　热力解吸处理厂

3. 其他工作

为工地内的工人提供安全措施，例如个人保护设备，及避免土地污染可能造成的剩余影响，承建商对于多项除污的程序中，如泥土挖掘、泥土堆放、生物堆积法处理、混凝土凝固处理及热力解吸处理等，可能对空气、水、废物和生态造成的影响，必须作出相应的缓解措施和健康及安全保障措施。其他的缓解措施将在有关章节中阐述。

（二）空气质量影响

在施工阶段所造成的空气质量影响，主要来自建筑机器和车辆所产生的尘埃和所排放的气体，其中以尘埃的问题最值得关注。该工程的施工活动包括工地平整工程、主题公园及相关设施包括酒店及水上康乐中心、道路的建筑工程，以及财利船厂的拆卸，将成为尘埃的主要来源。货车在泥路上行驶、物料装卸、易生尘埃的物料堆放、推土机操作、凿石破碎等工序均引起扬尘，因此缓解措施是针对个别工序而实施。采用的措施包括：

1. 于车辆出口处设置洗辘池以供车辆清洗轮胎后，方能离开工地范围；

2. 在洗辘池与出口处之间的道路段落以沥青物料铺设，防止清洗后的轮胎再度沾上泥尘，并带出公共路面；

3. 工地内泥面的主要运输通路以水车作定时洒水，以维持整个道路表面湿润；

4. 工地内车辆流量大的通路旁加装花洒龙头，加强路面洒水效果；

5. 载有易生尘埃物料的车辆离开建造工地时，所载物料以清洁和不渗透的隔尘布完全覆盖，确保物料不会从该车辆漏出；

6. 易生尘埃物料的存料以不渗透的隔尘布完全覆盖，防止扬尘；

7. 进行钻孔、切割、磨光或机械碎破作业时，不断地在作业的表面喷洒水，用以抑制尘埃排散；

8. 拆卸工程进行的范围须在紧接进行拆卸之前和之后，并在进行拆卸期间，以水或尘埃抑制化学剂喷洒，从而维持整个表面湿润；

9. 在移走存料堆后剩余的任何易生尘埃物料须以水弄湿，并须清除留在道路或街的表面上的该等物料。

在进行土地除污工程需要挖掘受污染的区域而会翻动泥土时，污泥坑的工地内实施了下列缓解措施：

1. 在进行挖泥工程前，须在最上层的泥土细致地作喷雾式洒水，以免扬起尘埃；

2. 不需进行任何工作的已挖泥区域必须以不透水的物料覆盖，借以减少尘埃飘散。

另外，为符合合约及有关环保牌照所订明的气体污染物量和浓度标准，承建商在工地的污泥处理厂内实施以下措施：

1. 确保所有热力解吸过程全封闭，防止污染物释放；

2. 在热力解吸过程中，二恶英的排放量将会限制在每立方米 1 纳克，而总有机化合物（Total Organic Carbon 简称“TOC”）排放量则限制在每立方米 20 毫克之内；

3. 空气中含二恶英的浓度百分率标准为 0.0001%；

4. 贮存含二恶英污泥存仓装置须有高效能除尘设备（图 9-4-8），防止仓内含二恶英的泥尘泄漏，污染贮存仓外空气；

5. 从生物堆排放的总有机化合物的排放量限制于每立方米 20 毫克内，最高流速应将被限制为每分钟 56 立方米；

6. 安装后备活性炭系统以确保生物堆所产生的气体符合总有机化合物的排放标准；

图 9-4-8　高效能除尘设备

7. 生物堆以里垫铺覆，以免散溢出挥发性有机化合物。

承建商在采纳上述各项缓解措施后，周边的空气质量敏感地点所感测到的悬浮粒子量或气体污染物不曾超出法定空气质量水平。

（三）水质影响

根据香港环境保护署的水质监察数据显示，主题公园附近水域的水质大致良好。在施工阶段，阴澳填海作业时估计将会构成一定的水质影响。在最坏的情况时，这些施工活动可能会令附近的鱼类养殖区内的悬浮沉积物浓度超过“水质指标”。因此承建商实施了以下环保工作：

1. 在进行填海工程之前，先建造海堤来控制沉积物漂散，并对挖泥和填土的最高速度加以限制；

2. 于卸砂位置附近的海面周围架设帘幕（silt curtain），以防止淤砂过度漂散。

当拆卸船厂内的建筑物后，已受污染的泥土被挖出并分别于工地内及工地外处理。低于地下水位的挖掘工程往往抽走含有一定金属和总石油碳氢化合物分量的地下水，若该地下水直接排入排水渠道，可能对海质造成影响，因此在不构成局部地下水位上升所引致污染物转移的情况下，将抽出的地下水重新注入船厂工地内，工地则设置中央污水处理设备，把污水经处理后排放。

受金属污染的泥土往往在工地上临时堆放，因此在泥土堆的底部铺置有不能穿透的里垫，在泥土堆外围加上土壤，在下雨期间用不能穿透垫块覆盖泥土堆，借此减少受污染径流和渗滤污水的产生。

生物堆、热力解吸过程和凝固法都是主要清除污染过程，施工的污水、渗滤污水、热力解吸厂房内受污染的径流、洗刷车轮的废水和工地设施所产生的废水等均对附近海域产生潜在水质污染影响，因此有关污水必须经过中央污水处理设备处理后方会排放。为减低受污染径流及渗滤污水，其他有关生物堆、热力解吸过程和凝固法的缓解措施如下：

1. 为泥土装卸地区及整个凝固设施提供上盖；

2. 进行凝固法的区域设置高于地下水位位置，以减少受污染泥土的渗漏；

3. 在生物堆的底部须铺置不能穿透的里垫，并沿着生物堆的边缘建造渗滤污水收集坑；

4. 在已形成的生物堆上覆盖不能穿透的物料；

5. 为储存受二恶英污染泥土的容器设置上盖及建造渗滤污水收集坑；

6. 沿着污泥处理设备及污泥堆放位置的边缘建造混凝土堤，及装置径流收集系统。

（四）噪音影响

竹篙湾工地位处偏僻，离开民居较远，离工地最接近的愉景湾住宅区距离工地也超过2公里，因此施工期间的建筑噪音不会对四周噪音敏感地点构成太大影响。在施工前，承建商估计在晚间时的建筑噪音或会超过规定水平，于是通过使用低噪音的机器和尽量避免晚间施工等缓解措施，借以减少工地运作对噪音敏感地点造成滋扰。

（五）废物管理

在项目的施工期间，工地产生的废物包括预压海沙（sand surcharge）、拆建废料、化学废物（如废弃机械润滑油等），以及一般垃圾。项目中的阴澳填海工程，为某类产生的废物（即过剩的海沙和在拆建废料筛选出来的公众填料）提供了一个善加利用的机会。利用公众填料进行填海，不单可以减轻对天然填料的需求，亦可以减少弃置于堆填区的拆建物料的数量。

在土地除污工程时，约有87000立方米的受污染泥土挖出，并在土地内处理。所有泥土在经过处理后会变为无污染的惰性物料，被运往适合地方作公众填料之用。处理过程最后所产生的残余物和其他化学废物，现被收集及卸置于化学废物处理中心。

在热力解吸的过程中，有害的剩余物不断产生，每天污泥处理必须清楚记录。剩余物是固体物质，属非挥发性、非水溶性及非易燃的物质，并储存于符合联合国标准的容器内（图9-4-9），容器面贴有适当的中文及英文标签以作标识。所有工作人员事前均接受安全及健康训练和使用适当的个人防护装备。

为安全运送收集到的剩余物到处理场，承建商已制定一套非常严谨的预防措施：

1. 运送路线（图9-4-10）远离住宅区，尽量减少对市民的滋扰；

2. 遇上突发事故时启动紧急应变中心作适当处理；

3. 运送安排在午夜后进行，车队以安全车速（低于每小时50公里）行走，

图 9-4-9　符合联合国标准的滚筒，外面贴有中文及英文标签以作标识

运送时前后分别有车辆护送；

4. 负责运送的承办商已持有化学废物收集牌照，并须严格遵守有关废物处置法例的规定；

5. 运送含有二恶英剩余物到化学废物处理中心前必须进行试运演习，内容包括剩余物漏流紧急处理，按选定的路线实地试行，以确保真正运作时流程畅顺。

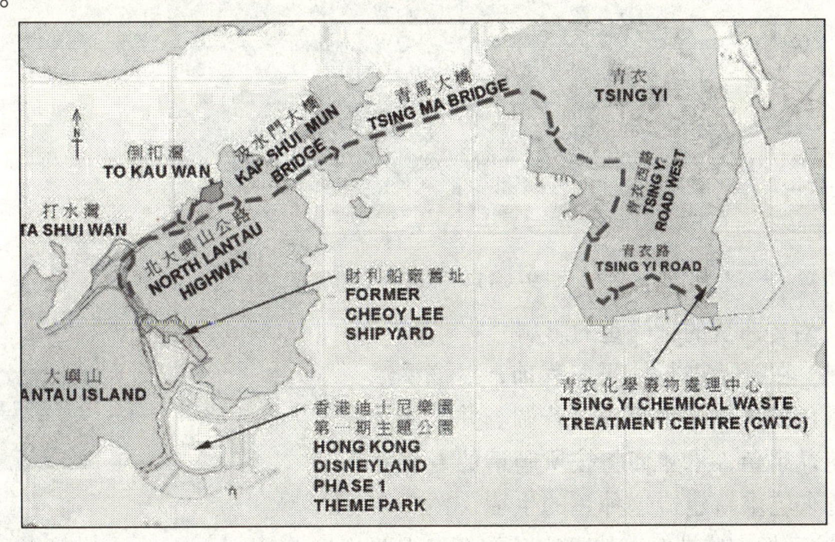

图 9-4-10　二恶英剩余物运送路线

（六）生态影响

竹篙湾工地内的主要生态包括树林、高灌木丛、草及灌木混合地、咸淡水/

淡水湿地、乡村/果园、荒地、植林区、溪流，以及内滩植被。总括而言，生态主要为草及灌木混合地，属于本港其他同类地区的典型生态。区内的树林、内滩植被和淡水溪流均具有中等至偏高的生态价值，而其他所有生态环境的生态价值均属偏低。虽然如此，竹篙湾工程仍会影响部分生态环境，其中工地四周的局限性分布和受保护植物（例如猪笼草（*Nepenthes mirabilis*））、望东坑下游发现的青鳉鱼和白腹海雕（*Faeetus leucogas*）。

为了缓解这些生态影响，承建商采取了以下的环保工作：

1. 局限性分布/受保护植物品种的影响

(1) 在可能的情况下，在原地保存这些局限性分布/受保护的植物。把这些植物的主要生长区域以围栏隔离，借以防止这些区域受到倾倒废物、车辆驶进和工作人员进入等滋扰。

(2) 直接受到该工程影响的植物，被移植至大潭郊野公园内的适当地点（图9-4-11）。为了提高移植的成功率，这些植物的种子在采集后会被储存于特别的保育设施。以备必要时播种培植。

图 9-4-11　移植后的猪笼草

2. 对望东坑的青鳉鱼的影响

(1) 在开始进行填平工程前，对该溪流的青鳉鱼群再作详细调查。若调查并未能发现任何青鳉鱼，承建商将按所聘请的专家意见在望东坑重新建造这种鱼的生境（图9-4-12），往后把一些被饲养的青鳉鱼重新引入新环境中。

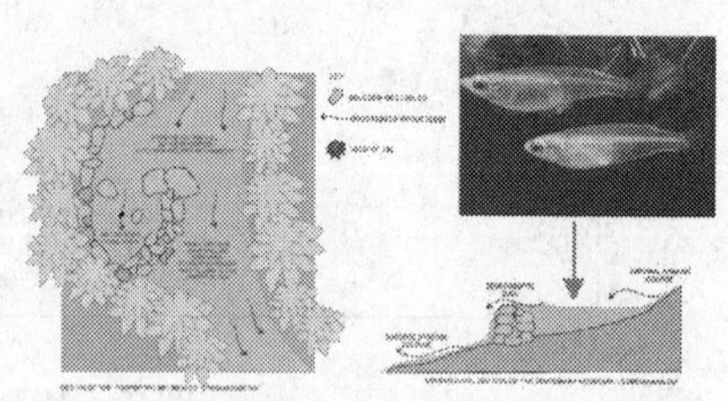

图 9-4-12　重新建造的青鳉鱼生境

(2) 如发现河里有青鳉鱼存在，便须把它们暂时保存在水族馆中。以便日后把鱼群放回新建造的生存环境中。

3. 对白腹海雕的影响

由于未能确定施工活动对海雕有多大的滋扰，所以不能排除海雕可能因受滋扰而弃巢远去的最坏情况，因此承建商在工程的施工期间进行监察和审核，以便在有需要时调整施工程序和运作安排来减少滋扰。

（七）环保工作总结

由于工程面积广大、施工期短，以致施工程序复杂及活动密集，另外迪斯尼乐园发展工程备受注意，因而引申出来的环保问题也较多、较敏感，现场的环保管理工作更需小心做妥。承建商在落实各项环保境措施层面上表现理想，对于环境影响的缓解取得了预期的成效。表 9-4-3 总结了环境影响缓解措施。

环　保　工　作　　　　**表 9-4-3**

环境影响	缓 解 措 施	环 保 成 效
土地污染	• 采用混凝土凝固法处理含重金属污泥 • 采用生物堆积法处理含总石油碳氢化合物/半挥发性有机化合物污泥 • 采用热力解吸法处理含二恶英污泥 • 先后采用不同处理方法处理含混合污染物的泥土	• 处理后泥土可用作公众填料 • 热力解吸处理剩余的含二恶英残渣运往化学废物处理厂以高温焚化彻底销毁
空气质量	• 设置洗车池 • 以沥青物料铺设路面 • 以水车或花洒龙头于路面洒水 • 遮盖易扬尘物料 • 扬尘工序进行时洒水 • 严格控制污泥处理过程时的气体污染物排放	• 减低空气中悬浮粒子浓度达至法定质量指标 • 防止处理过程中的有害气体污染大气
水质	• 海上填土前先做海堤 • 卸砂时使用淤砂帘幕 • 覆盖污染物料 • 收集污染径流 • 设置污水处理设备	• 减少填砂时沉积物漂散 • 减少污染径流 • 确保排放不致影响整体水质
噪音	• 使用低噪音的机动设备 • 避免晚间施工	• 减少对噪音敏感地点造成滋扰
废物管理	• 土方平衡（cut *A* fill balance） • 适当分类处理废物 • 制定严谨的废物储放、收集及运输控制措施	• 减少弃置废物 • 避免了有毒废物对公众造成危害
生态	• 移植稀有品种植物 • 迁移原居青鳉鱼 • 监察对白腹海雕的影响	• 减低对生态的影响

（八）环境监察与审核

施工期间，承建商对于土地污染、空气质量、水质、废物管理和生态情况，进行定期环境监察与审核。基于公众对工程项目的关注，为确保工程的透明度，承建商在工地内安装网络摄影机系统（图 9-4-13），以供公众人士在互联网上实时监察工地施工的情况。环境监察与审核的目的是为了解工地所实施的缓解措施是否足够，监察结果可以为承建商提供预警资料，以便剩余环境影响未达到不能接受的程度前，采取必要的缓解加强行动来避免影响情况出现。表 9-4-4 摘述了在施工和运作阶段所需监察和审核的各项参数。

9-4-13　安装于工地内的网络摄影机

各项监察参数摘要　　**表 9-4-4**

参　数	监察及审核规定			
	一般工地施工	除污工作阶段		处理清拆阶段
		污泥挖掘	污泥处理	
土地污染	—	• 在排放地下水时，于注水地点及邻近位置监察地下水位。 • 在挖掘期间进行取样测试以确定没有剩余浮油	• 生物堆积处理、凝固处理及热力解吸处理过程中进行确认取样测试。 • 每星期进行一次工地审核	每星期进行一次工地审核
空气质量	每星期进行一次工地审核	• 在空气质量敏感地点进行总悬浮粒子及二恶英监察	• 在空气质量敏感地点进行总悬浮粒子及二恶英监察 • 从生物堆的排放测试总有机化合物 • 热力解吸的排放测试二恶英 • 热力解吸的排放连续测试总有机化合物、氧、二氧化碳和一氧化碳 • 每星期进行一次工地审核	每星期进行一次工地审核
废物管理	每星期进行一次工地审核	每星期进行一次工地审核	—	每星期进行一次工地审核

续表

<table>
<tr><th rowspan="3">参　数</th><th colspan="4">监察及审核规定</th></tr>
<tr><th rowspan="2">一般工地施工</th><th colspan="2">除污工作阶段</th><th></th></tr>
<tr><th>污泥挖掘</th><th>污泥处理</th><th>处理清拆阶段</th></tr>
<tr><td>水质</td><td>每星期进行一次工地审核</td><td>• 污水处理设施排放监察
• 在排放地下水时，于注水地点及邻近位置监察地下水位
• 每星期进行一次工地审核</td><td>• 污水处理设施排放监察
• 每星期进行一次工地审核</td><td>—</td></tr>
<tr><td>生态</td><td colspan="4">• 监察被移植至新地点的植物
• 在重置青鳉于新生境前，对河流的生物（例如大型无脊椎动物）进行监察
• 监察被重置新生境的鱼类
• 监察白腹海雕的活动</td></tr>
</table>

根据环境监察与审核结果显示，施工活动未有对环境构成不可接受的影响，而所有环境状况均符合有关法例要求。

附录1

香港：

彩云道及佐敦谷发展
工地平整及相关基础设施工程
环保管理计划

合约编号：CV/2000/06

日期：2002.04

目 录

附件目录

1. 工程简介

本工程为佐敦谷土地平整，合约编号：CV/2000/06，合约金额为：13.38 亿港元，工程主要包括：

- 开山造地 36 公顷，以作未来房屋发展之用
- 在旧启德机场建造 1.4 公里长之运输带系统以运送由工地开挖出的物料运往原启德机场作临时贮存，以供未来开展的工程项目使用
- 以爆破及其他方法开采 900 万立方米的泥石物料
- 建造碎石机及筛选机以将物料分类处理
- 建造石坡及土坡
- 在旧启德机场建造、运作及拆卸物料接收、贮存及装载设施
- 建造工地内部行车及行人通道
- 建造行人隧道
- 建造护土墙等的设施
- 建造及改善雨水渠系统
- 安装约 10 700 米的饮用水管道
- 更改接驳道路及其附属的机电装置
- 建造庭园及绿化设施
- 迁移现有的人行山路
- 建造其他辅助设施包括路灯及路牌等

2. 环保政策

为遵照公司的环保政策，根据国际标准 ISO 14001、《环保管理手册》以及《标准工作程序》中的《文件控制》和《环保管理工作程序》，按照施工方案，落实环保管理措施。

工地会负责将公司环保政策分发给每一位员工，并指令各员工认真执行，并保存签收记录。

3. 目标及指标

为减少建筑废料，工地代表须准确计算及订购混凝土，以达至混凝土损耗率低于 3.1% 的指标，减少工地混凝土损耗量。

为减少天然资源的消耗，工地须监察、记录木材用量，以达到工地木材消耗量低于 400 立方米/亿港元营业额的目标，减少工地木材使用。另外，工地也须监察、记录复印纸张用量，以达到低于 400 包等量 A4 纸 / 亿港元营业额目标，减少纸张使用。另为减少能源损耗，工地须尽快申请公共电源，如需使用发电

机，须确保发电机妥善保养以减少废气排放和噪音，另施工机械及工地办公室的电器在闲置时均关掉电源及燃料供应，以达至低于50万港元／亿港元营业额的目标。

为防止污染环境，工地须按地理条件许可设置及使用自动洗车机、污水处理设备及储水缸，以减少工地产生尘埃、污水排放及节约循环用水，以达至水费低于50万港元／亿港元营业额的目标。

公司所制定的目标及指标，以及环保指标的统计结果，须张贴于工地公众地方，并按月更新数据。

4. 环保管理的目的

- 找出工作上的环境因素及评估其影响
- 找出主要环境因素及对那些与主要环境因素有关的工作进行运行控制
- 监察和量度对环境主要影响的工序和工作环节
- 纠正及预防不符合环境政策、环境目标和环境保护的情况发生

5. 环境因素

工地代表根据施工进度和施工方案，详细列出工地范围内的所有工序活动、产品或服务，评估每项工序活动、产品或服务的所有环境因素，包括现在、将来、正常、非正常或紧急情况下的运作是否受法例管制及影响程度大小，按照《环保管理工作程序》P12-01表格，编制《环境因素评估及环保管理计划表》（详见附件1），并经项目经理复核准批，由环保经理审批。

6. 法律及其他要求

工地根据项目的工序活动、产品及服务，制定《工地环保法例清单》（详见附件2）

环保主任负责依照环保法例要求，为工地申请下列所需的环保牌照：

（1）按空气污染管制（建造尘埃）规例（Form NA）规定，于施工前呈报通知环保署

（2）工地污水排放牌照

（3）建筑噪音许可证（撞击式打桩工程）（如适用）

（4）建筑噪音许可证（撞击式打桩除外）／而使用（机动设备及／或进行订明建筑工程）

（5）化学废物产生者登记证

（6）噪音标签

7. 环保管理计划

项目经理需推行公司所制定的减少混凝土损耗计划、双面影印计划、减少木材使用量计划以及根据项目独特性，制定该项目独有的环保管理计划。

8. 工地环保工作小组

工地应设立环保工作小组，以监察环保管理计划的实施，工地环保工作小组的工作人员应由项目经理指定，工作人员包括工地各部门代表及分包商代表。有关工地环保工作小组名单详见附件3。

项目经理必须负责领导工地环保工作小组，经常举行会议，策划及落实环保计划的执行，商讨环保管理的工作。

除环保工作小组外，工地亦已制定各员工的环保职责。各员工须留意其本身的环保职责并确实执行。有关工地员工的环保职责详见附件16。

9. 环保意识及能力培训

工地应派出所有有关的员工接受公司培训。工地员工须了解紧急事故的应变安排。工地应于分包商进场后一星期内分发有关运行控制措施并保留签收记录。

10. 信息传递

环保工作小组应每月定期开会，讨论环保事项。内部传递环保信息，如文件传阅、张贴报告等。

在工地的内部会议及安全、环保会议中，项目经理也须在议程中加上环保事项的内容。

11. 环保管理文件及文件控制

工地应齐备有效版本的《环保政策》、《环保管理手册》及《标准工作程序》等环保管理文件。作废或过时的文件应撤走，需要保存的任何过期文件应有适当标记。

12. 环保运行控制措施

工地代表根据《项目主要环境因素总结清单》，参照《标准工作程序第十二号》中的《环保管理工作程序》的运行控制措施，找出适用的运行控制措施，并按照措施进行控制，以及制定一套适用的《环保检验表格》，置于《环境管理计划表》内。于《环境管理计划表》，填写适当的环境污染的类别、编号及内容，并选择相关的环保检验表格及指派合适的检验人员（详见附件1）。

其主要项目包括下列各点：

（1）空气污染控制

（2）噪音控制

（3）水质污染控制

（4）废料控制

（5）危险品控制

（6）化学品控制

（7）能源节约

工地亦特别制定《噪音控制措施及施工计划》以减低施工对附近学校及居民的滋扰（详见附件6）。

13. 应急准备与应变措施

工地应在工地环保会议中找出与主要环境因素有关的紧急事故。如在紧急事故会议中找出的紧急事故，在《环保管理工作程序》内未有明确说明，工地应对此事故制定适用的紧急应变措施。

工地就紧急事故编写环保紧急事故流程表，并设立紧急应变小组的成员（详见附件7）。

就火警及化学品溢漏演习，安全主任须预先制定相关的应变措施及工作程序，在可行情况下，每半年作一次演习，并于演习后提交演习报告。

1. 溢漏机油、油渣或化学品（详见附件8《工地溢漏机油、油渣或化学品的应变措施及安全工作程序》）；

2. 火警（详见附件9《火警的应变程序》）；

如有发生紧急事故，工地应于事后检讨及／或相应修改现时的应变措施。

14. 监察及量度

根据工地编制的环保控制措施，工地须指派合适的检验人员每月进行巡查及填写相关的环保检验表格（详见附件11）。

为妥善监察工地污水的排放情况，工地代表须编制及执行《工地污水排放监测程序》，每日进行污水目视比较及按时填写《工地污水检验表格》P12-05（详见附件12），工地须每两个月送污水样本往检验公司进行化验，并填写《工地污水样本化验纪录》P12-02-W04（B）（详见附件12）。

工地应妥善保存标准污水样本，盛载污水目视比较的样瓶应跟标准污水样本的样瓶相同。

工地所拥有的监察仪器（例如声级计、声校准器等）应定期校准及保养。

工地各管理人员，包括总管、施工员、安全主任、助理安全主任、环保主任及工程师在例行工地巡查时，应留意工地范围及周围的环境情况是否符合环保管理程序及环保法例的要求。

环保部及安全部应应根据天气状况及工地实际情况制定工地灭蚊计划，并安排人员定期喷灭蚊水灭蚊（详见附件13）。

15. 环保不符合情况、纠正及预防措施

如在内部检查、外部投诉、违例检控或其他情况下，发现有不符合的情况出现，特别是收到环保署的检查报告，应实时填写《环保管理工作程序》中环保管理工作程序表P12-04《环保不符合情况报告》(详见附件14)。

工地应对环保不符合情况作出查勘，了解引致的原因及提出预防措施，并提出改正措施及建议完成时间，快速地纠正不符合情况，改善情况及预防其再发生。同时汇报给项目经理，签发给有关人员、单位，跟进纠正的情况。

16. 环保记录

有关环保记录，工地须按《标准工作程序》的文件及“数据管理工作程序”章节5.6.6b环保记录所要求的保存期限存档。

以下环保记录，保存期均为工地完成最后结算后三年。

（1）保法例、公司环保政策及环保工作指引

（2）可证/牌照

（3）保仪器

（4）急应变措施的资料

（5）保检验报告

（6）不符合情况及内审

（7）环保内部通讯及记录

（8）环保对外的通讯

工地文件记录索引分类存盘详见附件15。环保记录应保存及妥善管理，并可于需要时取用。

17. 环保管理体系的内部审核

内审后应对内审报告的不符点及观察点作纠正及改善，以防止产生同类不符合点。

工地应填写《内部审核不符合情况改正计划表》，包括相应之ISO 14001条款，导致“不符合情况”的因由，建议补救行动及改正措施，订明完成日期。并由负责人员签署后交给环保经理审批，内部审核不符合点应根据改正计划表如期进行改善。

附件 1：环境因素评估及环保管理计划表

环境因素评估及环保管理计划表

表号：P12-01A

单位：彩云道及佐敦谷发展工地平整及相关基础设施工程（合约编号：CV/2000/06）　页数：1

序号	工序活动或服务	环境因素	环境影响	受法例管制（是/否）	影响程度（大/小）	主要环境因素	运行控制措施	检查人员	备注
1	结构工程	使用混凝土及钢筋	消耗天然资源	否	小	否			
		使用木模板	消耗天然资源	否	小	否			
		使用模板油/油渣/电油	消耗天然资源	否	小	否			
		弃置剩余混凝土/钢筋/木料	加速堆填区饱和	是	小	是	R01	环保主任	
		回收钢筋废料循环再用	减少消耗天然资源	否	小	否			
		木模板、钢模工程中产生噪音	滋扰市民	是	小	是	N07 N01	环保主任	
		振捣混凝土时产生噪音	滋扰市民	是	小	是	N02 N01	环保主任	
		排放清洗过程产生的污水	污染水道	是	小	是	W12	环保主任	
		凿混凝土时产生尘埃及发出噪音	空气污染/滋扰市民	是	小	是	A07 N09 N01	环保主任	
		弃置模板油/油渣/电油	污染水道/污染泥土	是	小	是	R02	环保主任	

编制人：＿＿＿＿　单位负责人复核：＿＿＿＿　环保经理审批：＿＿＿＿

日　期：＿＿＿＿　日　　期：＿＿＿＿　日　　期：＿＿＿＿

续表

表号：P12-01A

单位：彩云道及佐敦谷发展工地平整及相关基础设施工程（合约编号：CV/2000/06） 页数：2

序号	工序活动或服务	环境因素	环境影响	受法例管制（是/否）	影响程度（大/小）	主要环境因素	运行控制措施	检查人员	备注
2	泥水工程	使用水泥砂/石灰	消耗天然资源	否	小	否			
		使用洗石水清洁	危害健康/污染水道	是	小	是	W03	环保主任	
		混合水泥砂时产生尘埃	空气污染	是	小	是	A03	环保主任	
3	挖掘管坑	挖掘过程产生尘埃及噪音	空气污染/滋扰市民	是	小	是	A08 N01 N03	环保主任	
		使用可重复使用的钢板桩顶	减少浪费资源	否	小	否			
		弃置挖掘出来的泥石/废料	加速堆填区饱和	是	小	是	R01	环保主任	
		排放地下水	污染水道	是	小	是	W07	环保主任	
		使用隔沙池过滤污水	减少污染水道	是	小	是	W04	环保主任	
4	管坑回填	运送泥土时产生尘埃	空气污染	是	小	是	A06	环保主任	
		振动压土机产生噪音	滋扰市民	是	小	是	N06 N03 N01	环保主任	

编制人：________ 单位负责人复核：________ 环保经理审批：________

日　期：________ 日　　期：________ 日　　期：________

续表

表号：P12-01A

单位：彩云道及佐敦谷发展工地平整及相关基础设施工程（合约编号：CV/2000/06） 页数：3

序号	工序活动或服务	环境因素	环境影响	受法例管制（是/否）	影响程度（大/小）	主要环境因素	运行控制措施	检查人员	备注
5	水管试水	用水试漏/清洗	消耗天然资源	否	小	否			
		排放清洗/试漏时产生的污水	污染水道	是	小	是	W12	环保主任	
6	套管推进	弃置挖掘出来的泥石/废料	加速堆填区饱和	是	小	是	R01	环保主任	
		使用永久钢套管	消耗天然资源	否	小	否			
		排放地下水	污染水道	是	小	是	W07 W12	环保主任	
		使用隔沙池过滤污水	减少污染水道	是	小	是	W04	环保主任	
		运送泥土时产生尘埃	空气污染	是	小	是	A05 A06	环保主任	
7	开挖土石方	打石挖掘过程中产生尘埃及噪音	空气污染/滋扰市民	是	大	是	A07 N03 A08 N01	环保主任	
		使用沉淀池才排放地下水/污水	减少污染水道	是	大	是	W07 W12 W04	环保主任	
		翻土机施工时产生尘埃及噪音	空气污染/滋扰市民	是	大	是	A08 A23 N03 N01	环保主任	

编制人：________ 单位负责人复核：________ 环保经理审批：________

日　期：________ 日　　期：________ 日　　期：________

续表

表号：P12-01A

单位：彩云道及佐敦谷发展工地平整及相关基础设施工程（合约编号：CV/2000/06） 页数：4

序号	工序活动或服务	环境因素	环境影响	受法例管制（是/否）	影响程度（大/小）	主要环境因素	运行控制措施	检查人员	备注
8	泥井工程	挖掘过程中产生尘埃及噪音	滋扰市民	是	大	是	A08 N03 N01	环保主任	
		堆放泥土过程中产生尘埃	空气污染	是	大	是	A06	环保主任	
		使用挖掘出来的泥土回填	减慢堆填区饱和	否	大	是	R01	环保主任	
		使用木模板钉砂井	消耗天然资源	否	小	否			
		木模板钉砂井时产生噪音	滋扰市民	是	小	是	N07 N01	环保主任	
		使用混凝土及钢筋	消耗天然资源	否	小	否			
		振动混凝土时产生噪音	滋扰市民	是	小	是	N02 N01	环保主任	
9	工地厕所	使用临时轻便厕所	避免污染水道	否	大	是	W06	环保主任	
		使用化粪池	减少污染水道	是	大	是	W06	环保主任	

编制人：________ 单位负责人复核：________ 环保经理审批：________

日　期：________ 日　　期：________ 日　　期：________

续表

表号：P12-01A

单位：彩云道及佐敦谷发展工地平整及相关基础设施工程（合约编号：CV/2000/06）　　页数：5

序号	工序活动或服务	环境因素	环境影响	受法例管制（是/否）	影响程度（大/小）	主要环境因素	运行控制措施	检查人员	备注
10	工地饭堂	煮食过程中产生污水	污染水道	是	大	是	W05	环保主任	
		煮食过程中产生废物	加速堆填区饱和	是	小	是	R03	环保主任	
		使用隔油池隔去油污	减少污染水道	是	大	是	W05	环保主任	
11	工地清理	严禁露天焚烧什物	避免空气污染	是	小	是	A20	环保主任	
12	运送物料	运输车辆上货及落货时产生的噪音	滋扰市民	是	小	是	N01 A05	环保主任	
		运输车辆排放废气/黑烟	空气污染	是	小	是	A05	环保主任	
		运输车辆消耗燃料	消耗天然资源	否	小	否			
		运送易生尘埃物料如砂及水泥等	空气污染	是	小	是	A06	环保主任	
		摆放易生尘埃物料如砂及水泥或粉状建筑物料	空气污染	是	小	是	A03 A06	环保主任	
		使用水车洒湿主要运输道路/ 主要道路铺上混凝土	减少污染空气	是	大	是	A02	环保主任	
		使用输送带运送易生尘埃物料	空气污染	是	大	是	A10	环保主任	

编制人：________　单位负责人复核：________　环保经理审批：________

日　期：________　日　　期：________　日　　期：________

续表

表号：P12-01A

单位：彩云道及佐敦谷发展工地平整及相关基础设施工程（合约编号：CV/2000/06） 页数：6

序号	工序活动或服务	环境因素	环境影响	受法例管制（是/否）	影响程度（大/小）	主要环境因素	运行控制措施	检查人员	备注
		运送易生尘埃物料的输送带须在顶部及2面围蔽	减少污染空气	是	大	是	A10	环保主任	
		之间的转运点须完全围蔽	减少污染空气	是	大	是	A10	环保主任	
		输送带的主滑轮的位居须安装有效的输送带刮板或具同等功能的器件	减少污染空气	是	大	是	A10	环保主任	
13	施工机械	使用时排放废气/黑烟	空气污染	是	小	是	A23	环保主任	
		储存机油/燃料时意外泄漏	污染土地/水道	是	小	是	R02 C01	环保主任	
		使用机械或电器时消耗能源	消耗天然资源	否	小	否			
		使用时发出噪音	滋扰市民	是	大	是	N06 N01	环保主任	
14	车辆及机械维修	弃置废润滑油	危害健康/污染土地	是	大	是	R02 C01	环保主任	
		有机溶剂泄漏	污染土地	是	小	是	R02 C01	环保主任	
		弃置废车胎/配件	加速堆填区饱和	是	小	是	R01	环保主任	
		加入燃油时漏油	污染土地、影响健康	是	小	是	R02 C01	环保主任	
		定期保养维修车辆及机械	空气污染	是	小	是	A23 N11	环保主任	

编制人：＿＿＿＿ 单位负责人复核：＿＿＿＿ 环保经理审批：＿＿＿＿

日 期：＿＿＿＿ 日 期：＿＿＿＿ 日 期：＿＿＿＿

续表

表号：P12-01A

单位：彩云道及佐敦谷发展工地平整及相关基础设施工程（合约编号：CV/2000/06）　　页数：7

序号	工序活动或服务	环境因素	环境影响	受法例管制（是/否）	影响程度（大/小）	主要环境因素	运行控制措施	检查人员	备注
15	爆破工程	施工时产生尘埃及噪音	空气污染/滋扰市民	是	大	是	A09	环保主任	
		爆破前将受影响范围洒水弄湿	减少污染空气	是	大	是	A09	环保主任	
		三号风球或以上不得进行爆破工程	减少污染空气	是	大	是	A09	环保主任	
16	清洗车辆	清洗混凝土车及其他车辆轮胎及车身的沙泥	减少污染空气	是	大	是	A01 A05	环保主任	
		排放清洗过程产生的污水	污染水道	是	大	是	W02 W09	环保主任	
		使用隔沙池，污水处理机处理污水	减少污染水道	是	大	是	W01 W04	环保主任	
		污水循环再用	减少浪费资源	否	大	是	W12	环保主任	
		用水清洗车轮	消耗天然资源	否	小	否			
		使用自动循环水洗车机或洗车池	减少浪费水资源	否	大	是	W02	环保主任	

编制人：________ 单位负责人复核：________ 环保经理审批：________

日　期：________ 日　　期：________ 日　　期：________

续表

表号：P12-01A

单位：彩云道及佐敦谷发展工地平整及相关基础设施工程（合约编号：CV/2000/06） 页数：8

序号	工序活动或服务	环境因素	环境影响	受法例管制（是/否）	影响程度（大/小）	主要环境因素	运行控制措施	检查人员	备注
17	使用危险品	风煤意外起火或爆炸	空气污染	是	小	是	D02	环保主任	
		使用灭火筒救火	污染空气/土地/水道	否	小	否			
		使用危险品仓储存风煤防止风煤意外起火或爆炸	减少空气污染	是	小	是	D02	环保主任	
18	包装物料	弃置剩余包装物料	加速堆填区饱和	是	小	是	R01	环保主任	
19	焊接	管道焊接过程中产生的烟雾	空气污染	否	小	否		环保主任	
20	灌注桩工程	使用清水清洗	消耗天然资源	否	小	否			
		排放清洗过程产生的污水	污染水道	是	小	是	W02 W09	环保主任	
		使用磨桩机时发出噪音	滋扰市民	是	小	是	A14	环保主任	

编制人：________ 单位负责人复核：________ 环保经理审批：________

日　期：________ 日　　期：________ 日　　期：________

续表

表号：P12-01A

单位：彩云道及佐敦谷发展工地平整及相关基础设施工程（合约编号：CV/2000/06）　　页数：9

序号	工序活动或服务	环境因素	环境影响	受法例管制（是/否）	影响程度（大/小）	主要环境因素	运行控制措施	检查人员	备注
21	工地清理	泥地产生尘埃	污染空气	是	大	是	A14	环保主任	
22	灭蚊措施	排走及清理积水	防止滋生蚊虫	是	小	是	M01	环保主任	
		定时喷蚊油	防止滋生蚊虫	是	小	是	M01	环保主任	
23	车辆管理	车辆需妥善保养，以防止排放黑烟	空气污染	是	大	是	H01	环保主任	
		停车时应关掉引擎	消耗天然资源	是	大	是	H01	环保主任	

编制人：　　单位负责人复核：　　环保经理审批：

日　期：　　日　　期：　　日　　期：

环境因素评估及环保管理计划表

表号：P12-01B

单位：彩云道及佐敦谷发展工地平整及相关基础设施工程（合约编号：CV/2000/06） 页数：10

业主合约特殊环保要求	负责人员	备注
建立及执行施工期之环境监察及审核 包括：	环保主任	
1. 在指定地点定期进行空气及声音监察 以确保工地施工所引致的空气污染及噪音对附近居民的影响在控制范围之内以及符合法例所要求	环保主任	
2. 定期巡视工地 以确定所有记录于合约上之舒缓措施已被执行	环保主任	

编制人：________ 单位负责人复核：________ 环保经理审批：________

日期：________ 日期：________ 日期：________

附件 2：工地环保法例清单

1. 空气污染

1. 1 《空气污染管制条例》（第 311 章）
1. 2 《空气污染管制（露天焚烧）规例》
1. 3 《空气污染管制（建造工程尘埃）规例》
1. 4 《空气污染管制（燃料限制）规例》
1. 5 《空气污染管制（烟雾）规例》

2. 噪音

2. 1 《噪音管制条例》（第 400 章）
2. 2 《噪音管制（手提撞击式破碎机）规例》
2. 3 《噪音管制（空气压缩机）规例》
2. 4 《噪音管制（一般）规例》
2. 5 《管制建筑工程噪音（撞击式打桩除外）技术备忘录》
2. 6 《管制指定范围的建筑工程噪音技术备忘录》
2. 7 《管制撞击式桩技术备忘录》

3. 水污染

3. 1 《水污染管制条例》（第 358 章）
3. 2 《水污染管制（一般）规例》
3. 3 《排入去水渠及污水渠系统，内陆及海岸水域的污水标准技术备忘录》

4. 废物处置

4. 1 《废物处置条例》（第 354 章）
4. 2 《废物处置（化学废料）（一般）规例》

5. 环境影响

5. 1 《环保影响评估条例》（第 499 章）
5. 2 《环境影响评估程序的技术备忘录》

6. 其他

6. 1 《危险品条例》（第 295 章）

6.2 《危险品（一般）规例》

6.3 《公众卫生及市政条例》（第132章）

6.4 《道路交通条例》（第374章）

6.5 《野生动物保护条例》（第170章）

附件3：佐敦谷工地环保工作小组

组　长：黎××（项目经理，Project Manager）

副组长：刘××（副项目经理，Deputy Project Manager）

成　员：吴×华　张×国　黄×泰
彭×辉　雷×财　曹×权
吴×明　李×涛　张×平

分包商：恒德建筑公司（胡×发）
钰成工程公司（王×康）
Dyno Nobel Hong Kong Limited（张×祥）
泰基实业有限公司（林×）
天怡工程有限公司（陈×贤）
广安工程有限公司（××Lee）
三兴工程公司（杨×飞）
安鹰物业管理保安服务有限公司（邓×球）
天穆建筑工程有限公司（余×文）
联兴创建工程有限公司（王×平）
福兴工程公司（××Tong）

环保工作小组职责

(i)　执行公司所定之环保政策

(ii)　执行公司所定之环保管理体系

(iii)　执行公司所定之环保目标和指标

(iv)　执行工地环境保护计划表之工作

(v)　符合环保法例要求

(vi)　防止环境污染

(vii)　减少建筑废料

(viii)　减少天然资源消耗

(ix)　不断检讨和完善环保管理体系

附件4：减少混凝土损耗及剩余混凝土处理方案

在混凝土工程进行期间　关于处理剩余混凝土的问题　为落实公司政策减少工地混凝土的损耗　使损耗率低于4.5%　本工地定立下列程序处理。

1. 工程计划

1.1　尽量采用预制混凝土件减少工地实地灌落混凝土之数量。

1.2　尽量采用钢模板，减少混凝土结构尺寸的差误和减少爆板情况。

1.3　混凝土斗及物料斗须密封，防止在运送途中漏失。

2. 监管控制

2.1　预先计算落混凝土数量。

2.2　混凝土尾车在计算准确才出车。

3. 剩余混凝土处理

3.1　做三角砖。

3.2　剩余之混凝土用作铺设临时道路或用作铺设物料贮存区的层用。

附件5：废物处理工作程序

工地内废物可分为三类：

i）家居废物-废纸品、汽水罐、胶桶、无用文具、剩余食物及煮食污水、厕所污水等由工地写字楼内产生的废物

ii）建筑废物-剩余的木料、钢筋、铁片、混凝土及木糠碎等由工地产生出来的废物

iii）化学废物-废油渣、废机油、废模板油或其他剩余化学品

i）家居废物

1. 固体废物应适当分类为可循环再用及不可循环再用两种。

2. 工地设有废物回收桶，分类回收废纸、胶樽及铝罐。工地各员工应自律性执行废物分类工作。收集后安排送至工地附近之废物回收站。

3. 不可循环再用的废物送至垃圾收集站。

4. 工地各员工应尽量减少纸的消耗，如环保纸影印、双面影印及以废纸作草稿纸等。

5. 不得在任何地方露天焚烧。

6. 本工地所放置流动厕所以及写字楼厕所所接驳的化粪池，定期安排专门的清洁公司清理。

7. 写字楼饭堂的漏油池也定期安排清理。

ii）建筑废物

1. 建筑废料应适当分类，使其易于收集及处理。

2. 剩余无用的木板、木方等经收起送到策略性堆填区或送至加工场做纸再用。

3. 所有碎屑（包括锯屑及木糠碎）应于每日放工后实时收集及清理。

4. 可循环再用的惰性建筑废物，如钢筋、铁片、木板、经收集后送至合适的加工场处理。

5. 不可循环再用的惰性建筑废物，如泥土应送至公众卸泥区。

6. 剩余的混凝土可以用来造三角砖、用作铺设临时道路或用作铺设物料贮存区的垫层用。

iii）化学废物

1. 向环保署登记或为化学废物产生者。

2. 化学废物应存放在储漏盘上，分开收集、包装及贴上适当标签。

3. 储存及运载时必须小心，以防渗漏。

4. 聘用环保署发牌的注册废物收集者收集化学废物，并保留运载记录最少一年。

附件6：噪音控制措施及施工计划

根据本工程项目之合约要求，于附近学校考试期间，在噪音感应强的地方外墙1米外所量度到的5分钟等效连续声级（L_{eq5min}）噪音音量不可以超过65分贝。而且平日开工时间内的噪音音量亦不可以超过75分贝。

1. 噪音控制措施

为避免噪音音量超标而影响到附近的居民及考试的学生，本工地现执行以下的噪音控制措施：

1.1　联络附近的学校，取得考试时间表。

1.2　在学校考试期间，总管及有关人士采取适当措施以减低噪音

— 应尽可能使用静音式或超静音式机械，工地在作业过程中使用特别嘈吵的设备如风炮、风钻等应尽量采用有效的消声器，吸音板或隔音罩以减

轻噪音的滋扰。

— 避免使用噪音音量大的机动设备，如风炮、电炮、电锆、风机等。

— 整体工程安排上应尽量将产生噪音的工作与活动安排远离进行考试的学校。

1.3 定期到指定受噪音感应强的地点量度噪音音量，以监察噪音音量是否达到合约要求。

2. 施工计划

2.1 安排噪音大的工作远离噪音敏感地方及机械的摆放

在整体噪音控制上，本工地作出的安排如下：

将本工地使用的发电机分散摆放及选用较低噪音型号的发电机。

尽量将发电机放置在有围挡及围墙的位置，使到可利用如围挡或已落好混凝土的墙身阻挡噪音，从而减低噪音对居民的影响。

而在打石渣或柱铁打砂的期间，亦须用帆布围着工作的地方，这样亦可以减低噪音对居民的影响。

旧式临时垃圾槽是用铁筒作运送垃圾的工具，但是在倒泻混凝土头、瓦砾及垃圾期间，便会发出较大的噪音。因此，为减少噪音，将用胶筒代替旧式所用的铁筒，而当混凝土头和垃圾撞击胶筒时，所发出的噪音亦相应减低。

垃圾槽的位置远离民居或学校。

2.2 安排噪音大的分项工程分时段工作

在工作进行期间，噪音的发出是有的，但为免影响邻近的居民，本工地将有以下之安排，如下：

严格控制施工的时段，由平日星期一至六上午七时至晚上七时。在这段时间以外，星期日及公众假期，不得进行打石，开动任何机械，模板或棚架的构筑拆卸，装卸或处理瓦砾，木板，钢条，木料或棚架材料及进行敲击的工作。

安排噪音较高的工作如打石等在背景噪音较高的时间进行，如中午时或交通高峰时间等，以减低施工噪音造成的滋扰。

2.3 有关在打石及浇筑混凝土时的噪音的控制施工计划

选用低噪音型号的风机及风炮。

将要工作的位置围着帆布或围挡，阻挡噪音的发出及减少对其他人的影响。

使用中的风机，需要将机身门关上，而减少发出噪音。

定时保养风机及风炮，使减少因不妥善保养而发出过大噪音。

严格控制工作的时段。

在进行工作期间，用合适及正常运作量度噪音的仪器，量度噪音是否过大。

使用挖土机改装成之打石机时 考虑安装炮衣以减低所发出之噪音。

附件7：环保紧急事故流程表

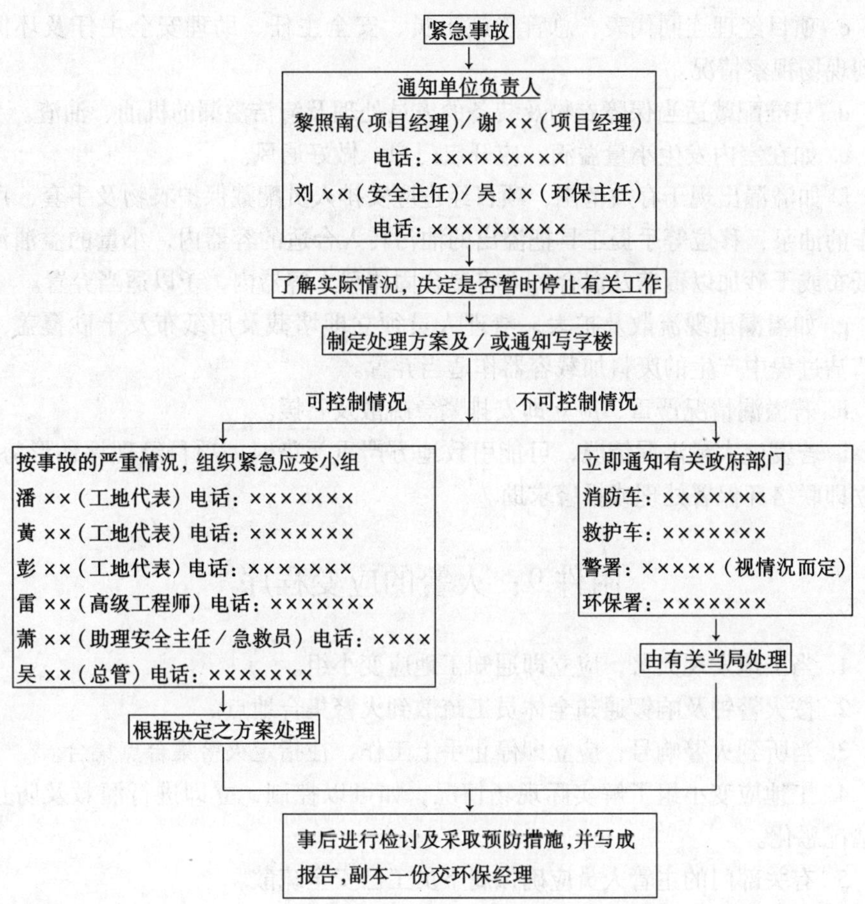

备注：

1. 意外发生时可用对讲机四号频道联络及通知有关负责人。
2. 环保紧急事故之定义：

a）火警

b）暴雨警告及热带气旋警告

c）溢漏化学品引致地方严重污染或影响环境

附件8：工地溢漏机油、柴油的应变措施及安全工作程序

应变措施 / 安全工作程序

a. 工地应成立“突发事件应变小组”处理紧急事故。

b. 任何人在工地发现机油、柴油溢漏事故，应马上通知工地经理/工地代表，说明事项的位置，并留守现场，防止让其他人进入事故地点。

c. 项目经理连同代表、总管、施工员、安全主任、助理安全主任及环保主任到现场视察情况。

d. 只准配戴适当保障衣物及装备的人员处理及清洁溢漏的机油、油渣。

e. 如在室内发生小量溢滴，应开启门户，做好通风。

f. 如溢漏出现于存放范围，项目经理应安排人员配戴保护衣物及手套，用手操作的油泵，移位等手提工具把溢出的油污转入合适的容器内，小量的溢油污可用纸布或干砂加以覆盖及混合，再将混合固体载入容器内，予以适当弃置。

g. 如溢漏出现流散及扩大，清理人员须立即堵截及用纸布及干砂覆盖，再将清洁过程中产生的废料加载容器作适当弃置。

h. 若溢漏情况严重，应立即安排紧急疏散及召援。

i. 若发生大量溢漏情况，可能引致地方严重污染时，项目经理评估形势后，应立即联络环保署处理或报警求助。

附件9：火警的应变程序

1. 当工地发现火警，应立即通知工地应变小组。

2. 按火警钟及响锣通知全体员工疏散到火警集合地点。

3. 当听到火警响号，应立即停止手上工作，往指定火警集合点集合。

4. 工地应变小组了解实际现场情况，如可以控制，立即进行灌救及防止火警情况恶化。

5. 有关部门的主管人员应确保属下员工已安全疏散。

6. 依照应变程序进行有效的疏散人群，召援救伤车及通知消防局。

7. 安排工地救护人员准备急救药箱及担架到火警现场协助。

8. 有关部门之主管人员点算人数，以确保所有人员已到达火警集合地点。

9. 所有员工在安全集合点等候点名，切勿未有知会而离开工地，切勿私自进行扑灭火警，切勿私自进入火场取对象。

10. 点名后待现场指挥指示（离去或回工作岗位）。

附件10：工地污水排放监测程序

1. 工地按《环保管理工作程序》第5.3节每月进行环保检验。

2. 每个工作日：工地环保主任按工地污水检表验表格P12-05进行检验及由

项目经理复核。

i）每个工作日在工地污水排放点抽取样本，并与标准污水样本作比较，以评估污水中悬浮固体的含量；

ii）如污水样本超标，须实时清理沉积在隔沙池的沙泥；

iii）如果另一工作日水质仍然不符合标准，则须调查原因，并制定相应改正措施。

3. 按照排放污水牌照的要求监测：

i）在未取得排放污水牌照前，每月在工地污水排放点抽取两次样本，并送往认可实验所进行化验，化验项目包括悬浮固体及酸碱值；

ii）取得排放污水牌照后，则按发牌的细则、条件及规定进行监测。

附件 11：环保检验表格-工地空气污染控制措施

工地：佐敦谷土整　　　　表号：P12-02-A　　　　页数：1/4

检查项目		检验结果*	检验员、日期及备注
A01——车辆清洗设施及围挡			
1	工地车辆出口装设有车辆清洗设施	□	
2	没有使用压缩空气作清洁	□	
3	洗车位至工地出口铺有混凝土或硬填料	□	
4	公众可达工地边界设有 2.4 米高围挡	□	
5	围挡保持完整，底部有硬填料填塞	□	
A02——道路			
1	工地主要道路（30 分钟 4 架车以上）均铺上混凝土/砾石或洒水弄湿	□	
2	只通往工地的道路，其中位于工地出口 30 米范围内的部分工地均保持没有易生尘埃物料	□	
A03——水泥及干粉材料			
1	袋装水泥，石灰及干粉材料等的贮存仓均顶部及三侧面遮蔽	□	
2	超过 20 包的临时贮存的袋装水泥、石灰及干粉材料均盖上隔尘布	□	
3	当天未用完的袋装水泥及干粉物料均搬离道路、通道及有风的地方，或用隔尘布覆盖	□	
4	使用袋装水泥或干粉材料等生产混凝土时均在顶部及三面有遮蔽的地方内进行	□	
A04——泥地			
1	泥地均以压土，喷草或喷浆等方法处理	□	

续表

工地：佐敦谷土整　　表号：P12-02-A　　页数：2/4

	检 查 项 目	检验结果*	检验员、日期及备注
A05——工地车辆			
1	车辆离开工地前均清洗车轮	□	
2	车辆离开工地前均遮盖易生尘埃物料	□	
3	工地车辆的速度均按法例及合约要求	□	
4	车辆均没有产生黑烟	□	
A06——堆存、装卸及运送易生尘埃物料			
1	易生尘埃物料均 i）以隔尘布完全覆盖；ii）或放在顶部及三面遮蔽的地方；iii）或洒水弄湿	□	
2	除水泥及干粉材料外，易生尘埃物料在紧接装卸及运送前均洒水弄湿	□	
A07——钻孔、切割、磨光及机械破碎			
1	设有吸尘过滤器或在作业表面洒水	□	
2	过滤器的尘埃废物均放入密封的容器内弃置	□	
A08——挖掘及翻土			
1	工地于挖掘及翻土工作前后及作业期间，均洒水保持泥土表面湿润	□	
A09——爆破			
1	工地于爆破前，均将爆破30米范围内洒水弄湿	□	
2	在强风讯号或3号或以上风球下，均没有进行爆破	□	
3	工地有安排分区爆破	□	
4	于爆破时，爆破位置均用炮网及砂包覆盖，并用爆破排栏遮挡	□	
A10——输送带（运送易生尘埃物料）			
1	在使用输送带运送易生尘埃物料时，均将输送带的顶部及两旁围蔽，输送带之间的转运点亦有完全围蔽	□	
2	输送带的主滑轮均安装刮板及底板	□	
3	输送带的出口与卸落点均保持不超过一米距离，装卸范围均顶部及三面围蔽	□	
A11——临时垃圾槽			
1	垃圾槽的接驳位均密封并以隔尘布遮蔽	□	
2	垃圾在倾倒前均洒水弄湿	□	
3	地下垃圾站均顶部及三面围蔽或以隔尘布覆盖	□	
A12——物料架			
1	物料架四面除闸口外均用隔尘布围蔽	□	

续表

工地：佐敦谷土整　　表号：P12-02-A　　页数：3/4

	检 查 项 目	检验结果*	检验员、日期及备注
A13——天秤			
1	使用天秤运送易生尘埃物料时，该物料均放置在四面围蔽的容器内或有用隔尘布把该物料包好	□	
A14——清理工地（只适用于接收工地时）			
1	清理工地的范围在紧接作业之前/后及作业期间均有洒水	□	
2	拆卸项目均以隔尘布完全覆盖或放在顶部及三面有遮蔽的地方	□	
A15——外墙工作			
1	当建筑物周围搭上棚架后均用隔尘布或网将外墙围起	□	
2	楼宇建筑工程之外墙工作均没有在外墙摆放开封的干粉材料	□	
3	棚架，网或帆布上均没有垃圾、干粉物料袋、混凝土或水泥废块等物	□	
A16——拆卸建筑物			
1	待拆卸的建筑物均用隔尘布或板围起	□	
2	拆卸范围内及拆下的废料均有洒水	□	
A17——道路开掘或重铺工程			
1	挖掘出来的易生尘埃物料均用隔尘布完全覆盖；或洒水维持整个表面湿润及于24小时内移走或回填	□	
2	易生尘埃物料的存料堆均没有超越栏障	□	
3	移走存料后均有清理街道	□	
A18——填海工程			
1	高于1.2米并在公众可达的工地边界50米以内的易生尘埃物料堆，均有以橡胶浆等土面坚固剂密封处理	□	
A19——沥青（烧煮）			
1	没有使用废料作烧煮沥青的燃料	□	
A20——露天焚烧			
1	没有在工地内焚烧建筑废料、车胎、金属废料或任何杂物等以作清理工地	□	
A21——石棉尘			
1	聘请注册石棉顾问进行石棉调查工作，及拟备一份石棉调查报告和一份石棉消减计划	□	
2	在石绵工程施工前最少28天向环保署呈交该石棉调查报告和石棉消减计划，并通知环保署动工日期	□	
3	聘请注册石棉承办商按照石棉消减计划进行石棉工程	□	
4	聘请注册石棉顾问监管石棉消减计划的施行及注册石棉承办商的工作	□	

续表

工地：佐敦谷土整　　　　　　表号：P12-02-A　　　　　　页数：4/4

检　查　项　目		检验结果*	检验员、日期及备注
A21——石棉尘			
5	聘请注册石棉化验所为石绵工程进行抽取样本及分析工作	□	
A22——油渣锤			
1	油渣锤没有排放黑烟	□	
A23——施工机械（包括发电机）			
1	工地施工机械没有排放黑烟	□	
2	施工机械没有漏油情况	□	

总结：____

____

* 于方格内填上：1.‘✓’符合要求，2.‘×’不符合要求，3.‘……’不适用

上列运行控制措施有________项不符合要求。 项目编号：________________ 已发出环保不符合情况报告， 报告编号：________________	复核人员：________________ 日期：________________

附件11：环保检验表格-工地噪音控制措施

工地：佐敦谷土整　　　　　　表号：P12-02-N　　　　　　页数：1/3

检　查　项　目		检验结果*	检验员、日期及备注
N01——建筑噪音许可证			
1	撞击式打桩工程 在没有有效建筑噪音许可证下，没有进行撞击式打桩工程	□	
2	建筑工程（撞击式打桩工程除外）在没有有效建筑噪音许可证下，没有在平日晚上7时至翌晨7时或公众假期（包括星期日）任何时间，使用机动设备进行建筑工程（撞击式打桩工程除外）及/或在指定范围内进行订明工程	□	
N02——落石渣			
1	工地在可行情况下均采用电动振捣机及静音机械，施工机械有适当维修与保养	□	

续表

工地：佐敦谷土整　　　　表号：P12-02-N　　　　页数：2/3

	检　查　项　目	检验结果*	检验员、日期及备注
N02——落石渣			
2	机械在不使用时均尽可能全部关掉，或关掉音量较大的部分如气阀、振捣棒等	□	
N03——挖掘、打石及钻孔			
1	在不能避免远离噪音敏感地方操作均尽可能安排噪音活动分阶段及时间进行，而产生大量噪音的工作均尽可能安排于周围背景噪音较高的时间施工	□	
2	所有手提撞击式破碎机及空气压缩机均领有噪音标签，并贴于机身上	□	
3	机械于不使用时均尽早关掉	□	
N04——天秤及物料架运作			
1	有妥善维修及保养，操作时没有产生不正常声音	□	
N05——打闸板、钢桩及混凝土桩			
1	在必须使用撞击式方法打桩时，均按建筑噪音许可证上列明的准予作业时间内进行	□	
N06——机械、空气压缩机、发电机管理			
1	在可行的情况下，均选择低噪音型号的机械	□	
2	有定期保养及维修机械	□	
N07——模板装嵌及拆卸			
1	进行木料类模板工程时，考虑把锯木范围作全部或局部围封	□	
2	有考虑安排此工序在有遮隔的地方内进行，及控制其工作的时间以减低其滋扰	□	
N08——棚架搭建及拆卸			
1	在处理竹枝时均尽量避免抛掷和碰撞竹枝而发出噪音，并尽量利用日间时间处理竹枝	□	
2	在拆卸竹棚时均严禁工人把竹枝从高空飞掷至地面而发出噪音	□	
N09——处理瓦砾、木板、钢条、木料及棚架材料检验位置			
1	施工位置均尽量远离噪音感应强地方，及妥善控制其施工时间，从而减低其对感应强地方的影响	□	
2	尽量避免抛掷上述材料及产生碰撞声	□	
3	临时垃圾槽均尽可能安装在建筑在建筑物内，接驳位均顺畅，以减少碰撞声	□	
N10——敲击式工具使用			
1	尽量把敲击式工作的场地遮隔以减少噪音直接传送		

续表

工地：佐敦谷土整　　　　表号：P12-02-N　　　　页数：3/3

检　查　项　目		检验结果*	检验员、日期及备注
N11——车辆保养/使用管理（燃油发动）			
1	妥善保养车辆，使用时没有产生不正常声音	□	

总结：________________________________

* 于方格内填上：1. '✓'符合要求，2. '×'不符合要求，3. '……'不适用

上列运行控制措施有________项不符合要求。 项目编号：____________ 已发出环保不符合情况报告， 报告编号：____________	复核人员：____________ 日期：____________

附件11：环保检验表格-工地水质污染控制措施

工地：佐敦谷土整　　　　表号：P12-02-W　　　　页数1/3

检　查　项　目		检验结果*	检验员、日期及备注
W01——地面排水			
1	于土方平整或挖掘前工地有尽量提供一套地面排水系统，包括在工地周边设置明渠收集地面水及雨水，再接驳至沉淀池及/或先进污水处理设备，去掉沙泥后才排放	□	
2	建设排水系统时已考虑建筑期地面的水平变动	□	
3	工地内之明渠、砂井、沉淀池、渠坑及渠筒等均定期清理，每次暴风雨前后更要清理，确保这些设施状态良好	□	
4	临时斜坡均尽量用帆布覆盖	□	
5	壕沟的开挖及回填均尽量分小段进行，并采取可行措施减少雨水流入壕沟	□	
6	在泥地的周边均尽量设置渠坑及渠筒等收集雨水，以减少泥土被雨水冲走	□	
7	围界板下的空隙以砂浆或混凝土填塞	□	
W02——传统洗车池			
1	洗车池的长宽度均不少于日常进出工地车辆的长宽度	□	
2	洗车池的沙泥水均接驳至沉淀池及/或先进污水处理设备，去除沙泥后才排放	□	

续表

工地：佐敦谷土整　　表号：P12-02-W　　页数 2/3

	检　查　项　目	检验结果*	检验员、日期及备注
W02——传统洗车池			
3	在可行情况下，均将洗车池的沙泥水经处理后循环再用	□	
4	定期清理沉积在洗车池内的沙泥	□	
W03——洗石水、镪水清洗废水			
1	使用洗石水或镪水等清洁液体清洗墙壁或洁具等后，均将废水中和后才排放	□	
W04——沉淀池			
1	沉淀池均有足够容量，使污水有足够时间停留在池内沉淀	□	
2	沉淀池均定期清理	□	
W05——工地饭堂污水			
1	工地饭堂污水均接驳到隔油池，然后才排放，最终排放的污水表面均没有明显油渍	□	
W06——工地厕所污水			
1	工地厕所污水均接驳至污水渠	□	
2	若附近无污水渠，工地均设置小型的化粪池及渗滤井	□	
3	如化粪池及渗滤井不可行，工地均向专业公司租借轻便式临时厕所	□	
W07——地下水			
1	从工地抽水井泵出的地下水均经沉淀池及/或先进污水处理设备才排放	□	
W08——钻探水			
1	工地在钻探工程中产生的污水，均尽可能经过沉淀池去除沙泥后循环再用	□	
2	如最后必须将污水排放，污水均经沉淀池及/或先进污水处理设备才排放	□	
W09——混凝土厂及混凝土构件预制场的污水			
1	清洗混凝土车，及其卸料斗或有关的机械后的污水均尽可能循环再用，并将需要排放的污水减至最低	□	
2	剩余的污水均经沉淀池及先进污水处理设备，去除沙泥并酸碱中和后才排放	□	
W10——膨润土（Bentonite）			
1	膨润土均循环再用	□	
2	弃置剩余的膨润土，若倾倒入指定的海上倾倒区，均事先向环保署申领海上倾倒物料牌照	□	

续表

工地：佐敦谷土整　　表号：P12-02-W　　页数 3/3

检　查　项　目		检验结果*	检验员、日期及备注
W10——膨润土（Bentonite）			
3	若要弃置膨润土并排放入污水渠，雨水渠、内陆水域或海岸水域，均经处理后并符合有关水质管制区的污水标准后才排放	□	
W11——来自试漏及消毒储水设施和管道的废水			
1	用作试漏的水均尽可能循环再用	□	
2	消毒用的水均尽可能循环再用	□	
W12——一般工程施工污水			
1	在进行拆卸工程前均将污水渠及雨水渠的接驳处密封	□	
2	污水均经沉淀池及/或先进污水处理设备才排放	□	
3	在可行情况下，应将处理后的污水循环再用	□	
W13——海事工程			
1	疏浚海泥均妥善置于运泥船内，没有满溢或跌入海中	□	
2	弃置疏浚海泥前均向环保署申请海上倾倒物料牌照，并按指示倾倒入指定的海上倾倒区	□	
3	用作海洋放石的石方，均尽可能不含土方	□	
4	如填料含土方，均于周边放置隔泥幕墙，以减少受影响范围	□	
W14——灌注桩工程（Bored Piling）			
1	灌注桩清洗过程中产生的污水，均尽可能经沉淀池后循环再用	□	
2	如最后必须将污水排放，污水均经沉淀池及/或先进污水处理设备才排放	□	

总结：______________________________

____

*于方格内填上：1.‘✓’符合要求，2.‘×’不符合要求，3.‘……’不适用

上列运行控制措施有________项不符合要求。 项目编号：____________ 已发出环保不符合情况报告， 报告编号：____________	复核人员：____________ 日期：____________

附件11：环保检验表格-工地废物、危险品、化学品控制、节约能源及灭蚊措施

工地：佐敦谷土整　　　　表号：P12-02-M　　　　页数1/2

检　查　项　目		检验结果*	检验员、日期及备注
R01——建筑废物			
1	工地已尽量减少产生废物，土石方、木料、铁料及塑料等建筑废料均分类存放，并在可行情况下物尽其用、废物利用及循环再用	□	
2	惰性的建筑物均倾卸于公众卸泥区，而不宜倾卸于公众卸泥区的有机建筑废料，均弃置于策略性堆填区	□	
R02——化学废物			
1	在产生化学废物前，均向环保署登记	□	
2	化学废料在运往废物处理设施前，均作适当的包装及标识，存放地点均远离水道及木料贮存区，并需设有防止泄漏的设施，如防泄漏的裙脚或储漏盆等	□	
3	储漏盆的容量均合符要求（能堵截储漏盆内最大容器的装载量或总内存量的20%，以较大者为准。储漏盆高度为10～20厘米）	□	
4	废物产生者均聘获环保署发牌的废物收集者为其提供收集及搬运化学废物服务，并填妥运载记录及保存副本最少十二个月	□	
R03——工地饭堂废料处理			
1	工地饭堂的固体废料均以垃圾胶袋密封，并运往垃圾收集站/策略性堆填区弃置	□	
D01——易燃液体			
1	电油、油渣及香蕉水等易燃液体均适当地包装及标识	□	
2	存放地点均远离热源、腐蚀性化学品、水道及木料贮存区，并设有防止泄漏的设施，如防泄漏的裙脚或储漏盆等	□	
3	工地均配备合适的灭火筒	□	
4	发电机设有防止泄漏的设施，入油时亦没有发生滴漏	□	

续表

工地：佐敦谷土整　　　　表号：P12-02-M　　　　页数 2/2

检查项目		检验结果*	检验员、日期及备注
D02——液化气体			
1	石油气、风煤及压缩空气等气罐均适当地标识	□	
2	存放地点均远离热源及腐蚀性化学品	□	
3	无论存放或使用时，气罐均保持直立	□	
4	工地均配备合适的灭火筒	□	
C01——液体化学品			
1	模板油、慢干剂、洗石水及油漆等化学品均适当地包装及标识	□	
2	存放地点均远离水道及木料贮存区，并设有防止泄漏的设施，如防泄漏的裙脚或储漏盆等	□	
3	储漏盆的容量均合符要求（能堵截储漏盆内最大容器的装载量或总内存量的20%，以较大者为准。储漏盆高度为10～20厘米）	□	
E01——燃料/电力			
1	施工机械及工地办公室的电器在闲置时均关掉电源或燃料供应	□	
M01——工地灭蚊措施			
1	排走积水或定时喷蚊油	□	

总结：____

____

*于方格内填上：1. '✓' 符合要求，2. '×' 不符合要求，3. '……' 不适用

上列运行控制措施有________项不符合要求。 项目编号：____________ 已发出环保不符合情况报告， 报告编号：____________	复核人员：____________ 日期：____________

附件 11：环保检验表格

部门：________________

运行控制措施：H01 车辆管理　　　　　　　　　　表号：P12-02-H01

车牌号码：　　　　　　　　　　　　　　　　　　页数：

检验月份	黑烟排放检验结果*		不符合报告编号（如有）	检查人员签名	检查日期	复核人员签名	复核日期	备注
	符合要求	不符合要求						
一月								
二月								
三月								
四月								
五月								
六月								
七月								
八月								
九月								
十月								
十一月								
十二月								

*检验方法：

1. 检验工作由两人负责——一人负责开动汽车引擎，另一人负责在一段距离外，手持力高文图表，朝烟雾方向伸出，然后把烟雾的色泽与力高文图表所显示的阴暗色泽作比较。
2. 如烟雾色泽与图表的一号阴暗色泽（相当于百分之二十的暗度）相同，甚或更黑者，则有关的烟雾会被列作黑烟看待。

附件11：环保检验表格

部门：________________

运行控制措施：H02车辆管理　　　　　　　　　　　　表号：P12-02-H02

车牌号码：　　　　　　　　　　　　　　　　　　　页数：

检验月份	能源节约检验结果*		不符合报告编号（如有）	检查人员签名	检查日期	复核人员签名	复核日期	备注
	符合要求	不符合要求						
一月								
二月								
三月								
四月								
五月								
六月								
七月								
八月								
九月								
十月								
十一月								
十二月								

附件12：工地污水检验表格

单位：　　　　　　　年　　月份　　　　　　　　　　表号：P12-05

检验日期	悬浮固体含量检验结果			酸碱度			检验人员签名	备注
	符合标准	不符合标准	无污水排出	数值	符合标准	不符合标准		
01								
02								
03								
04								

续表

检验日期	悬浮固体含量检验结果			酸碱度			检验人员签名	备注
	符合标准	不符合标准	无污水排出	数值	符合标准	不符合标准		
05								
06								
07								
08								
09								
10								
11								
12								
13								
14								
15								
16								
17								
18								
19								
20								
21								
22								
23								
24								
25								
26								
27								
28								
29								
30								
31								

复核人员签名：________________

附件12：工地污水样本化验记录

单位：　　　　　　　　　　　　　　　　　　　　　　　　　　　P12-02-W04（B）

取样　日期	化验　日期	化验结果						备注
		悬浮固体含量	符合要求	不符合要求	酸碱值 pH	符合要求	不符合要求	

注：污水牌照要求：　悬浮固体30毫克/升

　　　　　　　　　　酸碱值 pH：6～9

附件13：工地灭蚊计划及遵守事项

工地应尽量清除积水及死水，以减低蚊虫滋长的机会。另外环保部应根据天气情况而制定喷杀虫水灭蚊的次数：炎热及潮湿的天气，例如夏天每周两次喷杀虫水灭蚊，而其他季节则每周灭蚊一次。

所有执行喷杀虫水的人员必须接受训练，执行人员必须穿着保护性衣服、佩戴安全帽、口罩及胶手套。使用前必须检查灭蚊容器是否有损毁，小心倒出有毒液体及必须依照说明书的分量。灭蚊完毕后，必须清洗容器及放回原位。并尽快彻底清洗面部、手部及颈部。如有问题须立即通知主管及安全部。

灭蚊记录详见安全部表格 CHK002《每周喷杀虫水灭蚊记录表（每月表）》。

表号：P12-04

附件14：环保不符合情况报告

单位：　　　　　　　　　　　　　　　　　　　　　　　　　　　　报告编号：

致：

就本表第一部分各项不符合环保要求的情况，请于指定时间内完成改正工作。

单位负责人：＿＿＿＿＿＿＿＿＿＿　　日期：

第一部分

不符合情况及位置	来源	原因	改正及预防措施	完成时间
	□ 内部检查 □ 外部投诉 □ 违例检控 □ 其他：		改正措施： 预防措施：	
填报人：＿＿＿＿＿＿＿＿＿＿			日期：＿＿＿＿＿＿＿＿＿＿	

第二部分

不符合情况已：

□ 按上述改正措施处理及经检验符合要求

□ 按下列方式处理及经检验符合要求

＿＿＿＿＿＿＿＿＿＿＿＿＿＿＿＿＿＿＿＿＿＿＿＿＿＿＿＿＿＿

＿＿＿＿＿＿＿＿＿＿＿＿＿＿＿＿＿＿＿＿＿＿＿＿＿＿＿＿＿＿

填报人：＿＿＿＿＿＿＿＿＿＿　　　　日期：＿＿＿＿＿＿＿＿＿＿

注：请在适当的□内加上“✓”

附件15：工地环保文件记录索引

索引	文件名称	档案内容
ER1	环保法例、公司环保政策及环保工作指引	工地适用环保法例清单
		公司环保政策、环保工作指引
ER2	许可证/牌照	许可证/牌照
		有关申请的通讯记录
ER3	环保仪器	环保仪器及其配件的数据
		维修及校准记录
ER4	紧急应变措施的资料	有关紧急应变措施的资料
		紧急应变演习报告
		事故报告及检讨报告
ER5	环保检验报告	工地污水检验记录
		工地污水样本化验记录
		环保检验表格
ER6	不符合情况及内审	工地违例检控的记录、传票、环保署巡查记录
		工地违例检控处理意见评审表
		不符合情况报告
		环保内审报告
		内审不符合情况改正报告
ER7	环保内部通讯及记录	公司每年环保目标、指标及管理计划
		环保指标的统计结果
		废物产生及回收记录
		工地旱厕、化粪池、隔油池的清洗记录
		工地培训及出席记录
		公司环保政策、《标准工作程序》及PQP等分发或传阅记录
ER8	环保对外的通讯	环保小组会议及出席记录
		环保通告及其他讯息传递
		公司环保运行控制措施分发记录
		分包商培训记录

附件16：工地员工之环保职责

项目经理/项目代表

- 负责统筹及推行有关工地环境保护措施的要求
- 确保工地有适当之资源用作有关工地环境保护措施的工作
- 作为有关工地环保事务的联络人

工地代表

- 协助项目经理/项目代表推行环保管理计划
- 负责监察及控制分包以满足法例及合约的环保要求
- 向项目经理/项目代表报告有关分包的环保不符合情况
- 监督及安排环保设施的建造及保养
- 调查及查证有关公众的投诉

环保主任

- 向项目经理/项目代表汇报有关工地环境保护措施（包括：噪音、空气污染、水污染之舒缓措施，废弃处理等等）的执行情况
- 每星期进行工地巡查以确保工地环境保护措施切实执行
- 当有公众投诉时进行调查并确保有关的环境保护措施能有效执行

工地总管

- 协助项目代表推行环保管理计划
- 负责管理分包以达到法例及合约的环保要求
- 向项目经理/项目代表报告有关分包的环保不符合情况
- 负责保养及维修工地的环境保护设施例如洗车池、污水处理机、隔沙池、废物储存设施、存舱之覆盖帆布或喷草及流动隔音屏等等
- 调查公众的环保投诉
- 执行指示分包进行补救或舒缓措施以改正环保不符合情况

分包及其他员工

- 协助推行工地有关环保的要求
- 当发现环保不符合情况时向工地总管报告
- 主动及积极参与工地有关环保的工作以达到法例及合约的环保要求
- 分包须确保其员工尽力协助推行工地有关的环保工作

附录2　人类环境宣言

联合国人类环境会议于1972年6月5日~16日在斯德哥尔摩举行，考虑了需要取得共同看法和制定共同的原则以鼓舞和指导世界各国人民保持和改善人类环境，兹宣布：

一、人类既是他的环境的创造物，又是他的环境的塑造者，环境给予人以维持生存的东西，并给他提供了在智力、道德、社会和精神等方面获得发展的机会。在人类在地球上的漫长和曲折的进化过程中，已经达到这样一个阶段，即由于科学技术发展的迅速加快，人类获得了以无数方法和在空前的规模上改造其环境的能力：人类环境的两个方面，即天然和人为的两个方面，对于人类的幸福和对于享受基本人权，甚至生存权利本身，都是必不可缺少的。

二、保护和改善人类环境是关系到全世界各国人的幸福和经济发展的重要问题；也是全世界各国人民的迫切希望和各国政府的责任。

三、人类总得不断地总结经验，有所发现，有所发明，有所创造，有所前进。在现代，人类改造其环境的能力，如果明智地加以使用的话，就可以给各国人民带来开发的利益和提高生活质量的机会。如果使用不当，或轻率地使用，这种能力就会给人类和人类环境造成无法估量的损害。在地球上许多地区，我们可以看到周围有越来越多的说明人为的损害的迹象；水、空气、土壤以及生物中在污染达到危险的程度；生物界的生态平衡受到重大和不适当的扰乱；一些无法取代的资源受到破坏和陷于枯竭；在人为的环境，特别是生活和工作环境里存在着有害于人类身体、精神和社会健康的严重缺陷。

四、在发展中的国家中、环境问题大半是由于发展不足造成的，千百万人的生活仍然远远低于像样的生活所需要的最低水平，他们无法取得充足的食物和衣服、住房和教育、保健和卫生设备。因此，发展中的国家必须致力于发展工作，牢记它们优先任务和保护及改善环境的必要。为了同样目的，工业化国家应当努力缩小它们自己与发展中国家的差距。在工业化国家里，环境问题一般地是同工业化和技术发展有关。

五、人口的自然增长继续不断地给保护环境带来一些问题，但是如果采取适当的政策和措施，这些问题是可以解决的。世间一切事物中，人是第一可宝贵的：人民推动着社会进步，创造着社会财富，发展着科学技术，并通过自己的辛勤劳动，不断地改造着人类环境。随着社会进步和生产、科学及技术的发展，人类改善环境的能力也与日俱增。

六、现在已达到历史上这样一个时刻：我们在决定在世界各地的行动的时候，必须更加慎重地考虑它们对环境产生的后果。由于无知或不关心，我们可能给我们的生活和幸福所依靠的地球环境造成巨大的无法挽回的损害。反之，有了比较充分的知识和采取比较明智的行动，我们就可能使我们自己和我们的后代在一个比较符合人类需要和希望的环境中过着较好的生活。改善环境的质量和创造美好生活的前景是广阔的。我们需要的是热烈而镇定的情绪，紧张而有秩序的工作。为了在自然界里取得自由，人类必须利用知识在同自然合作的情况下建设一个较好的环境。为这一代和将来的世世代代保护和改善人类环境，已经成经为人类一个紧迫的目标，这个目标将同争取和平和世界经济与社会发展这两个既定的基本目标共同和协调地实现。

七、为实现这一环境目的，将要求公民和团体以及企业和各级机关承担责任。大家平等地从事共同的努力。各界人士和许多领域中的组织，凭他们有价值的品质和全部行动，将确定未来的世界环境的格局。各地方政府，将对在它们管辖范围内的大规模环境政策和行动，承担最大的责任。为筹措奖金以支持发展中国家完成它们在这方面的责任，还需要进行国际合作。种类越来越多的环境问题，因为它们在范围上是地区性或全球性的，或者因为它们影响有共同的国际领域，将要求国与国之间广泛合作和国际组织采取行动以谋求共同的利益。会议呼吁各国政府和人民为着全体人民和他们的子孙后代的利益而作出共同的努力。

这些原则申明了共同的信念：

一、人类有权在一种能够过尊严和福利的生活的环境中，享有自由、平等和充足的生活条件的基本权利，并且负有保护和改善这一代和将来的世世代代的环境的庄严责任。在这方面，促进或维护种族隔离、种族分离、歧视、殖民主义和其他形式的压迫和外国统治的政策应该受到谴责和必须消除。

二、为了这一代和将来的世世代代的利益，地球上的自然资源，其中包括空气、水、土地、植物和动物，特别是自然生态类中具有代表性的标本，必须通过周密计划或适当管理加以保护。

三、地球生产非常重要的再生资源的能力必须得到保持，而且在实际可能的情况下加以恢复或改善。

四、人类负有特殊的责任保护和妥善管理由于各种不利的因素而现在受到严重危害的野生物后嗣及其产地。因此，在计划发展经济时必须注意保存自然界，其中包括野生物。

五、在使用地球上不能再生的资源时，必须防范将来把它们耗尽的危险，并且必须确保整个人类能够分享从这样的使用中获得的好处。

六、为了保证不使生态类遭到严重的、或不可挽回的损害，必须制止在排除有毒物质或其他物质以及散热时其数量或集中程度超过环境能使之无害的能力。应该支持各国人民反对污染的正义斗争。

七、各国应该采取一切可能的步骤来防止海洋受到那些会对人类健康造成危害的、损害生物资源和海生物的、破坏舒适环境的、或妨害对海洋进行其他合法利用的物质的污染。

八、为了保证人类有一个良好的生活和工作环境，为了在地球上创造那些对改善生活质量所必要的条件，经济和社会发展是非常必要的。

九、由于不够发达和自然灾害的条件使环境方面造成的缺陷构成了严重的问题，弥补这些缺陷的最好办法是，移用大量的财政和技术援助以补充发展中国家本国的努力，并且提供可能需要的及时援助，以加速发展工作。

十、对于发展中的国来说，由于必须考虑经济因素和生态进程，因此，使初级产品和原料有稳定的价格和适当的收入是必要的。

十一、所有国家的环境政策应该提高，而不应该损及发展中国家现有或将来的发展潜力，也不应该妨碍大家生活条件的改善。各国和各国际组织应该采取适当步骤，以便就应付因实施环境措施所可能引起的国内或国际的经济后果达成协议。

十二、应筹集资金来维护和改善环境，其中要照顾到发展中国家的情况和特殊，照顾到它们由于在发展计划中列入环境保障项目而需要的任何费用以及应它们的请求为此目的供给额外的国际技术和财政援助的需要。

十三、为了实现更合理的资源管理从而改善环境，各国应该对它们的发展计划采取统一和协调的做法，以保证为了人民的利益，使发展同保护和改善人类环境的需要相一致。

十四、合理的计划是调和发展的需要和保护与改善环境的需要相一致。

十五、人的定居和城市化工作必须加以规划，以避免对环境的不良影响，并为大家取得社会、经济和环境三方面的最大利益。在这方面，必须停止为殖民主义和种族主义统治而制定的项目。

十六、在人口增长率或人口过分集中可能对环境或发展产生不良影响的地区，或在人口密度之低可能妨碍人类环境改善和阻碍发展的地区都应采取不损害基本人权和有关政府认为适当的人口政策。

十七、必须委托适当的国家机关对国家的环境资源进行规划、管理或监督，以期提高环境质量。

十八、为了人类的共同利益，必须应用科学和技术以监定、避免和控制环境的危害并解决环境问题，从而促进经济和社会发展。

十九、为了更广泛地扩大个人、企业和基层社会在保护和改善人的各种环境的方面提出开明舆论和采取负责行为的基础，必须对年轻一代和成人进行环境问题的教育，同时应该考虑到对不能享受正当权益的人进行这方面的教育。

二十、必须促进各国，特别是发展中的国家的国内和国际范围内从事有关环境问题的科学研究和发展。在这方面，必须支持和帮助最新科学情报和经验的自由交流以便解决环境问题；应该使发展中的国家得到环境工艺，其条件是鼓励这种工艺的广泛传播，而不造成发展中国家的经济负担。

二十一、按照联合国宪章和国际法原则，各国按自己的环境政策开发自己的资源的主权，并且有责任保证在它们管辖或控制之内的活动，不致损害其他国家的或在国家管辖范围以外地区的环境。

二十二、各国应进行合作以进一步发展有关它们管辖或控制之内的活动对它们管辖区以外的环境造成的污染和其他环境损害的受害者承担责任和赔偿问题的国际法。

二十三、在不损害国际大家庭可能达成的规定和不损害必须由一个国家决定的标准的情况下，必须考虑各国的现行价值制度和考虑对最先进的国家有效，但是对发展中的国家不适合和有不值得的社会代价的标准的可行程度。

二十四、有关保护和改善环境的国际问题应当由所有的国家，不论大小，在平等的基础上本着合作的精神来加以处理。必须通过多边或双边的安排或其他合适的途径的合作，以在正当地考虑所有国家的主权和利益的情况下，防止、消灭或减少和有效地控制各方面的行动所造成的对环境的有害影响。

二十五、各国应保证国际组织在保护和改善环境方面起协调的，有效的和能动的作用。

二十六、人类及其环境必须免受核武器和其他一切大规模毁灭性手段的影响。各国必须努力在有关的国际机构内就消除和彻底销毁这种武器迅速达成协议。

附录3 《环境影响评估条例》的指定工程项目

第I部

A——道路、铁路及车厂

A.1 属快速公路、干道、主要干路或地区干路的道路，包括新路及对现有道路作重大扩建或改善的部分。

A.2 铁路及其相联车站。

A.3 电车轨道及其相联车站。

A.4 铁路侧线、车厂、维修工场、调车场或货物场。

A.5 电车厂，而该厂的位置距离一个现有的或计划中的——

(a) 住宅区；

(b) 礼拜场所；

(c) 教育机构；或

(d) 健康护理机构，

的最近界线少于100米。

A.6 运输车厂，而该车厂的位置距离一个现有的或计划中的——

(a) 住宅区；

(b) 礼拜场所；

(c) 教育机构；或

(d) 健康护理机构，

的最近界线少于200米。

A.7 入口之间的长度超过800米的行车隧道或铁路隧道。

A.8 桥台之间的长度超过100米的行车桥梁或铁路桥梁。

A.9 完全被其上的盖层和两边的构筑物所包围，而被包围的长度超过100米的道路。

B——机场及港口设施

B.1 机场（包括其跑道及与飞机维修、修理、加油及燃料贮存、引擎测试或空运货物处理有关的发展及活动）。

B.2　在现有的或计划中的住宅发展300米内的直升机升降场。

B.3　货柜码头（包括该货柜码头的货柜支持设施）。

B.4　公众货物装卸区，而——

（a）其货物装卸范围的长度超过1000米；或

（b）其货物装卸范围的长度在500及1000米之间且在一个现有的或计划中的——

（i）住宅区；

（ii）礼拜场所；

（iii）教育机构；或

（iv）健康护理机构，

的50米范围内。

B.5　货柜支持区、货柜贮存、货柜处理或货柜装箱区（包括货柜车停泊处），而其面积超过5公顷且在一个现有的或计划中的——

（a）住宅区；

（b）礼拜场所；

（c）教育机构；或

（d）健康护理机构，

的300米范围内。

B.6　船舶建造或修理场的设施，而其规模超过1公顷或起卸量超过20000吨。

B.7　内河码头。

B.8　中流作业设施。

C——填海、水力与海洋设施、挖泥与倾倒

C.1　面积超过5公顷的填海工程（包括相联挖泥工程）。

C.2　面积超过1公顷的填海工程（包括相联挖泥工程），而其一条界线——

（a）距离一个现有的或计划中的——

（i）具有特别科学价值的地点；

（ii）文化遗产地点；

（iii）泳滩；

（iv）海岸公园或海岸保护区；

（v）鱼类养殖区；

（vi）野生动物保护区；

(vii) 海滨保护区；

(viii) 自然保育区；

(ix) 郊野公园；或

(x) 特别地区，

的最近界线少于500米；

(b) 距离一个海水进水口少于100米；或

(c) 距离一个现有的住宅区少于100米。

C.3　填海工程——

(a) 如以海洋水道的水平基准面以上0.0米作基准，该项工程会引致横截面积减少5%；或

(b) 在图则上占有的范围超过任何封闭或半封闭的水体的范围的10%。

C.4　长度超过1公里的防波堤或伸展入潮水冲洗渠道超过该渠道宽度的30%的防波堤。

C.5　在设计上是为不少于30艘船只提供碇泊处的避风塘。

C.6　高度超过10米的堤坝。

C.7　取土量超过200000立方米的陆上取土区。

C.8　取土量超过50000立方米的陆上取土区，而该区——

(a) 其中一条界线距离一个现有的或计划中的——

(i) 住宅区；

(ii) 礼拜场所；

(iii) 教育机构；

(iv) 健康护理机构；

(v) 郊野公园；或

(vi) 特别地区，

的最近界线少于500米；或

(b) 全部或部分在一个——

(i) 具有特别科学价值的地点范围内；或

(ii) 野生动物保护区范围内。

C.9　海洋取土区。

C.10　海洋倾倒物料区。

C.11　面积不少于2公顷的公众倾倒物料区。

C.12　挖泥量超过500000立方米的挖泥作业或具有下述情况的挖泥作业——

(a) 距离一个现有的或计划中的——

(i) 具有特别科学价值的地点；

(ii) 文化遗产地点；
(iii) 泳滩；
(iv) 海岸公园或海岸保护区；
(v) 鱼类养殖区；
(vi) 野生动物保护区；
(vii) 海滨保护区；或
(viii) 自然保育区，
的最近界线少于 500 米；或
(b) 距离一个海水进水口少于 100 米。

D——能源供应

D.1　公用事业电力厂。
D.2　公用事业气体生产厂。

E——抽水和供水

E.1　主要水库。
E.2　滤水能力超过每天 100000 立方米的滤水厂。
E.3　直径 1200 毫米或以上且长度超过 1 公里的海底供水管道。

F——污水的收集、处理、处置和再使用

F.1　装置的污水处理能力超过每天 15000 立方米的污水处理厂。
F.2　污水处理厂，而——
(a) 其装置的污水处理能力超过每天 5000 立方米；及
(b) 其一条界线距离一个现有的或计划中的——
(i) 住宅区；
(ii) 礼拜场所；
(iii) 教育机构；
(iv) 健康护理机构；
(v) 具有特别科学价值的地点；
(vi) 文化遗产地点；
(vii) 泳滩；
(viii) 海岸公园或海岸保护区；
(ix) 鱼类养殖区；或
(x) 海水进水口，
的最近界线少于 200 米。

F. 3　污水泵水站，而——

（a）其装置的泵水能力超过每天300000立方米；或

（b）其装置的泵水能力超过每天2000立方米，且其一条界线距离一个现有的或计划中的——

（i）住宅区；

（ii）礼拜场所；

（iii）教育机构；

（iv）健康护理机构；

（v）具有特别科学价值的地点；

（vi）文化遗产地点；

（vii）泳滩；

（viii）海岸公园或海岸保护区；

（ix）鱼类养殖区；或

（x）海水进水口，

的最近界线少于150米。

F. 4　对从处理厂流出并经处理的污水进行再使用的活动。

F. 5　直径1200毫米或以上且长度为1公里或以上的海底污水管道。

F. 6　海底污水渠口。

G——废物贮存、转运和处置设施

G. 1　《废物处置条例》（第354章）所界定的废物堆填区。

G. 2　垃圾转运站。

G. 3　装置的垃圾焚化能力超过每天50吨的垃圾焚化炉。

G. 4　为下述垃圾或废物而设的废物处置设施（不包括任何垃圾收集站），或对下述垃圾或废物进行的废物处置活动——

（a）垃圾；或

（b）化学废物、工业废物或特殊废物。

G. 5　建筑废物处理设施，而——

（a）其设计的处理能力每天不少于500吨；及

（b）其一条界线距离一个现有的或计划中的——

（i）住宅区；

（ii）礼拜场所；

（iii）教育机构；或

（iv）健康护理机构，

少于200米。

G. 6　处置粉状的燃料灰、炉底灰或石膏的废物处置设施。

H——公用设施管道、输送管道及分站

H. 1　400 千伏的电力分站及输电线。

H. 2　海底气体管道或海底油管。

I——水道及排水工程

I. 1　排水道或河流治理与导流工程，而——

(a) 其水道宽度超过 100 米；或

(b) 该工程排水入一个地区，该地区距离一个现有的或计划中的——

(i) 具有特别科学价值的地点；

(ii) 文化遗产地点；

(iii) 海岸公园或海岸保护区；

(iv) 鱼类养殖区；

(v) 野生动物保护区；

(vi) 海滨保护区；或

(vii) 自然保育区，

的最近界线少于 300 米。

I. 2　面积超过 10 公顷的蓄洪池。

J——矿物提炼

J. 1　油类或气体提炼活动。

J. 2　采矿作业。

J. 3　采石或石矿的复原。

J. 4　处理能力超过每天 100 吨的煤厂。

K——工业活动

K. 1　工业邨。

K. 2　每年生产能力超过 40000 立方米的酿酒厂。

K. 3　每年生产能力超过 500000 平方米的制革或皮革精加工厂。

K. 4　处理能力超过每年 200000 吨（以金属量计算）的冶金厂。

K. 5　处理和制造水泥的总筒仓量超过 10000 吨的水泥厂或混凝土拌合厂。

K. 6　贮存量超过 500 吨并将物质加工或生产的化工厂或生化工厂。

K. 7　炼油厂。

K. 8　每年生产能力超过 70000 吨的石油化工厂。

K. 9　在某一单独、特建的建筑物内的烟草制造或香烟制造厂。

K. 10　在某一单独、特建的建筑物内的爆炸品仓库或爆炸品制造厂。

K. 11　场地面积的规模超过 1 公顷的砂仓。

K. 12　贮存量超过 80000 吨的散装化学物品贮存设施。

K. 13　贮存量超过 500 吨的危险品仓库。

L——燃料的贮存、输送和转运

L. 1　贮存量不少于 200 吨的液化石油气贮存、输送和转运设施。

L. 2　贮存量不少于 200 吨的液化天然气贮存、输送和转运设施。

L. 3　贮存量不少于 200 吨的煤或矿石贮存、输送和转运设施。

L. 4　贮存量不少于 1000 吨的油类贮存、输送和转运设施。

M——农业及鱼业活动

M. 1　鱼类养殖区，而——

(a) 其面积超过 5 公顷；或

(b) 其一条界线距离一个现有的或计划中的——

(i) 海岸公园或海岸保护区；或

(ii) 泳滩，

的最近界线少于 500 米。

N——社区设施

N. 1　最高屠宰量超过每天 500 只牲畜的屠场。

N. 2　为动物而设的检疫站或检疫关禁处。

N. 3　批发市场。

N. 4　火葬场。

O——旅游及康乐发展

O. 1　户外高尔夫球场及全部受管理的草地范围。

O. 2　在设计上是为不少于 30 艘主要是用于游乐或康乐的船只提供碇泊处或作干性贮存的游艇停放处。

O. 3　赛马场。

O. 4　赛车场。

O. 5　露天射击场。

O. 6　可容纳超过 10000 人的露天音乐会场地。

O. 7　可容纳超过 10000 人的户外运动设施。

O.8　场地面积超过 20 公顷的主题公园或游乐公园。(由 1999 年第 205 号法律公告增补)

P——住宅及其他发展

P.1　在后海湾 1 或 2 号缓冲区内的住宅或康乐发展（新界获豁免的房屋除外）。

P.2　住宅发展，而该项发展——

(a) 有不少于 2000 个单位；及

(b) 在其单位被占用时并未有公共排污网的设施。

Q——杂项

Q.1　包括下述项目在内的全部工程项目：新通路、铁路、下水道、污水处理设施、土木工事、挖泥工程及其他建筑工程，而该等项目部分或全部位于现有的郊野公园或特别地区或经宪报刊登的建议中的郊野公园或特别地区、自然保育区、现有的海岸公园或海岸保护区或经宪报刊登的建议中的海岸公园或海岸保护区、文化遗产地点和具有特别科学价值的地点，但下述项目则属例外——

(a) 道路、排水、斜坡及公用设施的次要维修工程；

(b) 次要的公用事业工程，包括安装电讯电线、电缆接线箱、伏特水平不超过 66 千伏的电缆线及直径 120 毫米或少于 120 毫米的气体管道；

(c) 获郊野公园及海岸公园管理局批准的教育及康乐设施，而该等教育及康乐设施并非属 A 至 P 部列明的指定工程项目；

(d) 与林业、农业、渔业及植物管理有关的所有土木工事；

(e) 新界获豁免的房屋；

(f) 小径及与休憩处有关的设施；

(g) 与海岸公园、海岸保护区、郊野公园及特别地区的管理和保护有关的次要设施；

(h) 郊野公园及海岸公园管理局根据《郊野公园条例》(第 208 章) 第 4 条或《海岸公园条例》(第 476 章) 第 4 条为发展和管理郊野公园及特别地区、海岸公园及海岸保护区而承担的且并非属 A 至 P 部列明的指定工程项目的所有工程；

(i) 现有水务设施的保养；或

(j) 次要工程，包括——

(i) 改善集水排水沟；

(ii) 提供以下项目——

(A) 直径为 450 毫米或少于 450 毫米的水管及阀门；

(B) 水箱；
(C) 水文站及相联构筑物；及
(D) 乡村供应计划。
Q.2　地下石洞。

第Ⅱ部

工程项目的解除运作

1. 机场，包括加油及燃料贮存、飞机维修与修理设施。
2. 炼油厂。
3. 城市废物、化学废物或医疗废物焚化炉。
4. 公用事业设施——发电厂。
5. 公用事业设施——气体生产厂。
6. 滤水能力达每天100000立方米或以上的滤水厂。
7. 贮存或处置放射性废物的装置。
8. 处置粉状的燃料灰、炉底灰或石膏的废物处置设施。
9. 熔炼能力超过每年200000吨（以金属量计算）的冶金厂。
10. 石油化工厂。
11. 爆炸品仓库或爆炸品制造厂。
12. 散装化学物品贮存设施。
13. 贮存量超过200吨的液化石油气库。
14. 贮存量超过200吨的液化天然气库。
15. 贮存量超过200吨的煤与矿石仓库。
16. 贮存量超过200吨的油类仓库。
17. 面积超过1公顷或提升能力超过20000吨的船舶建造或修理设施。

术 语

书籍内所采用的术语解释如下：

生态环境 地球上所有生物包括动物、植物和微生物互相牵连及影响的地方。

生态价值 指对一个生态环境的重要性进行量化，例如高生态价值的生态环境即指当地或有很多稀有品种的生物、或有大面积的草原、或有丰富而多品种的生物等。

生态系统 指在自然界的一定空间内，生物与环境构成的统一整体，在这个统一整体中，生物与环境之间相互影响，互相制约，不断演变，并在一定时期内处于相稳定的平衡状态。

生态影响 指对地球上的生物及生态系统的威胁及破坏。

环境监察及审核 环境监察及审核是客观量度及了解施工时的环境情况，以判断特定的环境活动、事件、状况、管理体系，或有关上述事项是否符合相关标准。

缓解措施 指对相关的环境影响而采取的解决方法。

剩余环境影响 指实施相关的缓解措施后，仍然存在的环境影响。

空气/噪音/水敏感地点 指受到相关（空气/噪音/水）环境威胁的一些人、生物或地方。

公众填料 指一些不会被天然分解的废料如砂石等。

保育设施 指为保护生态的工具、地方或工作。

生态环境（简称生境） 指适合部分动物、植物生存的地方。

淤泥过滤网 指透水而不透沙泥的过滤网，常被用于工程中作阻止沙泥扩散之用。

混凝土凝固法 以固化的方法应用于处理受重金属污染的泥土。处理过程中，受污染泥土会与适当分量的混凝土和水混合，等混合物凝固，泥土内的重金属便会锁存于固体混合物内。这样，泥土中的重金属经固化后便不能透过混凝土而污染环境。

生物堆积法 指利用微生物降解泥土中的总石油碳氢化合物/半挥发性有机化合物。在进行生物堆积法的时候，受污染的泥土会被堆成独立堤垒，然后把空气输入泥土，帮助泥土内的微生物把泥土中的碳氢化合物分解为水及二氧化碳等无害元素。

热力解吸法 指一种封闭式分解过程，用非直接的热力处理受污染的泥土。透过非直接的热力，泥土内的污染物（包括二恶英）会被蒸发成气体状态，气体会被收集再加以凝结后，进行焚化。

UV-A/UV-B Ultra-violet 紫外射线，长期暴晒会对人类皮肤造成损害，紫外射线主要来源于太阳。

CFCs/HCFCs Chlorofluorocarbons（CFCs）氯氟烃、Hydrochlorofluorocarbons（HCFCs）氢氯氟烃，两种物质均是制冷及溶剂的原料，可破坏地球的臭氧层。

Halon 即哈龙，是灭火剂的原料之一，可破坏臭氧层。

CCl_4 Tetrachlorocarbon 四氯化碳是粮食熏烟处理的原料之一，可破坏臭氧层。

帕斯卡 Pascalpa，为压强度量单位，1 帕斯卡即面积为 1 平方米上施予一 Newton（牛顿）的压力。

ISO International Standard Organization 国际标准化组织，其任务是订立国际标准，有关标准现适用于全球 140 多个国家，包括质量、安全及环保的管理体系等。

PDCA 环境管理体系运作模式，其中包括规划、实施、检验及改进 4 个阶段，取其英文 Plan、Do、Check 及 Act 的首个英文字为命名其运作模式。

dB(*A*) A-weighted decibels（分贝 A）是反映人类听觉对声音反应的声压水平量度单位。

NEL Noise Emission Label，噪音标签，根据《噪音管制条例》，空气压缩机及手提破碎机必须贴上有关标签，以表示有关噪音的标准限制。

DDT ichloro-diphenyl-trichloroethane 滴滴涕，旧式杀虫药的一种，可以经饮用后进入人体，由于难于分解，可以从食物链中累积至原来浓度的 10 倍，引致癌症。

WHO World Health Organization，世界卫生组织，是联合国专

门机构之一，是国际上政府间最大的卫生组织，现有160多个成员国。1946年国际卫生大会通过了《世界卫生组织法》，1948年4月7日世界卫生组织宣布成立。世界卫生组织的宗旨是“使全世界人民获得最高水平的健康”。

PaHs Polyaromatic Hydrocarbons 碳氢化合物，是由燃烧产生的一种致癌物质。

PM Particulate Matter 粒子物，其特性是可在空气中长时间悬浮，部分粒子物可被吸入人体内，影响健康。

hv 太阳能量，其能量可分解氯氟烃 CFCs，并产生氯原子后破坏臭氧层。

Po 是数学运算中的代号，表示国际公认参考音压，数值为 $2\times10^{-5}N/m^2$。

α 指物质的吸声系数，数值一般在0~1之间，吸声系数愈大，表示材料的吸声性愈好。

CAD Waste Construction A Demolition Waste 拆建物料，在建筑工地上产生的废物。

参 考 文 献

[1] 于宗保主编，陈炳和主审．环境保护基础．化学工业出版社，2003 年
[2] 王淑莹，高春娟编著．环境导论．中国建筑工业出版社，2004 年
[3] 何强，井文涌，王翊亭编著．环境学导论．清华大学出版社，1994 年
[4] 中国建筑工程（香港）有限公司．标准工作程序第十二版：环保管理工作程序（第二版）D，2003 年
[5] 中国建筑工程（香港）有限公司．环保管理手册（第二版）D，2004 年
[6] Randall McMullan 著，张振南，李溯译．建筑环境学．机械工业出版社，2003 年
[7] 夏友富著，国际环保法规与中国对外开放．中国青年出版社，1996 年
[8] http：//www. legislation. gov. hk/chi/index. htm 双语法例资料系统
[9]《管制建筑工程噪音（撞击式打桩除外）技术备忘录》. 香港特别行政区政府印务局
[10]《管制指定范围的建筑工程噪音技术备忘录》. 香港特别行政区政府印务局
[11]《管制撞击式桩枝技术备忘录》. 香港特别行政区政府印务局
[12]《排入去水渠及污水渠系统，内陆及海岸水域的污水标准技术备忘录》. 香港特别行政区政府印务局
[13] 香港政府环境保护署．环境影响评估程序的技术备忘录．香港特别行政区政府印务局，2003 年
[14] 金毓峑，李坚，孙治荣编．环境工程设计基础．化学工业出版社，2002 年
[15] 陈沛宏编．环境法规．化学工业出版社，2002 年
[16] 郑正编．环境法规．（21 世纪高等院校教材）. 化学工业出版社，2002 年
[17] 吴茂柏（湖北省洪湖市环境保护局）. 环境执法软弱的法律原因浅析．环护环境爱我家园．中国环境科学出版社，2001 年
[18] 董长德编著．ISO 14001 环境管理体系建立与实施 ISO 14001 环境管理标准实用指南，2002 年
[19] 许宇，胡伟光主编．环境管理．化学工业出版社，2003 年
[20] 张富山，孟宪国合编著．国际环管大趋势 ISO 14000. 科荣管理顾问发展公司及香港商报出版，1997 年
[21] 王爱民，张云新主编．环保设备及应用．化学工业出版社，2004 年
[22] Environment. Transport and Works Bureau Technical Circular（Works）No. 34/2002. Management of Dredged/Escavated Sediment，2002
[23] 姜安玺．空气污染控制．化学工业出版社，2003 年
[24] 李耀中．噪音控制技术．化学工业出版社，2003 年
[25] 郑正编．环境工程学．科学出版社，2004 年

[26] 孔昌俊，杨风林编著．环境科学与工程概论．科学出版社，2004 年
[27] 香港政府环境保护署·减少废物纲要计划，香港特别行政区政府印务局，1999 年
[28] 赖明．建筑与可持续发展．2001 年中国绿色建筑/可持续发展建筑国际研讨会论文集，2001 年 6 月
[29] 徐俊．绿色生态建筑：可持续发展必由之路·科技日报电子版（http：//www. stdaily. com/big5/green/2003-12/01/content_ 179368. htm）
[30] 香港环保署．香港策略性环境评估手册．香港印务局，2004 年
[31] 里约环境与发展宣言
[32] 香港政府工务部门的环评训练及能力建立计划——环评训练手册，香港环境数据管理顾问有限公司及环境保护署，2003 年
[33] 前规划环境地政局的技术通告第 10/98 号
[34] 第三次整体运输研究的策略性环境评估（“Strategic Environmental Assessment of the Third Comprehensive Transport Study”）. C. M. Cheung，2002 年
[35] 郑铭主编．环境影响评价导论．化学工业出版社，2003 年
[36] 香港政府拓展署．中环填海工程第三期研究．实地勘察．设计与建筑环境影响评估报告，2001 年
[37] 香港政府土木工程署．彩云道及佐敦谷发展计划环境影响评估报告，1998 年
[38] 香港政府路政署．落马洲至皇岗新跨界桥工作项目简介，2003 年
[39] 香港政府土木工程署．清拆竹篙湾财利船厂环境影响评估报告，2001 年
[40] 香港政府土木工程署．大屿山北岸发展可行性研究环境影响评估报告，2000 年